KB065414

환경선진국을 향한 생태적 발걸음

# 우리 환경
# 바르게 알고 지키자

**이창석** 지음

말벗

# 차례

## 제3부 생태적인 삶과 지혜

# 차례

# 머/리/말

환경은 넓은 의미로 온 세상을 이루고 있는 모든 요소를 의미하고, 좁은 의미로는 주체 주변에 있는 객체로 정의된다.

과학적 차원에서 환경은 인간을 포함한 생물집단과 그들의 서식처가 조합된 체계, 즉 생태계를 의미한다. 생태계는 우리 주변에서 흔히 만나는 산, 하천, 호수, 바다 등이 그 예에 해당하고, 크게 보면 지구 전체도 생태계에 해당한다.

또 인간 간섭으로 탄생한 도시, 농경지 등도 물론 생태계이다. 즉 생태계는 우리가 환경 또는 환경문제를 다룰 때 그 대상을 검토하는 기본단위가 된다. 따라서 우리가 환경문제를 해결하여 쾌적한 환경을 유지하려면 생태계에 대한 이해가 선행되어야 한다.

생태계는 앞서 언급한 바와 같이 인간을 포함한 생물집단과 그들의 서식처가 조합된 계로 서 그 구성원들이 서로 주고받는 관계를 통해 성립한다. 여기서 서로 주고받는 관계는 서로 돕는 관계로서 생물과 생물 사이 그리고 생물과 그들의 서식환경 사이가 서로 분리될 수 없을 만큼 밀접한 관계를 맺고 있다.

즉 생태계는 그 구성원들이 복잡하고 다양한 상호관계를 통해 서로 의존하고 도우며 항상 성을 유지하고 나아가 변화하는 환경에 적응하는 능력을 갖추고 있다. 따라서 생태계는 상호의존성, 복잡성, 항상성 그리고 변화하는 환경에 대한 적응성을 그 특징으로 삼고 있다.

이처럼 서로 돕는 조화로운 관계를 이루어 항상성을 유지하고 있는 생태계에 인간이 과도 하게 개입하면서 항상성을 유지하지 못할 때 환경문제가 발생한다.

미세먼지 문제를 예로 들어보자. 원인 물질 중 하나인 질소를 대상으로 검토해 보자. 대기 조성에서 약 79%를 차지하고 있는 질소는 미생물에 의해 그리고 번개 발생시 공중 방전에 의해 식물이 이용할 수 있는 형태로 전환된다.

이와 같이 전환된 질소를 식물이 이용하여 유기물로 저장한 후 동물과 미생물에게 나누어 주며 생태계를 이루어내고 남은 양은 탈질작용을 하는 미생물에 의해 분해되어 대기 중으로 돌아가면서 그 균형을 유지해 왔다.

그러나 자동차 사용량이 늘어나면서 대기 중으로 질소 배출량이 늘어나고 축산농가가 늘어나면서 대기 중으로 또 다른 유형의 질소인 암모니아 배출량이 늘어났다. 반면에 인구가 증가하고 문명화가 진전되면서 인위적 공간이 확장되어 그것을 흡수하여 제거해야 할 자연이 성립할 공간은 오히려 줄어들었다.

결과적으로 배출량과 흡수량 사이의 불균형이 심화되어 생물학적 활동으로 흡수·제거되지 못한 질소태가 대기 중에 남아 미세먼지 문제를 야기하고 있다.

기후변화 문제도 같은 맥락으로 설명할 수 있다. 기후변화는 탄소순환의 불균형으로 발생한다. 탄소는 대기 중에 이산화탄소로 존재한다. 이산화탄소는 생물의 호흡과 죽은 생물의 분해를 통해 발생하고 식물의 광합성을 통해 흡수되며 발생량과 흡수량이 균형을 유지해왔다.

그러나 인구가 증가하고 문명 생활이 진전되면서 흡수원인 자연이 나지로 전환되어 흡수 기능을 상실하거나 주거지나 산업시설 같은 발생원으로 전환되어 발생원과 흡수원 사이에 기능적 불균형이 발생하여 대기 중 이산화탄소 농도가 증가하게 되었다.

보통 햇빛이 지구상으로 유입될 때는 가시광선과 같은 단파장으로 유입되고 그것이 지구 표면과 만나면 열을 간직한 장파장으로 바꾸어 우주 공간으로 돌아간다.

이때 대기 중에 이산화탄소 농도가 낮으면 그들이 무리 없이 돌아가지만, 대기 중에서 늘어난 이산화탄소가 그것을 차단하면서 지구가 더워지며 발생하는 현상이 기후변화이다. 이처럼 탄소순환의 이상이 기후변화를 유발하고 탄소순환의 이상은 생태계의 항상성이 깨지면서 발생한다.

이상의 예에서 설명한 것처럼 환경문제는 시스템의 이상으로 발생한다. 그런데도 우리는 환경문제에 접근할 때 이러한 생태계 차원의 접근이 아니라 늘 부분적으로 접근하여, 즉 임시방편적 접근으로 다른 곳에서 또 다른 문제로 발전하는 풍선효과를 유발해 왔다.

이러한 생태적 접근법은 전혀 새로운 것이 아니고 선진국에서는 일반적으로 적용되는 바른 접근법이다. 당연히 적용되었어야 할 방법이 적용되지 않았을 뿐이다.

실제로 저자는 국립생태원 건립을 총괄하며 이러한 생태적 접근법을 실천에 옮긴 경험이 있다. 친환경 건축으로 에너지 사용을 최소화하고 산림과 습지로 이루어진 나머지 공간에는 복원생태학의 원리를 철저히 반영한 색생 도입으로 탄소수지의 균형을 이루어내고 있다. 생태적 접근법의 이러한 실천은 국립생태원 캠퍼스 내로 천연기념물 원앙, 멸종위기종 큰고니, 금개구리 등을 유인하여 생물다양성의 보고로 자리잡게 하였다. 그 덕으로 우리 인간은 그곳으로부터 에코힐링을 비롯하여 최상의 생태계 서비스 혜택을 얻고 있다.

이에 저자는 이 책의 제목을 『우리 환경 바르게 알고 지키자』로 삼았다. 그 목표는 '환경선진국을 향한 생태적 발걸음'으로 부제에 붙였다.

이 작은 출발이 밑거름되어 이 땅의 환경이 건전한 모습으로 재탄생하기를 기원해본다. 이 책은 저자가 여러 해 동안 언론에 기고한 글들을 모아 몇 가지 주제로 정리하여 준비하였다. 따라서 일부는 부분적으로 중복되고 시기가 다소 지난 내용도 있음을 밝혀 둔다.

아무튼, 이제는 지구 온난화와 환경 파괴로 인한 후유증이 날로 심각해지고 있다. 하지만 아직 늦었다고 비관만 할 때가 아니다. 이에 따라 본서가 우리 대한민국의 환경을 바르게 알고 지키는 교과서로 읽히길 바랄 뿐이다.

2020년 2월 이창석

# 제1부
# 기후변화와 생태

# 1. 개화 시기가 갖는 의미

봄을 맞으며 우리에게 가장 기다려지는 것이 있다. 바로 꽃소식이다. 본래 꽃은 생물이 가진 원초적 본능 중의 하나인 번식의 도구이다. 그들의 화려한 모습은 곤충을 비롯한 동물들을 유인하여 자신의 번식을 돕게 하려는 전략적 단장이다.

생물들은 계절에 따른 환경변화에 자신의 생활을 맞추고 있다. 즉, 생물계절현상(phenology)을 보이고 있는 것이다. 그중 개화와 같은 번식현상이 가장 뚜렷하다.

생물들이 이러한 계절 반응을 보일 수 있는 것은 그들이 밤과 낮의 길이를 감지할 수 있기 때문이다. 식물에서 낮과 밤의 길이는 광수용체인 파이토크롬(phytochrome)에 의해 인지되어 신호를 생성한다. 그 신호가 꽃눈의 분열조직에 전달되면 그것이 자극되어 세포가 분열을 시작한다. 분열이 시작되면 세포의 수가 늘어나고, 분열된 세포는 생장하므로 세포의 수와 크기가 모두 증가하며 조직의 생장이 이루어지고 그것이 개화를 유발한다.

개화에는 이에 더하여 저온처리 효과와 온도가 추가로 작용한다. 저온효과는 기후의 계절 순환을 인지하여 그 변화에 대비하고 있는 식물에 겨울의 효과로 기능한다. 온도는 효소의 반응을 유도하고 활성을 촉진해 생장증가에 기여하며 개화를 조절한다.

봄철에 진행되는 개화 시기를 온도와 연관 지어 보면 밀접한 상관관계가 나타난다. 이러한 상호관계가 있기에 기상학자들은 누적된 정보에 토대를 두고 예측되는 기온정보에 근거하여 봄철의 개화 시기를 산출할 수 있다. 국립생태원은 이러한 사실에 주목하여 생물의 계절 현상을 관찰하여 기후변화를 진단하고 예측하며 나아가 적응대책을 마련하기 위한 노력을 하고 있다.

기상청의 개화 기록을 분석해 보니 우리나라에서 최근 100년간 벚꽃의 개화 시기가 2주가량 빨라졌다. 필자가 서울의 30여 개 장소에서 벚꽃의 개화일을 기록하여 비교해보니 녹지가 크게 부족한 도심과 외곽의 그린벨트 지역 간에는 1주 정도의 개화일 차이가 발견되었다. 그리고 복원된 하천을 가진 도심지역과 그러한 하천이 없는 도심지역 사이에도 3일 정도의 차이가 확인되었다.

　이러한 개화일 차이를 기후변화의 진행 정도로 환산해 보니 그린벨트 지역은 도심과 비교해 약 40년, 그리고 하천을 복원한 도심지역은 그렇지 못한 지역과 비교해 17년 정도 기후변화가 지연된 것으로 평가되었다. 이러한 결과에 근거할 때 풍부한 녹지와 하천을 갖추면 기후변화를 크게 지연시키거나 막을 수 있겠다. 그러한 효과는 인간이 자연을 배려하여 남겨둔 그린벨트와 인간의 노력으로 복원한 하천이 발휘하는 기능, 즉 생태계 서비스 기능을 통하여 이룬 결과다.

　요즘 생물들이 보이는 계절 현상에는 우리가 눈여겨볼 현상이 많다. 낮과 밤의 길이는 생물들이 계절 변화를 맞출 근거를 제공하여 생물이 살아가기에 유리한 조건을 갖출 수 있도록 돕는다. 생물들은 이러한 근거를 공동으로 사용하여 동조 현상(synchronization)을 보이며 서로 도움이 되는 삶을 이어간다.

　식물들은 제때 꽃을 피워 벌과 나비를 맞이하며 꿀을 제공하고, 벌과 나비는 이에 대한 보상으로 식물의 수정을 돕고 있다. 봄에 산란하는 새는 같은 시기에 알에서 깨어난 곤충 또는 그것의 애벌레를 먹이로 삼아 새끼를 키우고 있다. 이 경우 새는 애벌레를 적당히 잡아먹어 식물이 입게 되는 피해를 조절한다. 또 식물의 열매를 먹고 멀리 이동하며 배설하여 식물들이 새로운 분포지를 확보할 수 있도록 돕는다.

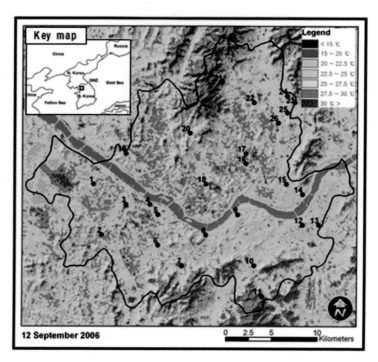

**〈그림 1-1〉** Landsat 위성영상의 열 밴드로부터 추출된 온도의 공간 분포 및 벚꽃 개화일 조사 지소를 보여주는 지도.

- 도심 지역 : 1. 우장산공원 2. 고척공원 3. 파리공원 4. 윤중로 5. 샛강공원 6. 보라매공원 8. 국립묘지 9. 학동공원 12. 석촌호수 13. 올림픽공원 14. 테크노마트 15. 어린이대공원 17. 고려대학교 18. 남산공원 19. 하늘공원 20. 상명대학교 22. 번동 아파트단지 23. 서울여자대학교 25. 공릉동 아파트단지
- 강변 구역 : 10. 양재천 16. 청계천 26. 중랑천
- 그린벨트 지역 : 7. 관악산 11. 청계산 21. 북한산 24. 불암산

　곤충에게는 그들을 적당히 잡아먹어 밀도를 조절하여 과밀로부터 오는 피해를 줄여준다. 이처럼 생물들이 자연을 기반으로 공동체를 이루어 살아가는 모습은 서로에게 도움의 연속이어서 평화롭고 조화 있다. 이 봄에 봄의 전령들로부터 더불어 사는 지혜를 배워보자.

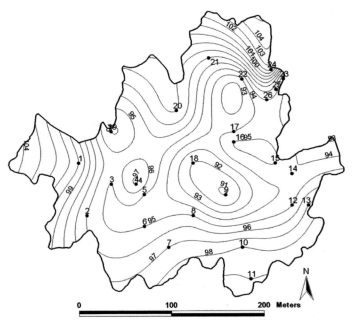

〈그림 1-2〉 서울의 여러 관찰지점에서 벚나무의 개화일 차이를 보여주는 등치곡선 지도.

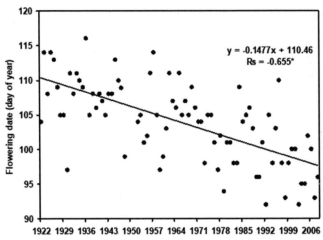

〈그림 1-3〉 서울에서 1922년부터 2008년 사이 시간이 경과함에 따른 시간 변화와 벚나무 개화일 사이의 상관관계(* Significant, $p < 0.01$).

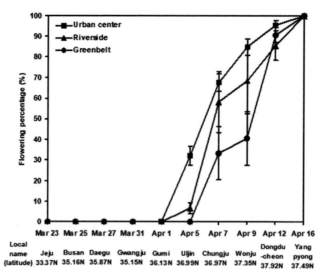

〈그림 1-4〉 서울에서 토지이용강도 차이에 기인한 미기후가 다른 세 지역에서 조사된 벚나무 개화 과정 비교. 위도는 X-축의 왼쪽에서 오른쪽으로 이동함에 따라 증가.


## 2. 소나무의 이상 생장


요즘의 이상고온 현상을 모르는 사람은 거의 없을 것이다. 그러나 그것이 몰고 오는 생태적 이상 현상을 인식한 사람들은 많지 않다.

우리나라 사람들이 가장 좋아하는 나무로 알려진 소나무는 일반적으로 1년에 한마디씩 자란다. 따라서 그 나이는 나이테로 알 수 있지만 그들의 마디를 세어 보면 안다.

그러나 근래 소나무가 자라는 모습은 이러한 우리의 상식을 크게 벗어난다. 늦여름에서 늦가을까지도 새 가지가 나오는 것이다. 통상 봄에 자라는 새 가지가 이처럼 계절과 관계없이 돋아나고 있는 셈이다.

소위 무한생장(Lammas growth or free growth)을 하는 것으로 이러한 생장을 '이차 생장'이라고도 한다. 즉 생존을 위해 낮의 길이가 짧아지는 계절의 변화에 반응하여 겨울눈이 만들어진 후 다시 싹이 터 진행되는 생장이다.

이러한 이차 생장이 참나무 등 활엽수에서는 일반적인 현상이지만 소나무 등 침엽수에서는 아주 드물게 나타난다. 미국 북서부에 자라는 더글러스 전나무의 경우 건조한 곳에 자라던 나무들이 습한 장소의 것보다 더 자주 그러한 경향을 보였다.

따라서 학자들은 이러한 현상을 더글러스 전나무의 건조한 환경에 대한 적응 능력, 즉 생육기 동안 건조기에는 생장을 중지하고 수분 조건이 개선되면 다시 생장하는 능력으로 해석하였다. 그들은 이러한 생장을 경쟁에서 이기고, 보다 생장을 늘리기 위한 하나의 적응 전략으로 보았다.

우리나라는 근래 보기 드문 극심한 가을 가뭄을 겪었다. 그사이에 다시 생장을 시작할 만한 수분은 전혀 공급되지 않았다. 그런데도 이곳의 소나무들은 이차 생장을 시작한다. 그러므로 미국의 더글러스 전나무에 관한 연구자료로 이들의 이차 생장을 해석할 수는 없다.

우선 너무 오랫동안 이어지는 이상고온을 주된 요인으로 생각할 수 있다. 그러나 대기오염물질의 한 종류로 공급되는 질소 성분 또한 이에 못지않게 중요한 원인요인이 될 수 있다. 이래서 연구자들과 해당 기관의 깊은 관심이 촉구된다.

이제 곧 겨울이 올 것이다. 이차 생장을 한 가지도 다시 겨울눈을 만든다는 보고는 있지만, 그들은 추운 겨울을 나는 데 적응력이 떨어진다고 한다. 생물들이 보이는 계절 현상은 생사를 결정하는 생존전략이다. 이러한 생물들의 생존전략이 지금 흔들리고 있다.

다행히 소나무는 제자리에 있고, 또한 크기 때문에 이러한 기현상을 관찰할 수 있었다. 그러나 눈에 잘 띄지 않지만, 지구를 우리 인간들이 살 수 있는 온화한 환경으로 가꾸어놓은 여러 생물이 우리도 모르는 사이에 이러한 모험을 하지나 않을까 염려된다.

도심

도시외곽

전원지역

산지

〈사진 1-1〉 지역에 따라 다른 소나무의 이상 생장 모습.

## 3. 화투 속 생물을 통해 본 기후변화 진단

기후변화의 증거가 세계 곳곳에서 감지되고 있다. 가장 뚜렷한 증거는 기온의 상승이다. 몇몇 연구는 2080년경 전 세계에 걸쳐 평균 4℃쯤 기온이 상승할 것으로 예측한다. 이러한 기온 상승은 위도 4° 정도의 차이에 상응한다. 그 정도는 식생대가 변할 수 있을 만큼 큰 차이로서 의미 있다.

**〈사진 1-2〉** 기후변화의 영향으로 이듬해 봄에 틔워 자라야 할 소나무의 겨울눈이 늦은 여름부터 겨울까지 이렇게 미리 눈을 틔워 자라고 있다. 특히 도심에서 이런 현상이 눈에 띈다. 그런 점에서 도시화는 기후변화를 촉진한다.

기후변화는 세계 도처에서 식물에 영향을 끼치고 있다. 온난화 추세는 많은 식물 종이 고도가 더 높은 산 그리고 더 북 쪽으로 이주하게 한다. 식물들은 봄에 더 일찍 잎을 내고, 가을에 더 오래 잎을 달고 있어 생육 기간도 늘어난 셈이다.

식물의 계절 변화에 대한 반응은 자연환경의 영향을 크게 받아 우리는 식물들이 기후변화에 관해 의미 있는 이야기를 해줄 수 있다는 것을 인지한다. 따라서 생태학자들은 생물 계절 현상의 시기 변화를 기후변화의 지표로 삼는다.

생물이 계절에 따라 보이는 여러 현상의 출현 시기를 기술하는 데 '생물계절학(phenology'이라는 용어를 사용한다. 생물계절학의 의미는 문자 그대로 출현(또는 표현)의 과학이다. 그것은 식물과 동물의 개화, 개엽, 휴면, 동면, 번식, 이주 등 생물학적 현상의 출현 시기를 연구한다. 이러한 생물의 계절 현상을 연구하는 과학자들은 계절·기후의 변화와 연관 지어 그러한 생물학적 현상의 시기가 어떻게 달라지는가에 관심이 있다.

인간은 생존 때문에, 또는 단순히 즐기기 위해 인간은 오랫동안 자연의 계절적 순환에 관심을 가져왔다. 매년 봄의 도래 시기를 관찰하고 기록한 것은 고대 수렵인과 농부의 일상에서 매우 중요한 역할이었다. 그러나 생물계절학에 관한 연구는 그것 본래의 활용범위를 넘어 크게 확장되었다. 그것의 목적은 자연현상의 기록으로부터 생물 계절 현상을 가져오는 기작에 대한 연구, 농업에서의 이용, 그리고 최근에는 기후변화가 가져오는 생태학적 결과의 이해로까지 확장되고 있다.

지구온난화와 관련된 식물의 특징 중 개화 시기가 가장 잘 관찰된다. 더구나 개화 시기에 대해서는 수많은 관찰정보가 있고, 오랜 기록 역사도 가지고 있다. 그러한 기록들이 미래의 환경 변화를 이해할 목적으로 시작된 것은 아니지만 오늘날 기후변화에 대한 생태학적 반응을 연구하는 데 귀중한 정보가 되고 있다.

구태여 어려운 역사적 기록을 들추어내지 않고도 확인할 수 있는 생물 계절 현상의 출현 시기에 대한 정보가 있다. 놀이도구의 하나인 화투가 그러한 정보를 제공한다. 화투는 생물 계절 현상을 관찰하는 교본이고 도감의 역할을 한다. 화투의 각기 다른 12장은 특정 달을 의미한다. 각 장에는 그달을 의미하는 식물이 등장하니 그곳에 출현하는 식물은 그달을 대표한다.

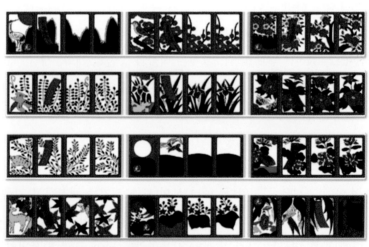

〈사진 1-3〉 화투를 통해 본 계절 생물과 기후변화.

연구 결과들을 보면, 기후변화로 인한 기온 상승은 겨울에 현저하고, 계절의 반응은 빨라지는 봄으로 가장 잘 보여주고 있다. 이러한 사실을 고려할 때, 화투 속 그림에서 기후변화를 진단하는 데 유용하게 활용할 수 있는 달은 봄에 속하는 2월과 3월이 다. 화투에 사용된 달은 음력(lunar calendar)이니 2월과 3월은 양력으로는 대략 3월과 4월에 해당한다.

2월을 상징하는 식물인 매실나무의 꽃인 매화가 2월에 피는 지역이 늘어나고 있다. 3월을 상징하는 벚나무의 꽃도 3월에 피는 지역이 늘어나고 있다. 이러한 결과로부터 화투가 처음 만들어졌던 시기와 비교해 오늘날 식물(매실나무와 벚나무)의 개화 시기가 달이 달라질 만큼 빨라졌음을 알 수 있다.

그러면 화투가 만들어진 시기는 언제쯤일까? 서울대 생명과학부 이은주 교수의 글을 보니 일본에서는 1820년경부터 널리 보급되기 시작하였고, 우리나라에는 19세기 말과 20세기 초에 도입되었다고 한다. 우리나라에서 통용되는 화투가 일본의 것과 크게 다르지 않으니 그것이 만들어진 시기는 일본에서 널리 보급된 1820년경으로 볼 수 있을 것 같다. 그러니 그것이 만들어진 후 200여 년의 세월이 흐른 셈이다.

우리나라 생물 계절 현상의 기록은 벚꽃에 대한 기록이 가장 긴 역사가 있다. 그 자료는 1900년대 초부터 수집되고 있다(기상청 기록). 벚꽃의 개화 시기를 토대로 회귀분석을 해보니 100년에 15일 정도 개화 시기가 당겨지고 있다. 화투가 처음 만들어진 시기는 200여 년 전으로 위의 분석 결과를 그대로 적용하면 한 달 정도 개화 시기가 당겨진 셈이니 개화 시기의 달이 바뀌는 것도 당연하다.

다른 변화도 화투를 통해 확인할 수 있다. 1월을 대표하며 우리나라 사람들이 가장 좋아한다는 소나무의 경우가 그렇다. 소나무는 흔히 4월부터 6월까지 가지 생장을 하고 가지 끝에 겨울눈을 맺는다. 이 겨울눈은 이듬해

<사진 1-4> 이상 생장으로 발생한 가지가 겨울 추위를 견디지 못하고 죽은 모습.

새로운 생장을 할 중요한 부분이기에 생장을 마친 소나무는 그 후 여러 겹의 비늘로 겨울눈을 에워싸며 겨울을 나기 위한 준비를 한다. 화투장의 소나무도 이런 겨울눈을 보여주고 있다. 겨울눈뿐만 아니라 새로 자란 가지나 잎도 시간을 두고 조직을 두껍게 하며 월동 준비를 한다. 그러나 기후변화가 많이 진행된 요즘 소나무는 별도의 생장 철이 없을 만큼 4계절 아무 때나 가지 생장을 한다. 그러다 보니 새로 나오는 가지나 잎이 월동 준비 없이 겨울을 나는 경우가 많다. 그러다가 2011년 추운 겨울을 맞았다. 얼마 전 중앙일보에서도 보도되었듯이 전국 여기저기서 나타나는 소나무의 죽은 가지가 철모르고 자란 소나무에 대한 벌은 아닌지 모르겠다.

이쯤 되면 이제 우리는 신중한 선택을 해야 한다. 화투장을 새로 그릴 것인가? 아니면 기후변화 완화에 동참할 것인가?

## 4. 겨울 추위가 반가운 이유

지난해 겨울에 이어 올겨울도 겨울다운 추위를 보인다. 참 반가운 일이다. '추운 겨울'이라는 단어가 어려운 시기를 표현하는 용어로도 자주 사용되고, 이 추운 겨울을 정말 어렵게 보내고 있는 독거노인이나 사회적 약자들도 있어 그것을 반갑다고 표현하면 부정적인 시각으로 받아들일 수 있을지도 모른다. 그러나 이것은 생태학적 측면의 표현이니 오해가 없었으면 한다.

최근 수년간 우리는 정말 춥지 않은 겨울을 경험하였다. 그리고 그것의 생태적 결과는 여러 가지 비정상적인 생물의 생활사를 연출해왔다. 개나리의 이상 개화는 이제 일상적인 현상으로 자리 잡았고, 진달래꽃도 원래 피던 봄이 아닌 계절에도 자주 눈에 띈다.

그리고 급기야는 우리나라를 대표하는 식물인 소나무까지 전국에 걸쳐 연중 내내 새 가지가 나오는 이상 현상을 초래하였다.

그러나 이렇게 철모르고 자라던 소나무들이 지난겨울의 호된 추위로 크게 혼이 났다. 2011년 봄 전국 여러 지역에서 관찰된 소나무 가지의 고사 현상이 그 예다. 이전까지의 따뜻한 겨울이 이어질 줄 알고 늦가을까지 나온 새 가지가 미처 월동 준비를 못 한 채 추운 겨울을 맞이한 결과다.

그러나 그 호된 경험의 효과가 제대로 나타났다. 2007년, 2008년 그리고 2010년 전국에 걸쳐 겨울에도 새 가지를 내던 소나무들이 그 이후에는 거의 새 가지를 내지 않고 있다. 철모르고 자라던 소나무들이 준비되지 않은 채로 지난겨울 추위를 경험하며 새 가지를 잃는 호된 경험을 하더니 단단히 철이 든 모양이다. 추운 겨울이 생물의 생활사를 제 모습으로 되돌려 놓고 있다. 그래서 겨울 추위가 반가운 것이다.

사실 추운 겨울로 대리 표현되는 고난의 시기가 우리 인간에게도 긍정적으로 작용한 예가 많다. '한번 어려움을 겪은 사람은 앞으로 다가올 어려움을 맞이할 준비가 되어 있다', '젊어서 고생은 사서라도 한다' 등이 그러한 예에 해당할 것이다. 자수성가한 것을 매우 큰 자랑으로 삼는 사례도 여기에 해당할 것이다.

일본에서 진행된 환경운동의 변천사도 우리의 눈길을 끈다. 공해추방 운동으로 시작된 환경운동이 경제활동과 같은 활성 주기를 보여 경제 호황기에는 환경운동도 활발하게 진행되었지만, 불황기에는 환경운동 역시 활발하지 못하였다. 특히 우리도 익히 알고 있는 1970년대 초반의 오일쇼크로 인한 경제 불황기는 우리나라나 일본 모두 혹심한 불황을 경험한 시기였다. 일본의 환경운동 역시 이 시기가 매우 어려운 시기였는데 그들은 이 불황의 시기를 지혜롭게 활용하였다고 한다.

즉 그 시기를 내실 있게 하는 시기로 삼아 각종 연구회를 구성하여 지식을 연마하며 기초를 튼튼히 하여 환경에 대한 인식수준을 업그레이드하는 계기로 삼았다. 그리고 그것은 오늘날 일본을 환경선진국으로 발돋움시키는 데 기여한 것으로 평가받고 있다. 이 추위가 아직 제자리 못 찾는 인간들에게 정신 바짝 차리는 계기가 되었으면 한다.


## 5. 봄은 땅속으로부터 온다

겨울은 우리 사람을 포함하여 생물들이 살아가기 힘든 계절이므로 우리는 봄을 그렇게 기다리고 또 봄을 희망의 대명사로 인식하곤 한다. 그런 봄이 지금 우리 곁에 와 있다. 아니 이미 많이 진행되어 있다. 다만 우리가 보지 못하고 있을 뿐이다. 봄을 희망의 계절로 인식해서인지 우리는 흔히 봄을 화려한 봄꽃으로 인식하고 느끼려고 한다. 그래서 이미 발 빠른 매스컴들은 예년과 유사한 틀로 봄꽃 소식을 내보내기 시작했다.

봄은 생물들에게서 살기 힘든 겨울 동안 멈춰졌거나 느려졌던 생명 활동이 활발하게 다시 시작되는 시기다. 그것은 주변 환경, 특히 온도 변화와 함께 시작된다. 토양은 그 속은 물론 표면조차도 대기보다는 온도가 높으므로 봄에 다시 시작하는 생명 활동은 땅속에서 먼저 시작된다.

고로쇠나무의 지상부에서는 어떤 반응도 감지되지 않지만, 그 나무의 뿌리는 고로쇠 수액을 뿜어 올리고 있다. 우리 주변에서는 더 흔하게 이런 모습을 볼 수 있다. 봄나물들이다. 냉이가 대표적이다. 냉이는 봄에 일찍 꽃을 피워 여름에 종자를 맺고 그것을 땅에 떨어뜨린다. 그것은 바로 발아하여 싹을 틔우고 장미꽃 모양으로 잎을 배열한다. 이때쯤 겨울이 온다.

그러면 그들은 상대적으로 온도가 높은 땅에 바짝 엎드려 겨울을 지낸다. 이때 내년에 꽃대를 내어 꽃을 피울 겨울눈은 작은 잎으로 에워싸 영상의 온도를 유지하게 한다. 잎을 희생하여 꽃눈을 지키고 있다. 그리고 나머지 잎은 지면에 몸을 붙인 상태로 겨울을 나며 봄을 맞이하기 위한 준비를 한다.

추운 겨울 동안 얼어 죽을 위험도 있지만 봄이 왔을 때 빨리 반응하여 다른 생물들보다 일찍 생명 활동을 시작하여 꽃을 피워내기 위한 에너지를 얻기 위해 이러한 전략을 쓴다. 봄에 온도가 상승하여 뿌리로부터 생명 활동이 시작되면 그 힘을 받아 땅바닥에 붙어 있던 잎들은 몸을 들어 올리며 지면과의 각도를 벌린다. 빛을 많이 받아내기 위한 준비이다.

이러한 생명 활동은 꽃이 피기 훨씬 전부터 시작되어 꽃을 피울 때 필요한 에너지를 모은다. 그리고 그 에너지가 모여 꽃을 피우게 된다. 잎의 이러한 활동을 돕기 위해 가장 먼저 활동을 시작한 뿌리는 열심히 땅속에서 양분을 담은 물을 당겨 올린다.

꽃처럼 화려한 스포트라이트는 받지 못하지만, 식물체의 다른 기관에서 이런 노력이 없이 화려한 꽃은 탄생하지 못한다. 꽃다지, 씀바귀, 고들빼기, 민들레 등 나름 봄의 전령들이 이렇게 우리가 잘 찾아주지 않는 땅바닥에서 우리에게 보여 줄 봄의 향연 준비를 마쳤다.

화려하지는 않지만 나름대로 열심히 준비한 조연들의 봄 축제에 여러분을 초대하고 싶다. 멀리 가지 않아도 된다. 아파트 화단이나 집 뜰 어디에서도 이런 모습을 볼 수 있으니 말이다. 쇠별꽃은 이미 많이 자라 있고, 광대나물도 허리를 많이 편 모습이다.

학문의 세계에서도 식물의 뿌리와 잎처럼 잘 보이지 않는 곳에서 묵묵히 일하는 봉사자들이 있다. 기후변화와 같은 지구적 차원의 문제가 발생하거나 수질, 대기, 토양 등의 오염문제가 발생할 때 그리고 최근 자주 등장하고 있는 각종 유해물질 유출 사고가 발생할 때도 사회의 주목은 받지 못하지만, 조용히 그러나 치밀하게 이러한 문제에 대해서 이 땅이 보이는 반응을 점검하며 지역 주민 나아가 인류 전체의 안전한 미래를 위해 준비하는 분야도 있다.

충남의 남서쪽 끝자락에 있는 서천에 마련된 국립생태원과 그곳에 도입된 5000여 동·식물의 보모 역할을 담당하고 있는 생태학자들이다. '선진환경 실현'이라는 아름다운 꽃을 피우기 위해 100만 제곱미터(30만 평)라는 너른 들에서 전 세계에서 이사 온 5000여 동·식물과 함께 에너지를 모으고 있는 국립생태원으로 여러분의 봄나들이를 초대한다. 세계의 주요 기후대별 생태계가 모두 모여 있어 지나가는 봄, 진행 중인 봄 그리고 다가올 봄 등 다양한 봄이 여러분을 기다리고 있다.

생강나무

동백나무

복사나무

냉이

꽃다지

씀바귀

고들빼기

서양 민들레

쇠별꽃

광대나물

〈사진 1-5〉 이른 봄에 꽃 피는 식물들.

## 6. 이산화탄소 농도와 그 흐름으로 확인한 남산의 생태

　도시지역은 도시화의 진행으로 자연환경이 차지하는 비율은 점차 감소하는 반면 인위 환경은 날로 확장되며 환경 스트레스를 가중하고 있다. 그 결과 도시환경에서 환경 스트레스의 완충 역할을 담당할 도시 내의 자연은 그것이 간직하고 있는 생태적 기능이 환경 스트레스의 영향으로 위축되어 가고 있다.

　그러나 어떤 지역이 생태적으로 건전하게 유지되려면 자연환경이 가진 완충 능력과 인위 환경이 발생시키는 환경 스트레스 사이의 기능적 조화가 필요하다. 도시화의 과정에서 자연환경의 양적 감소와 인위 환경의 지속적 증가는 양자 사이의 기능적 불균형을 유발할 수 있다. 그리고 이러한 결과는 남아 있는 자연환경의 기능마저 약화하며 양자 사이의 기능적 불균형을 심화시켜 도시를 생태적 폐허 공간으로 전락시킬 수 있다.

　남산은 600여 년 동안 우리나라의 수도로 유지되어 온 서울의 중심에 있는 녹지공간으로서 역사성과 상징성을 간직하고 있다. 남산의 생태적 가치 또한 그것 못지않게 커 여러 생태학자가 그 중요성을 지적해 왔다.

　서울의 그린 네트워크(green network)를 가정할 때 단절된 녹지공간을 이어줄 녹지 역(green station), 도시 열섬현상과 같은 복합적 도시환경문제를 해결하기 위한 생태적 전략의 중심, 국지적 기후변화를 비롯하여 도시화가 가져오는 생태적 변화를 진단할 수 있는 대표적 장소 등이 그동안 학자들이 주장해 온 남산의 생태적 가치이다.

　최근 국가 장기생태 연구진을 중심으로 이러한 생태적 가치를 구체적이고 정량적으로 입증할 수 있는 연구가 이루어져 소개한다. 그 가치는 최근 국제적으로 주목받고 있는 생태계 서비스 기능의 하나로서 이산화탄소 흡수기능에 관한 것이다.

서울여자대학교 생명환경공학과 이창석 교수는 기상산업진흥원 박문수 박사, 대기 환경 모형화 센터 주승진 박사와 공동으로 서울의 남산과 보라매공원 인근 주거지역의 이산화탄소 농도와 흐름을 분석하여 도시지역에서 이산화탄소가 어떻게 발생하고 흡수되는지 밝혔다. 이창석 교수팀의 연구 결과는 SCI급 국제저널인 「ADVANCES IN ATMOSPHERIC SCI-ENCES」에 '대한민국 서울에서 대기 중 이산화탄소 농도 및 흐름에 대한 도시공원 및 주거지역의 영향'이라는 제목으로 실렸다.

이산화탄소 농도와 흐름은 식물의 비생육기(3월), 생육기(6월), 생육 후기(9월)로 나누어 분석하였다. 이산화탄소 농도는 두 장소에서 모두 식물의 비 생육기인 이른 봄에 최고치를 보였고, 생육기인 여름에 최저치를 보였다.

이산화탄소 흐름은 두 장소 사이에 뚜렷한 차이를 보였다. 남산의 경우 계절과 시간에 따라 이산화탄소 흐름이 뚜렷한 차이를 보였다. 즉 밤에는 남산이 작은 발생원으로 기능하지만, 낮에는 큰 이산화탄소 흡수원으로 작용하는 것으로 나타났다. 흡수원 기능은 생육기에 특히 크게 발휘하였다.

이러한 흡수원 기능을 종합하였을 때 남산은 연간 835 톤의 이산화탄소를 흡수하는 것으로 나타났다. 반면에 주거지역의 경우는 연중 내내 이산화탄소가 발생하는 것으로 나타났다. 그중에서도 특히 오전 6시부터 10시 사이와 오후 6시부터 자정 사이에 발생량이 많아 이산화탄소 발생이 출퇴근 시간의 자동차 사용과 가정에서의 식사 준비와 난방을 위한 에너지 사용과 연관된 것으로 분석되었다.

서울은 녹지공간의 비율이 최소 녹지 확보율(green minimum)을 밑돌고, 도심에서는 녹지 공동화 현상까지 보임을 고려할 때, 서울의 중심에서 남산이 발휘하고 있는 이러한 생태적 서비스 기능은 매우 가치 있는 것으로 평가할 수 있다.

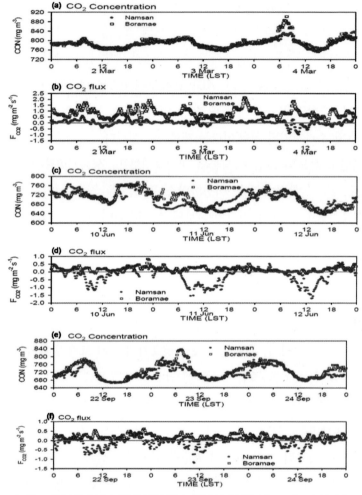

〈그림 1-5〉 남산과 보라매공원 주변 주거지역에서 측정한 (a) $CO_2$ 농도(3월), (b) $CO_2$ 플럭스의 시계열(3월), (c) $CO_2$ 농도(6월), (d) $CO_2$ 플럭스의 시계열(6월), (e) $CO_2$ 농도(9월), (f) $CO_2$ 플럭스의 시계열(9월).[출처 / M.S. Park, S.J. Joo, and C.S. Lee, 2013. Effects of urban park and residential area on the atomospheric $CO_2$ concentration and flux in Seoul of Korea. Advances in Atmospheric Sciences 30: 503~514]

〈사진 1-6〉 남산과 그 주변지역.

# 7. 소리 없이 진행되는 생태계 변화

한파에 관한 뉴스가 연일 쟁점 뉴스의 상위를 차지하였던 올해 겨울이다. 이렇게 이어지는 한파가 역설적이게도 기후변화에 기인한 결과임은 이미 널리 알려진 사실이다. 기상의 변화는 기후변화와 관련하여 이처럼 주요뉴스로 등장하면서 비교적 잘 알려져 있다.

그러나 아직 잘 알려지지 않은 변화들도 많다. 생태학적 변화가 그렇다. 그것이 우리 환경의 바탕을 이루고 우리의 생활 그 자체인데도….

기후변화의 원인은 여러 가지로 알려져 있다. 하지만 인간의 과도한 토지 이용과 에너지 사용으로 늘어난 $CO_2$ 농도, 그것이 유발하는 온실효과가 주원인이라는 견해가 지배적이다. 기후변화의 주요 원인 물질인 $CO_2$ 농도를 측정해 보면 지역 간 차이가 발견된다.

서울을 예로 들면 도심지역은 415~430ppm, 도시 가장자리는 400~415ppm, 그린벨트 지역은 375~405ppm으로 그 농도가 돔(dome) 구조를 이룬다. 그러한 차이는 사람들이 사용하는 에너지 소비량과 숲이 발휘하는 $CO_2$ 흡수능력에 의해 결정된다. 도심은 에너지 소비량이 많고 숲이 적어 그 농도가 높고, 그린벨트 지역은 에너지 소비량이 적었지만 숲의 흡수량이 많아 $CO_2$ 농도가 낮다. 도시 가장자리는 중간적 위치에 있다.

세 지역에서 모두 자라는 소나무의 생태를 조사해보니 여러 가지 차이가 발견된다. 도심에서 자라는 소나무는 잎에서 기체교환을 담당하는 기공의 수가 그린벨트 지역의 것보다 크게 적었고, 도시 가장자리의 것도 그보다 적었다. $CO_2$ 농도가 높아 적은 수의 가공만으로도 광합성에 필요한 $CO_2$ 농도를 확보할 수 있었기 때문이다.

높은 $CO_2$ 농도의 영향으로 광합성 능력도 향상됐다. 그 결과는 잎의 길이와 두께에 반영되어 도심의 것이 그린벨트 지역의 것보다 잎의 길이가 길고 두께는 더 두꺼워졌다.

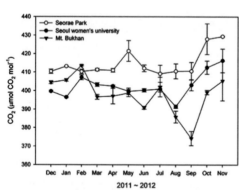

〈그림 1-6〉 세 장소에서의 평균 대기 $CO_2$ 농도; ($p < 0.05$) 서래공원 (○), 서울여자대학교 (●), 북한산(▼).

또한, 나이테의 성장도 더 빨랐다. 식물의 계절 변화 양상도 바꿔 놓았다. 소나무는 원래 4월 중순에서 7월 초까지만 가지 생장이 이루어지던 식물이다. 그러나 기후변화는 이들의 생장이 연중 내내 일어나도록 바꾸어 놓았다. 기후변화로 높아진 온도와 $CO_2$

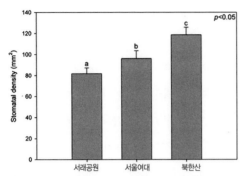

〈그림 1-7〉 도시화 정도가 다른 세 장소에서 소나무 잎의 기공 밀도 비교.

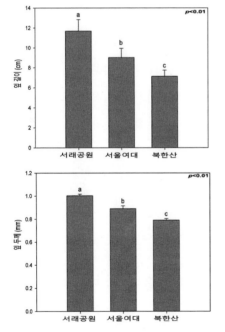

〈그림 1-8〉 소나무 잎의 길이와 두께 (n=30).

농도가 가져온 결과이다.

그러나 연중 내내 빨라진 생장이 긍정적인 변화만 주는 것은 아니다. 근래 이처럼 제철을 넘어서까지 자라던 소나무 가지가 2011년 갑작스럽게 추워진 겨울 동안 많이 죽었다. 애초 7월 초까지만 자라고 그때부터 추운 겨울이 오기 전까지의 기간에는 새로 나온 가지와 잎의 두께를 늘리고 다음 해에 새 가지를 만들 겨울눈을 비늘잎으로 싸는 등 월동 준비를 해왔다. 그런 소나무가 늦가을 심지어 따뜻해진 겨울까지도 자라다가 월동 준비를 못 한 상태에서 심한 추위를 맞은 것이 원인이다.

온대 지방에 자라는 식물들은 본래 계절에 따라 변하는 기후에 대비하여 여러 가지 준비를 한다. 낙엽수의 단풍이 들고 낙엽이 지는 것이 대표적 사례이다. 얕은 물이 쉽게 어는 것처럼 잎도 얇아 쉽게 얼 수 있다. 식물의 잎·가지·줄기·뿌리가 물관과 사관을 통해 서로 연결되어 있으므로 잎이 얼면 그것이 가지·줄기·뿌리로 이어지며 식물 전체가 얼어 죽는 것을 예방하기 위한 계절 변화이다. 침엽수는 물을 최대한 내보내 체내 수분의 당분농도를 높여 추위에 얼어 죽지 않기 위한 대비를 한다. 이런 점을 고려하면 나무 전체가 죽지 않고 가지만 죽은 그것이 다행이다.

더욱 다행스러운 것은 도시화가 많이 진행되지 않은 곳에서는 이러한 변화가 적고, 도시 내에서도 하천이나 숲을 복원한 곳은 변화가 역시 적었다. 복원된 생태계가 발휘하는 생태계 서비스 기능이 기후변화에 대한 적응을 이루어낸 것이다.

이러한 사실을 일찍부터 인식한 선진국에서는 생태적 복원과 복원된 생태계가 이루어내는 서비스 기능을 환경문제 해결의 수단으로 정착시켜 가고 있다. 부작용이 있는 양약의 문제를 해결하기 위해 약품을 생약으로 대체시켜 가고 있는 의약계의 변화와 맥을 같이 하는 변화이다. 새 정부에서는 우리의 환경정책도 이러한 선진화를 기대해 본다.


## 8. 생태적으로 확인되는 녹색성장의 가능성

환경을 손상하지 않고 지키면서 경제 성장을 이루겠다는 의미인 녹색성장은 지속 가능한 발전을 이루겠다는 뜻이다. 또한, 환경의 시대에 각 국가에 주어지는 환경 의무를 해결해 줄 수 있는 환경산업을 육성하여 새로운 성장동력으로 삼겠다는 의미도 포함되어 있다.

일반적으로 경제 성장은 산업의 활성화를 통해 이루어지고, 산업의 활성화는 많은 오염물질을 배출하여 환경을 손상한다고 생각한다. 그래서 '경제'는 '환경'과 적대관계에 있는 것으로 해석할 수 있다.

그러나 그들 사이의 관계를 자세히 들여다보면 꼭 그런 것만은 아니다. 한때 각종 공해병을 양산하며 공해 국가로 불리었던 일본은 현재 청정에너지 개발, 하천을 비롯한 훼손된 생태계 복원, 기후변화 모니터링을 비롯한 기후변화 대응전략 등 환경 분야의 세계적 선도국가로 부상하였다. 실제 환경의 질도 전보다 크게 개선되고 있다.

일찍 산업화를 이루었던 영국과 독일도 한때 극심한 환경오염을 경험하였지만, 그 후 그것을 극복하여 세계적 환경선도 국가로 부상한 점에서 일본과 유사한 경험을 공유하고 있다.

환경 운동의 경우도 하나의 예로 삼을 수 있다. 경제적 호황기에는 흔히 환경운동도 활발하게 전개되어 함께 발전을 이루지만, 경제적 불황기에는 환경운동도 잠잠해지며 발전의 속도가 느려진 것이 지금까지의 환경운동 역사에서 밝혀지고 있다. 이러한 예들을 통해 환경과 경제가 동반 성장하는 녹색성장의 가능성을 엿볼 수 있다.

최근 필자는 기후변화에 관련된 연구를 수행하는 다양한 분야의 연구자들이 모여 서로 정보를 교환하며 협동 연구를 수행하여 시너지를 창

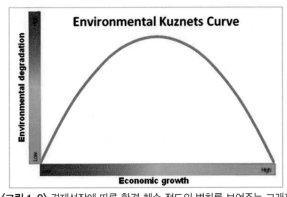

〈그림 1-9〉 경제성장에 따른 환경 훼손 정도의 변화를 보여주는 그래프.

〈사진 1-7〉 1960년대 우리나라 산림의 모습.

출할 수 있는 장으로 기후변화연구협의회를 출범시켰다. 이 단체는 이러한 연구 활동을 통해 가까운 장래에 다가올 기후변화 협약에 대비하고, 다른 한편에서는 빠른 속도로 진행되고 있는 기후변화라는

환경 스트레스를 이 땅의 환경이 잘 견뎌내어 지속해서 우리의 삶의 터전으로 남아 있을 수 있도록 다양한 과학기술을 개발하는 데 그 목표를 두고 있다.

〈사진 1-8〉 인위적으로 조성된 아까시나무 숲 아래에 우리나라 자생식물인 참나무들이 정착하여 성공적인 복원을 이루어 낸 모습. (출처: Lee, C.S., H.J. Cho and H. Yi. 2004. Stand dynamics of introduced black locust (*Robinia pseudoacacia L*) plantation under different disturbance regimes in Korea. Forest Ecology and Management 189/1-3 : 281-293.

이 모임의 창립총회 기조발표에서 녹색성장의 가능성을 보이는 몇 가지 사례를 소개한 바 있다. 첫째, 그 가능성의 이론적 토대로 IPCC 보고서의 내용을 인용하였다. 그 보고서는 오염물질을 적게 배출한다고 필연적으로 경제성장률이 낮은 것이 아니라는 녹색성장

〈사진 1-9〉 1990년대 초반 여천공업 단지 주변의 식생. 공업단지 건설 이전에 울창한 숲을 이루었던 대부분의 식생이 파괴되어 초지가 우점하고 있다.

의 가능성을 설명하고 있다.

즉 경제발전의 초기 단계에는 1인당 GDP와 1인당 오염물질 배출량이 함께 증가하지만, 소득이 어느 수준 이상이 되면 1인당 오염물질 배출량은 1인당 GDP가 증가함에 따라 감소하여 양자 사이가 역 U자형의 관계를 보인다는 'Environmental Kuznets curve hypothesis'로 그 가능성을 설명하고 있다.

〈사진 1-10〉 여천공업 단지 주변의 식생. 과거에는 식생이 파괴되어 이 지역이 주로 초지로 덮여 있었으나 근래 대기오염 감소로 초지는 줄어들고, 목본식물이 우점하는 식생이 늘고 있다.

그다음으로 우리나라의 성공적인 녹화 사례를 녹색성장의 가능성으로 제시하였다. 1960년대 우리 주변에는 민둥산이 너무 많아 비만 오면 온 강이 흙탕물을 이루었고, 산사태도 자주 발생하였다. 이런 문제를 해결하기 위해 국가는 대대적으로 녹화사업을 추진하였다.

따라서 어린 학생들도 풀씨를 모으거나 나무를 심고, 때로는 해충 방제나 비료 조기 작업을 통해 이러한 국토 녹화사업에 동참하였다. 이렇게 하여 이룬 성공적인 녹화사업은 오늘날 대규모 복원사업의 세계적인 성공사례로 알려졌다. 이때 우리의 경제도 세계가 놀랄 만큼 발전하여 일차적인 녹색성장을 이룬 것이다.

다른 예로 우리나라의 공업단지 주변에서 30여 년간 진행된 식생의 훼손과 회복의 과정을 소개하였다. 남해안에 있는 우리나라의 대표적 공업단지 중 하나인 여천공업 단지는 1960년대 후반부터 건설하여 1970년대 초반 공장이 가동되었다. 초기 공장들은 제반 시설이 열악하여 많은 오염물질이 배출되어 공장 주변의 생태계가 빠른 속도로 훼손되었다.

필자는 1990년대 초반 대기오염으로 훼손된 이 지역의 생태계 복원 계획을 마련하는 연구를 시작하여 이곳에서 일어난 생태계 변화를 자세하게 관찰할 기회를 얻었다. 위성사진과 항공사진을 분석하고 그것을 식생 도로 옮기

〈사진 1-11〉 극심한 대기오염 피해로 형성된 이전의 초지에서 자라고 있는 졸참나무. 초지가 대기오염 피해로부터 회복되고 있는 모습.

는 과정을 거치며 그 생태계가 공업단지 건설 후 시간이 흐름에 따라 단계적으로 파괴되고 있음을 확인할 수 있었다.

그리고 올해 생태계 변화를 장기적으로 감시하기 위한 국가 장기생태연구사업을 시작하면서 이곳에서 일어나는 생태적 변화를 보고 깜짝 놀라지 않을 수 없었다. 과거에 그렇게 심한 대기오염으로 숲이 파괴되어 온통 풀

밭으로 뒤덮이고 작은 키 나무숲만 보였던 이곳에 숲이 되살아나고 있는 모습을 확인한 것이다.

1990년대 초반 이곳을 처음 찾았을 때 너무 심한 대기오염으로 온종일 재채기를 하며 흘러내리는 콧물 때문에 손수건을 몇 번이나 짜내며 야외조사를 하였던 경험이 있다. 동반한 후배들도 그것을 견디지 못해 조사 중에 쓰러져 들쳐 엎고 뛰느라 무진장 고생하였던 기억도 있다. 이러한 지역에서 오늘날 숲이 다시 살아나는 모습을 확인하고 있다. 이 기간에도 경제 성장은 이루어졌기에 2차 녹색성장이라 부르기에 손색이 없다.

이러한 1차와 2차 녹색성장의 경험은 이제 보다 참된 녹색성장을 이룰 주춧돌이 될 수 있을 것이다. 우리는 이미 여러 곳에서 그 가능성을 확인하고 있다. 일찍이 우리가 개발한 대규모 녹화사업기술은 사막화 지역은 물론 파괴된 열대림을 복원하는 기술로 널리 활용되어 새로운 탄소 고정원을 창출하는 데 기여하고 있다.

〈사진 1-12〉 여천공업 단지에서 또 하나의 대기오염 피해 산물인 때죽나무림이 대기오염 농도의 감소로 참나무림으로 천이가 진행되고 있는 모습.

그 밖에 산업공정에서 발생하는 이산화탄소를 비롯한 각종 오염물질을 포집하여 재활용하며, 그것이 가져올 피해를 줄이는 기술·조력·풍력 등 자연을 활용하는 청정에너지 개발 기술 등도 빠르게 발전하며 새로운 성장

동력으로 동참할 준비를 서두르고 있다.

현대의 과학기술은 단순한 통합 수준을 넘어 그것이 가져오는 제2, 제3의 시너지를 창출하는 창발(創發)의 시대로 접어들고 있다. 생태학은 생태적 공간을 이루는 모든 구성원이 상호작용으로 조화를 이루고 항상성을 추구하며 창발성(emergent property)이 도출을 밝히는 학문이다. 이러한 생태학의 특성이 현대 과학기술의 변화 양상을 대변하기 때문에 앨빈 토플러는 미래를 생태학의 시대로 예측하였는지도 모른다.

생태학이라는 학문에서 밝혀지듯이 통합은 시너지 도출의 바탕이 되고, 융화는 조화로운 항상성의 토대가 되고 있다. 우리가 준비하는 3차 녹색성장은 1차와 2차 녹색성장을 이룬 주역은 물론 이 시대를 살아가는 우리 모두의 동참을 통해서만 이룰 수 있고, 더 큰 발전을 추구한다.


## 9. 기후변화와 홍수 대비

지금까지 기후변화 시나리오는 기온 상승과 그것의 영향에 초점을 맞추어 왔다. 그러나 최근 강우량과 강우 패턴의 변화에도 관심이 집중되고 있다. 이 부분에 관심을 가지고 새로 제기되는 기후변화 시나리오는 폭우 빈도가 늘어날 것을 예측하고, 이에 대한 대책을 요구하고 있다. 우리나라도 최근 과거와 비교하여 빈번하게 폭우를 경험하고 있다. 이제 우리도 이에 대해 준비를 할 때다.

그러나 뉴스 매체를 통하여 제기되는 대책은 댐 건설에 집중되고 있는 인상이다. 어떤 경우는 환경단체가 댐 건설을 방해하여 최근의 홍수 피해가 발생한 것으로 몰아가기까지 하는 인상이다. 과연 그러한 댐들을 건설하였으면 이러한 피해가 발생하지 않았을까? 장담하긴 쉽지 않지만 그럴

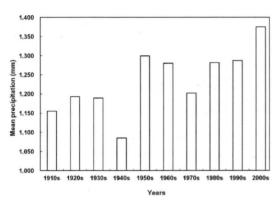

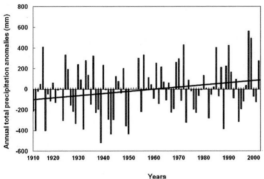

가능성은 희박하다고 본다.

댐 건설을 주장하기 전에 우리의 국토관리 실태를 다시 한번 검토해 볼 필요가 있다. 지구 문명이 하천 변에서 시작되었듯이 오늘날도 많은 사람은 하천 변에 모여 산다. 우리나라의 경우는 과거 식량자원을 얻기 위해 하천의 범람원을 논으로 만들었다. 그리고 오늘날은 그곳을 다시 도시로 개발하

〈그림 1-10〉 서울, 인천, 강릉, 대구, 목포 및 부산의 10년 평균 강수량(위) 및 평균치에 대한 변이(국립기상연구소 2009 자료로부터 재작도).

고 있다. 결과적으로 하천의 통수구간이 많이 축소되어 있다. 그러한 영향으로 홍수가 닥칠 것을 우려한 나머지 하천 변에는 대형 둑을 건설하였다.

그러나 이것은 과거의 환경을 기준으로 설계된 것이다. 이제는 하천으로부터 한발 물러나야 할 때가 되었다. 실제로 유럽에서는 하천의 제방을 뒤로 물리는 작업이 이미 시작되었다.

횡적 팽창 (Room for the River)

Trees at the dyke | River reed and scrubs in the floodplain | Sunny and dry gravel banks

종적 연속성 : Green River →White River

〈그림 1-11〉 Room for the River 모식도.
선진화된 하천 복원은 하천의 본래 환경을 회복하고 빠르게 진행되는 기후변화에 대비하여 하천의 폭을 넓히고(예컨대, Room for the River 프로젝트), 종적 연속성을 되찾아 과도하게 식물이 번성한 'Green river'를 백사장이 살아나는 'White river'로 바꾸는 시도를 하고 있다.

다음은 논의 실태를 한번 검토해 보자. 많은 사람은 논을 우리에게 주식인 쌀을 제공하는 공간으로 인식하고 있다. 그러나 오늘날 특히 도시 주변의 논을 보면 이러한 인식은 바뀌어야 함을 알 수 있다. 그 공간은 비닐하우스로 덮여 있고, 그곳에서 생산되는 농산물 또한 채소나 원예작물 등으로 바뀌어 있다. 순수한 논이었을 때 그곳은 얕지만, 물을 가두는 저수지의 역할을 하며 홍수조절에 힘을 보탰었다. 이에 더하여 수생식물, 곤충, 양서류, 파충류 그리고 새들의 보금자리이기도 했었다.

그러나 비닐하우스로 덮인 논에서는 홍수조절이나 생물 서식지의 역할도 기대하기 힘들다. 토지 전용을 더욱 신중히 하고 나아가 대체지 마련과 같은 새로운 대안도 검토할 필요가 있다.

이제는 여기서 상류하천 쪽으로 자리를 옮겨 보자. 산 쪽으로 접근하면 하천은 상류하천으로 불린다. 하천의 하류에는 고운 입자의 흙이 많고, 중류하천은 저질이 모래이며, 상류하천에 가면 자갈과 큰 돌이 많이 보인다.

요즘 우리는 상류하천과 그보다 위쪽에 있는 계류에서 산을 떠받치고 있던 이 큰 돌들을 도시에서 자주 본다. 소위 자연석이라는 이름으로 그 돌들을 도시로 옮겨 온 탓이다. 그들이 도시에 와서 어떤 역할을 하는지 잘 알 수 없지만, 그들을 잃은 곳에서는 주춧돌이 빠져나간 상태이니 산사태의 출발점이 되고 있다.

자리를 산 쪽으로 다가가 보자. 우리는 여러 가지 형태로 산의 모습을 바꾸어 왔지만 산은 하천에서부터 시작된다. 그다음에 경사가 완만한 산자락이 이어지고, 경사가 급해지면서 산 중턱, 능선, 그리고 산봉우리가 나타난다. 경사가 가파른 산이라도 산자락은 경사가 완만하다.

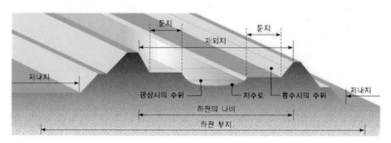

〈그림 1-12〉 하천 제방 모식도. 그러나 우리나라의 하천은 그 폭을 크게 좁히고 있는 데다 이러한 복단면 구조를 유지하여 하천을 하나의 자연으로 유지하기보다는 인공의 수로로 전락시키고 있다

따라서 우리 조상들은 이러한 곳에 집터를 마련하였다. 집을 지으면서도 주변 자연의 모습을 지키고, 동시에 주거 환경을 지키기 위해 집 주변에는 지역 특성에 어울리는 식물들을 활용하여 생울타리를 만들어 왔었다.

온전한 모습을 간직하고 있는 산에 가보면 숲은 키가 작은 풀로 시작하여 작은키나무, 중간키나무가 차례로 나타나고, 그다음에 비로소 큰키나무가 자리를 잡는다. 이때 작은키나무는 풀과 어울려 두 층을 이루고, 중간키나무는 작은키나무와 풀이 어울려 세 층, 그리고 큰키나무는 중간키 나무,

〈사진 1-13〉 계류로부터 상류와 중류를 거쳐 하류에 이르며 나타나는 하천의 유형. 붕적하천, 폭포하천, 암반하천, 계단하천, 호박돌 하천, 자갈하천, 모래하천 및 점토하천의 순서로 나타난다.

작은키나무, 그리고 풀과 어울려 4층을 이루어 완전한 숲을 마무리한다. 이러한 체계를 갖춘 숲은 완전한 숲이므로 재해에도 잘 견딘다.

〈사진 1-14〉 자연석을 잃은 계류의 모습.

그러나 오늘날 우리는 자연을 개발하여 우리의 생활공간을 마련할 때 이러한 자연의 체계를 거의 고려하지 않고 있다. 산을 잘라 도로를 만들고 집을 지으며 산의

〈사진 1-15〉 들어선 비닐하우스로 인해 제 기능을 하지 못하는 논의 모습.

〈사진 1-16〉 산사태로 무너진 절개사면.

비스듬한 경사를 급경사지로 바꾸어 놓는다. 절개사면이 맨살을 드러내놓고 있는 데도 거의 아무런 조처도 하지 않고 있다. 겨우 취한 조치는 외래식물 씨를 진흙에 섞어 그 급한 사면에 뿜어 붙이고는 그것으로 책임을 완수하였다고 자만하고 있다.

그러나 이러한 장소 또한 산사태의 출발점이 된다. 어떤 부득이한 개발로 산의 경사를 바꾸었으면 우선 그 사면을 완만하게 다듬어 줄 필요가 있다. 그다음에 맨살을 드러낸 사면에는 주변에 존재하는 온전한 숲에서 종자를 얻고 그것의 체계를 모방하여 이전의 숲을 다시 만들어 줄 필요가 있다. 그것이 공존하는 자연에 대한 도리이고, 우리의 재앙을 막는 수단이다.

지금 홍수 피해가 있다고 곧바로 댐을 만들자는 주장은 너무 서두르는 듯한 인상이다. 댐 건설에 반대한 것은 환경단체와 지역 주민만이 아니다.

이 땅의 많은 전문가가 함께 오랫동안 고뇌하고 논의하여 결정한 사항이다. 그 뜻이 이렇게 쉽게 버려져서는 안 되겠다는 생각이다.

## 10. 기후변화 대응대책 차원에서 본 세종시 논의

올겨울 추운 날도 많고 눈도 예년보다 많이 내려 기후변화에 대한 우려가 많이 줄어든 듯하다. 게다가 지구온난화에 따른 히말라야 빙하의 해빙 현상이 과장된 것에 대한 IPCC의 사과, 소빙하기의 도래 소식 등도 전해지면서 지구온난화가 지금까지 전해진 사실과 다른 것이 아닌가 의심하는 사람들이 전보다 늘어나 보인다.

기후변화가 너무도 복잡한 문제이고, 더구나 이제 이 주제는 자연과학의 영역을 떠나 사회문제화되었기 때문에 실제와는 거리가 있는 논란거리들이 많은 것은 사실이다.

그러나 우리 주변에서 보이는 현상들만 종합해도 기후변화의 빠른 진행을 알 수 있다. 우선 꽃피는 시기가 많이 당겨져 있다. 우리가 놀이의 한 수단으로 활용하는 화투는 식물의 계절 현상을 잘 표현하고 있다. 여기에서 사용된 달력은 음력이므로 양력으로 환산하면 그것에 표현된 달은 한 달쯤 늦은 것이 된다.

그런데 요즘 화투에 등장하는 식물들이 꽃 피는 시기는 그것에 표현된 달과 거의 일치하는 경향이니 꽃 피는 시기가 옛날과 비교하여 한 달쯤 당겨졌다는 계산이 나온다. 그뿐만이 아니다. 최근 5년간 소나무를 관찰하니 통상 4월부터 6월 사이에 자라던 소나무의 가지가 이제는 겨울의 일부 기간을 제외하고 연중 내내 지속해서 자란다. 이런 영향으로 미국에서 보고된 연구 결과를 보면, 최근 20년 동안 나무의 생장이 그 이전보다 늘어났다고 한다.

그러나 이처럼 긍정적인 결과만 있는 것은 아니다. 같은 미국에서 조사된 결과에 의하면, 최근 30년 동안 나무의 고사율이 늘어난바 그 원인을 기후변화에서 찾고 있다. 이처럼 상반된 결과는 앞서 언급한 것처럼 기후변화라는 현상이 매우 복잡하여 단순한 결과만을 낳지 않는 데서 비롯된다.

기후변화는 이처럼 복잡하고 다양하여 해결하기 어려운 많은 문제를 우리에게 부여하고 있다. 더구나 이 문제는 이미 오래전부터 국제적인 사회문제로 부상하여 기후변화를 주도하는 온실가스 배출 의무감축국이 정해졌고, 그러한 의무가 더 많은 나라로 퍼질 전망이다.

수출의존도가 세계에서 가장 높은 우리나라의 경우 이러한 국제사회의 요구에 선제적으로 대응하기 위해 녹색성장 전략을 수립하여 의무감축의 배당이 주어지기 전에 스스로 감축 목표를 정하기도 하였다. 지구적 차원의 기후변화 완화계획에 자발적 참여를 선언한 것이다.

이러한 시점에서 이제 우리는 그 실천방안을 찾아야 한다. 온실가스를 배출하지 않는 재생에너지를 사용하거나 에너지 이용효율을 높여 그 사용량을 줄이고, 배출된 온실가스를 포집·흡수하여 온난화 작용을 못 하게 하는 방법, 에너지 절약을 생활화하여 일상에서 에너지 사용을 줄이는 방법 등이 주변에서 자주 들리는 대응 방안이다. 그런데도 우리 정부가 선언한 자발적인 감축 목표에 이르려면 더 많은 인내와 노력이 있어야 한다고 전문가들은 지적한다.

기후변화를 완화하기 위한 대책들은 다양하게 등장하고 있다. 금융 위기 쇼크 이후 여러 분야에서 절약을 강조하는 미국은 기후변화 대응 분야에서도 절약의 필요성과 중요성을 역설하고 있다. 하나의 예를 들어 보자. 미 연방 교통국이 내놓은 한 보고서는 1980년 이후 인구, 자동차 등록 대수와 자동차 운전 거리의 변화를 분석한 결과 운전 거리 증가속도가 인구증가속 도보다 3배 빠르고, 자동차 수 증가속도보다는 2배 더 빨랐다는 결과를 내 놓고 있다.

대도시 지역에서 자동차를 이용하는 통근 시간은 수십 년 동안 완만하 게 증가하여 이제 휴가로 보내는 시간보다 통근하기 위해 보내는 시간이 더 많아졌다. 이러한 운전 거리 증가의 원인을 그들은 도시 확산에서 찾고 있다.

즉, 그들은 2차 세계대전 이후 지금까지 자동차를 사용한다는 전제하에 직장으로부터 먼 곳에 집을 지었고, 집으로부터 먼 곳에 학교나 쇼핑센터 를 건설하였다. 결과적으로 더 확장된 도시 공간을 자동차에 의존하여 이 동하면서 운전 거리를 늘려 왔다.

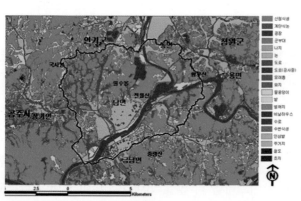

〈그림 1-13〉 행정 중심복합도시(현 세종시) 건설지역에서 식별된 Biotop의 공간 분포를 보여주는 지도.

이러한 결과는 또 다른 측면에서 문 제를 낳고 있다. 상 대적으로 개발 밀 도가 낮은 곳에서 새로운 개발을 더 크게 진행하여 인 구 성장보다 세배 나 빠른 속도로 토 지를 개발해 왔다.

이러한 개발 확장은 운전 거리를 늘려 자동차로부터 이산화탄소 배출량을 늘리고 이산화탄소 흡수에 유용한 삼림의 양을 감소시켜 대기 중 이산화탄소 농도 상승에 기여하고 있다.

이러한 문제를 해결하기 위한 대안을 미연방 교통국은 운전 거리를 줄이는 데서 찾고 있다. 자동차 사용과 관련된 요금과 세금을 늘리는 방안도 생각해 보았지만, 그보다는 새로운 개발 양식, 예컨대 압축개발(compact development)을 찾아 운전 거리를 줄여 비용을 줄이고, 건강과 재정상의 이득을 볼 수 있게 하는 것이 더 효과적일 것으로 보고 있다.

압축개발은 매일 다닐 필요가 있는 직장, 상점, 학교, 공원, 환승역 등을 집으로부터 도보나 자전거로 다닐 수 있는 거리에 위치시킨다. 이 경우 설사 자동차를 이용해도 거리가 짧아 비용과 에너지를 절약할 수 있다. 건물을 단일 용도로 이용하기 위해 세분하기보다는 편의시설의 범위 내에 주거지를 위치시켜 지역공동체가 복합이용을 추구한다. 즉 수평적 확장보다는 수직적 상승을 추구한다.

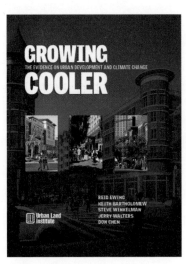

〈사진 1-17〉 Growing Cooler 표지.

그러면 이러한 대책은 얼마만큼의 효과를 발휘할 수 있을까? 압축개발은 자동차 운전의 필요성을 20~40% 감소시키고 운전 거리는 30% 감소시킬 수 있는 것으로 나타났다. 또 그 결과는 교통 관련 이산화탄소 배출을 7~10% 감소시킬 수 있는 것으로 평가되었다.

2009년 현재 우리나라의 교통 분야 에너지 사용량이 1990년 대비 3배가량 증가하였음을 고려하면 우리도 가볍게 여길 수 없는 대책이다. 과거에는 수입에 의존하는 기름값 걱정만 하면 되었지만, 이제 이산화탄소를 비롯한 온실가스 배출은 우리에게 또 다른 경제적 부담으로 다가올 전망이기 때문이다.

세종시 문제가 우리 사회의 핵심 화두로 등장한 지 오랜 시간이 지났지만 지혜로운 결론이 모이기보다는 정쟁의 도구로 변질하는 것 같아 안타깝기 그지없다. 더구나 기초조사를 위해 개발 현장을 두 발로 샅샅이 훑고 다니며 만난 분들과 인근 지역이 고향이어서 일찍부터 알고 지내던 분들의 모습과 목소리를 떠올려 볼 때 안타까움은 배가된다. 좀 더 신중하고 진지하며 본질을 벗어나지 않는 논의가 이루어졌으면 한다. 또 이 문제를 지역의 문제로 한정하지 말고 국가 전체, 나아가 국제적인 문제까지 고려하는 혜안을 발휘해 주었으면 한다.

국제화 사회를 살아가는 오늘의 시점에서 기후변화 대응은 우리에게 무엇보다 시급히 다가오는 문제 중의 하나이다. 그러기에 세종시 논의에서도 주제의 한 축을 형성하길 바란다.


## 11. 신 기후변화 협상 체제에 유연한 국가 온실가스 감축 전략

올해 가을이면 달라진 기후변화협약 체제의 규칙에 따라 우리나라도 기후변화 대응 국가 전략으로서 온실가스 감축 계획을 보고하여야 한다. 이전의 제도(교토체제)하에서 우리나라는 의무감축국에 포함되지 않았지만 새로운 기후체제는 온실가스 배출량 세계 7위, 온실가스 배출 증가속도 세계 1위인 우리나라에 감축 계획을 강하게 요구하고 있다.

혹자는 이러한 감축 계획을 꼭 지키는 것이냐고 물을 수 있다. 이에 대한 대답은 분명하다. 반드시 지켜야 한다. 우리는 국제화 시대에 살고 있다. 게다가 우리나라는 전 세계에서 수출의존도가 가장 높은 나라이다. 이러한 현실에서 우리가 국제의무를 준수하지 않을 때 세계는 우리의 상품을 외면하게 될 것이기 때문이다.

우리가 선언하여 국제사회가 받아드린 우리나라의 온실가스 감축량은 2020년 온실가스 예상 배출량 대비 30%를 감축하여야 한다. 그 양은 대략 현재 배출량의 1/3 정도가 된다. 이는 지금 우리가 사용하고 있는 에너지양을 1/3 수준으로 줄여야 한다는 뜻이다. 말로는 쉬울지 모르지만, 이 정도를 이루어내려면 정말 뼈를 깎는 각오로 임하지 않으면 달성하기 쉽지 않은 수치이다.

느리지만 우리 경제도 꾸준히 발전하고 있다. 기술적 진전이 있어 에너지 이용효율의 상승도 기대할 수 있지만, 경제발전에 따른 에너지 사용량 증가 또한 예상된다. 이러한 현실에서 우리나라의 온실가스 감축 전략을 보면 너무 경직되고 편향된 느낌을 지울 수 없다.

적응을 통한 유연한 감축 전략은 찾아볼 수 없고 오직 공학기술에만 매달리는 형국이어서 안타깝다. 이에 필자는 다른 측면에서 검토한 대책을 제시하여 기후변화 적응, 온실가스 배출 저감 대책의 다양성과 유연성을 높여보고자 한다.

복개된 하천을 복원하였더니 그 주변 온도가 의미 있게 낮아졌고, 식물을 비롯한 야생의 생물들이 이에 반응하고 있다. 그곳을 찾는 사람들 또한 같은 반응이다. 건물 지붕에 그곳에 어울리는 식물을 도입하여 숲을 조성하니 지붕의 표면 온도가 크게 낮아졌고 이를 통해 냉방비용을 절약하였다는 보고도 있다.

좀 더 넓은 곳을 보자. 우리나라에는 인위적으로 조성된 숲이 산림면적의 대략 20%가량 되고, 그들은 대체로 우리의 주거지 주변 저지대에 위치한다. 이러한 인공 숲은 조림지와 조경을 목적으로 창조된 숲으로 크게 나뉜다. 조림지가 발휘하는 이산화탄소 흡수기능을 평가해보니 연간 ha당 14t 정도의 이산화탄소를 흡수하는 것으로 나타났다.

그러나 도시공원, 아파트 정원 등 조경 목적으로 조성된 숲들은 이산화탄소를 흡수하지 못하고 오히려 발생하는 것으로 평가되었다. 한편, 이들 인공 숲과 유사한 장소에 위치하여 사람의 간섭에 자주 노출되지만, 한시적으로만 노출되어 자연으로 되돌아갈 기회를 얻어 성립된 상수리나무 숲을 대상으로 이산화탄소 흡수기능을 평가해보니 그들은 연간 ha당 24t 정도를 흡수하는 것으로 나타났다.

또한 지금은 드물지만 예전에는 하천 변에서 흔히 관찰되던 버드나무 숲은 이보다도 2~3배가량 더 많은 양의 이산화탄소를 흡수하는 것으로 나타났다.

우리나라에서 산림이 차지하는 면적은 약 6만4000㎢이고, 그중 20%가량을 조림지가 차지하고 있다. 이들이 상수리나무 숲으로 이루어진 것으로 가정하여 이산화탄소 흡수량을 평가해보면 1800만t가량 된다. 우리나라 하천은 총 길이가 3만km가량 된다.

이들 하천은 그 주변이 농경지로 활용되어 폭이 크게 좁아졌고, 주변 농경지에 자라는 작물의 생육에 지장을 준다고 강변 식생을 제거하여 그 대부분이 사라진 상태에 있다.

환경부는 근래 수년 동안 건전한 하천을 되찾을 목적으로 수변구역 땅을 매입하여 수변 생태 벨트를 조성하고 있다. 이들 식생 벨트를 하천의 양안에 20m 폭으로 조성한다고 가정하고, 그곳 하천변에 전형적으로 성립하는 버드나무 숲을 조성한다고 가정하여 이산화탄소 흡수기능을 평가해보니 약 800만t이 나온다. 이 두 양을 합치면 우리가 감축하여야 할 온실가스 배출량의 10% 정도가 된다.

그밖에도 새롭고 이산화탄소 흡수기능이 높은 숲을 조성할 공간이 많다. 방치된 폐경지, 건물의 지붕과 벽면 등이 여기에 해당한다. 협상 여부에 따라 이들이 흡수 제거하는 이산화탄소량만 감축 대상으로 인정받아도 기업의 부담을 크게 줄여줄 수 있을 것이다.

〈사진 1-18〉 건물 지붕에서 식물이 심어진 곳과 없는 곳이 인접해 있음에도 불구하고 온도 차이를 보인다.

더구나 그들은 이산화탄소 흡수 외에 다양한 생태적 기능을 발휘하여 에너지 사용량을 줄여주며 또 다른 측면에서 감축 요인으로 작용할 것이다. 이처럼 다양한 기후 변화 적응, 온실가스 감축 전략의 도입으로 기업이나 국가가 불황기를 탈출하는 데 도움을 줄 수 있기를 기대해 본다.

〈사진 1-19〉 옥상녹화의 온도 감소 효과.

## 12. 기후변화의 생태적 해석과 적응 전략

기후변화가 현실로 나타나고 있다. 이러한 기후변화의 원인요인으로 과학자들은 화석연료의 연소와 토지 이용 변화로 $CO_2$를 비롯한 온실효과기체의 대기 중 농도 증가를 주목해왔다.

기후변화가 생태계에 미친 영향도 분명해지고 있다. 일찍 찾아오는 봄, 이른 개화, 생육 기간의 연장, 새와 곤충을 비롯한 동물 개체군의 이동, 산지 빙하의 퇴각 등이 이러한 징후를 대변하고 있다.

가뭄, 홍수, 질병, 해충 발생, 산불 등의 기상이변과 재해도 늘어날 전망이다. 이러한 변화로 교란이 늘어나면서 $CO_2$의 고정원(sink)이었던 삼림이 발생원(source)으로 변하는 사례도 나타나고 있다. 습지에 대한 영향도 우려되고 있다. 이미 인간 간섭으로 심하게 훼손된 습지가 기후변화에 따른 증발량 증가로 더 큰 영향을 받을 것으로 예상한다.

기후와 탄소순환의 상호작용에 의한 영향도 예상된다. 대기 중의 $CO_2$ 농도 증가는 몇몇 식물의 생장증가를 가져오지만, 그 농도가 더 증가하거나 온도 증가가 병행될 때 생장은 감소하는 것으로 나타나고 있다. 나아가 그 영향은 물질순환체계에도 미쳐 증가한 $CO_2$ 농도가 질소 흡수를 억제하는 현상도 관찰되고 있다.

이처럼 기후변화의 생태계에 대한 영향이 복잡하고 다양하게 진행되고 있지만 이러한 분야에 대해 국내에서 이루어진 결과는 거의 없다. 기온 및 해수 온도 변화, $CO_2$ 농도 변화, 식생대 변화, 해산물 분포 변화 등과 같은 기초 정보가 수집되고 있는 정도이다. 그러나 선진국의 경우는 이미 이러한 수준을 넘어 기후변화에 대비한 생태계의 적응관리 측면에서 다양한 연구가 진행되고 있다.

지구의 환경은 끊임없이 변화해 왔지만, 그 속도는 매우 완만했기 때문에 종들은 환경 변화에 맞춰 몸을 적응시키거나 적당한 환경으로 이동하며 생존해 왔다. 지구는 역사적으로 빙하기와 간빙기가 반복됐지만 그러한 변화는 지금과 비교할 수 없을 정도로 오랜 기간에 걸쳐 일어났다.

따라서 오늘날도 지구의 온난화가 서서히 진행된다면 생물들도 변하는 온도환경에 적응하거나 생육지를 변하는 기후대로 천천히 이동시켜 생존을 유지해 나갈 수 있을 것이다. 하지만 현재의 지구온난화는 생물이 이동하거나 적응할 수 없을 정도로 빠른 단기간에 급격한 온도 증가 형태로 나타나고 있다.

따라서 이처럼 빠른 온도상승에 대한 적응과 부적응의 차이는 안정된 경쟁 관계 하에서 유지되던 군집의 형성과 종의 서열 관계에 혼란을 초래하고, 그러한 과정에서 일부 종과 생태계는 열세적 지위에서 우위적 지위를 획득할 것으로 예측되지만 대부분의 생태계와 그 구성 종은 빠른 온도환경 변화에 적응하지 못하고 그 지역에서 절멸되거나 흔적 종으로 남을 가능성이 강하게 제기되고 있다.

## 1) 기후변화의 생태적 해석

원래 균형을 유지하던 지구적 차원의 탄소수 지가 과도한 화석연료 사용과 토지 이용 변화로 균형을 상실하며 기후변화를 주도하고 있다. 기후변화를 주도하는 $CO_2$ 농도는 지구적 차원은 물론 국지적 차원에서도 지속해서 증가하는 추세에 있지만, 그것의 연 변화는 뚜렷한 계절 현상을 보여 겨울에 높고 여름에 낮다. 이것은 온대지역의 숲이 $CO_2$의 고정원(sink)으로 작용한 결과이다.

필자가 공동연구자들과 함께 Eddy 공분산법을 적용하여 토지 이용 유형이 다른 두 지소의 탄소 흐름을 분석하였다 그 결과는 도시의 주거지역과 자연공원 지역이 탄소 수지에서 각각 발생원(source)과 고정원으로 기능하고 있음을 분명하게 보여주었다.

이런 점에서 이제 우리는 기후변화 문제에 접근하는 데 우리의 사고를 바꾸어야 할 것으로 판단된다. 기후변화를 비롯하여 모든 환경문제에는 발생원과 고정원이 있다. 우리가 환경문제 해결을 발생원을 줄이고 고정원을 늘려 해결할 수도 있다. 기존의 해결책으로서 전자는 주로 공학기술에 근거하고, 후자는 생태적 해결책으로서 생태계 서비스 기능에 토대를 둔다.

## 2) 기후변화 적응에서 생태적 검토의 필요성

기후변화를 비롯해 환경문제는 인간 활동의 영향으로 그것이 본래 가지고 있던 생태적 기능이 파괴됨으로써 그 역기능이 초래되어 생태계의 질서와 법칙이 깨진 상태를 말한다. 이러한 환경문제는 자연에 대한 인간의 충돌로부터 발생한다. 지금까지 이러한 환경문제의 원인을 밝히고 해결책을 마련하기 위한 노력이 계속됐지만 대부분 기술 지향적 노력이었다.

그러나 이러한 기술적 접근이 "어떠한 에너지 전환과정도 100% 효율을 기대할 수 없다"라는 자연의 법칙에서 예외일 수는 없으며, 100% 효율에 미달하는 정도의 분산에너지는 여러 가지 환경문제를 유발하고 있다. 따라서 아무리 고급 기술이 개발된다고 하여도 환경문제 해결의 측면에서 완벽한 것은 되지 못한다.

한편, 생태계는 외부로부터 받는 압력에 대해 전적으로 무방비 상태인 것은 아니고 어느 수준까지는 견딜 수 있는 항상성을 지니고 있으며, 그 과정에서 자정 능력을 발휘하여 환경오염을 줄이는 기능이 있다. 따라서 이러한 환경문제에 대응하기 위한 가장 근본적인 방법은 우리가 환경문제의 심각성을 깨닫고 생태계가 받는 피해를 그것의 완충 능력, 즉 항상성 수준으로 줄이기 위해 협동적으로 노력하는 것이 된다.

그러면 환경문제는 왜 발생할까? 많은 사람은 환경문제의 발생을 오염물질의 배출과 연관시킨다. 그러나 환경문제가 오늘날과 같이 심각하게 대두되지 않았던 옛날에도 오염물질은 배출되었다. 그러면 환경문제는 오염물질이 많은 양으로 배출되어 발생하는 것일까?

물론 그렇게 인식할 수도 있다. 그러면 여기에서 우리는 많다는 의미를 다시 생각해 보아야 할 것이다. 환경을 지배하는 생태학의 원리를 적용하면, 이 말은 오염원(source), 즉 인간환경과 그 고정원(sink), 즉 자연환경 사이의 기능적 관계를 저울질하여 평가할 수 있다. 오염원이 고정원보다 크면 많다는 표현을 하고, 그 반대의 경우라면 적다고 표현할 수 있을 것이다.

그런 점에서 오염원을 줄이기 위한 노력뿐만 아니라 그 고정원을 늘리기 위한 노력 또한 중요한 환경문제의 해결책이다. 전자가 기술적 환경문제 해결책이라고 한다면 후자는 생태적 해결책이라고 부를 수 있다.

### 3) 과도한 토지 이용과 생태적 복원

한반도는 국토의 약 70%가 산지로 이루어져 있다. 그 지형은 한쪽으로 치우쳐 있는 경동지형(傾動地形)으로 동쪽은 높고 서쪽은 낮은 동고서저의 형태를 띤다. 토지 이용은 이러한 지형의 영향에 지배되어 고도가 낮고 경사가 완만한 서쪽 지방에서는 토지 이용 강도가 높지만 백두대간을 중심으

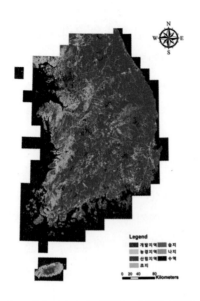

**〈그림 1-14〉** 우리나라의 지역별 토지 이용 실태를 보여주는 지도.

로 고도가 높고 경사가 가파른 동쪽 지역의 토지 이용 강도는 낮다.

이러한 자연적 특성에 인문지리적 특성이 더해져 수도권과 영남 지역의 토지 이용 강도가 다른 지역과 비교해 높게 나타났다(그림 1-14). 우리나라에서 30년 이상의 기온측정치를 가진 지역을 대상으로 시간이 지남에 따른 연평균 기온의 변화를 분석하여 지역별 기온 상승계수를 구하였다. 그런 다음 지역별 기온상승계수의 등치선을 연결하여 기후변화 지도를 작성하였다(그림 1-15).

이 기후변화지도를 분석한 결과 지역별 기온상승계수는 토지 이용 강도에 비례하는 경향이었다. 즉 기온은 토지 이용 강도가 높은 수도권과 영남 지역에서 빠르게 증가하는 경향이었고, 백두대간을 중심으로 토지 이용 강도가 낮은 지역에서는 기온 상승이 거의 이루어지지 않았다.

지구적 차원의 탄소순환에서도 인간 활동에 따른 토지 이용 변화가 대기 중 $CO_2$ 농도를 높이는 주요인으로 등장하고 있다(그림 1-16). 또 토지 이용 강도가 다른 지역을 비교하면 대기 중 $CO_2$의 농도 차이가 나타나고 있다(그림 1-17). 국내의 지자체별 탄소 수지를 분석한 결과(그림 1-18)에서도 지역 간 차이가 관찰되고 있다.

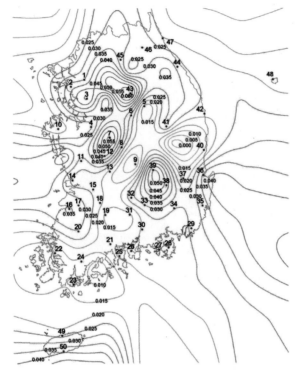

〈그림 1-15〉 우리나라의 지역별 기온상승계수 분포.

우리나라의 $CO_2$ 총배출량은 2016년 기준으로 6억404만4000 톤이고, 총 흡수량은 7391만3215 톤으로 흡수량이 배출량의 12.2% 수준에 불과하지만, 흡수량이 배출량을 넘어서는 지자체도 나타났다. 그러한 지자체는 강원 10, 경북 8, 전남 7, 경남 5, 전북 5, 충북 3, 경기 3개 지자체로 강원도 지역이 가장 많은 것으로 나타났다.

지자체별 탄소 수지의 분포도를 보면, 토지이용유형을 표현한 지도와 밀접한 연관성을 보여, 그 강도가 높은 지역은 $CO_2$ 배출량이 많고, 강도가 낮

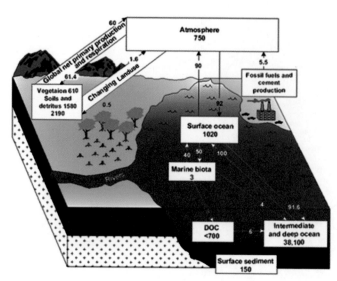

〈그림 1-16〉 지구적 차원의 탄소순환에서 이산화탄소 저장량과 이동 경로. 단위는 기가 톤(Gt).

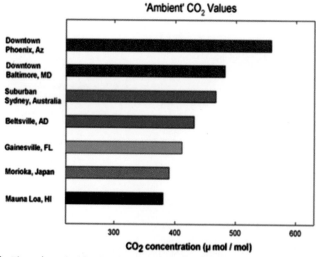

〈그림 1-17〉 토지 이용 강도가 다른 세계 여러 지역의 이산화탄소 농도 비교. 이산화탄소 농도가 토지이용강도에 비례하여 도시에서 높고 자연이 풍부한 지역으로 갈수록 낮아졌다.

은 지역은 그 흡수량이 배출량보다 많은 것으로 나타났다. 후자는 백두대간 지역에 집중적으로 분포하는 경향이었다.

이러한 결과로부터 기후변화 유발요인으로 토지 이용 강도의 중요성을 확인할 수 있고, 나아가 기후변화 완화와 적응 전략으로 효율적인 토지 이용 및 생태적 복원의 활용 가능성을 기대할 수 있다. 한편, 인공위성 사진을 분석하여 얻은 서울지역 지표 온도의 공간 분포를 보면, 한강을 비롯한 하천 주변과 북한산을 비롯한 삼림 지역의 온도가 낮고, 토지 이용 강도가 높은 도시화 지역의 온도가 높게 나타났다(그림 1-19).

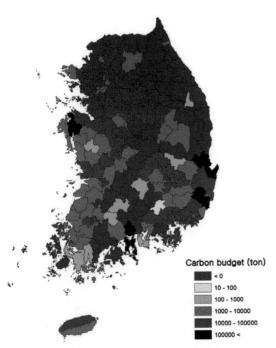

〈그림 1-18〉 우리나라의 지자체별 탄소수지. 녹색으로 표시된 지자체는 이산화탄소 흡수량이 발생량보다 많은 지자체를 나타낸다.

지표 온도는 도시화 지역 사이에도 차이를 보여 오래된 아파트가 많은 강남권 온도가 강북의 도심지역보다 낮게 나타났다. 또 복원된 양재천 주변의 온도가 그곳으로부터 먼 지역보다 낮게 나타났다.

이러한 결과는 하천복원을 비롯하여 식생복원이 기

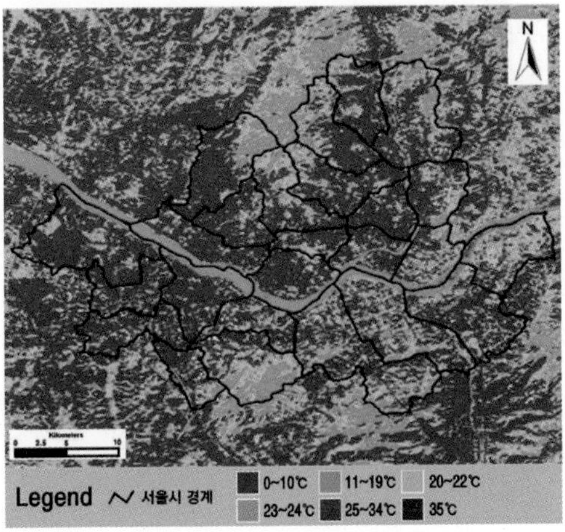

〈그림 1-19〉 서울의 지표 온도 공간 분포.

온 상승 억제 효과를 발휘하여 기후변화를 완화할 수 있음을 의미한다. 하천복원이 가져오는 기온 상승 감소 효과는 복원된 청계천 주변에서도 이미 확인된 바 있다.

이러한 결과를 통해 볼 때 도심지역에 많은 수로 존재하는 복개된 하천이나 자투리땅을 복원하면 다른 지역과 비교하여 빠르게 진행되고 있는 도시지역의 기후를 완화하여 기후변화 적응을 이루어내는 데 크게 이바지할 것으로 기대된다.

## 4) 기후변화 적응수단으로서의 생태계 서비스 기능

아직 국내에는 복잡한 상호관계로 얽혀 있는 기후변화문제를 체계적으로 다룰 수 있을 만큼 충분한 자료가 축적되어 있지 않다. 그런데도 기온 상승, 해수면 상승 등 기후변화 관련 수치는 세계 평균치를 크게 웃돌고 있다.

생태계 변화 또한 빠르게 진행되고 있다. 봄부터 초여름 사이에 자라던 소나무 가지는 늦여름에 다시 생장하기 시작하여 가을은 물론 겨울에도 생장하고 있다. 따라서 1년에 한 마디만 자라던 소나무가 두 마디씩 생장하여 마디 수로 나이를 헤아릴 수 없게 만들고 있다. 또 이렇게 정해진 생장 기간을 벗어나 자라던 어린 가지가 시간이 부족하여 미처 월동 준비를 못 한 채 예외적으로 추운 겨울을 맞아 고사하는 현상도 나타나고 있다.

벚꽃의 개화일은 점점 앞당겨져 1900년대 초반과 비교해 보름 이상 앞당겨졌다. 그 결과 오락 도구인 '화투'로 표현된 식물의 개화 시기는 양력보다 대략 한 달 정도 빠른 음력 기준으로 표시되었지만, 지금은 양력 기준으로도 얼추 맞아떨어지고 있다.

식물 계절이 크게 바뀌고 있다. 식물이 생산자로서 많은 동물이 그것에 의존하고 있음을 고려하면 관찰된 기록은 없어도 동물도 어떤 변화가 일어났을 가능성이 크다.

생물의 이주 현상도 종종 보고되고 있다. 열대지역 동물들이 찾아드는 빈도가 점점 늘어나고 있을 뿐만 아니라 이동속도가 느린 식물의 움직임도 눈에 띄고 있다. 아고산 지역에 자리 잡은 우리나라 특산식물인 구상나무 숲은 온대 식물들에 밀려 눈에 띄게 감소하고, 상록활엽수들의 북진도 여기저기서 관찰되고 있다.

이처럼 기기로 측정하는 기상자료만으로는 해석할 수 없는 기후변화 현상들이 여기저기서 눈에 띄고 있다. 기후변화에 대한 적응 또한 마찬가지다. 숲은 증산작용을 통해 기후를 조절하는 기능을 발휘하고, $CO_2$를 흡수하여 기후변화를 가져오는 요인을 제거하기도 한다.

따라서 자연공간이 차지하는 비율이 낮아 기후변화를 선도하는 도시지역에서 숲을 복원하면 기후변화 완화가 가능하고 그것을 통해 적응을 이루어낼 수 있다. 이러한 문제를 해결하기 위해 우리가 사용하는 기기나 기술은 부분적으로는 효율이 더 뛰어나지만, 자연이 발휘하는 것처럼 이러한 복합기능은 발휘할 수 없다.

따라서 기후변화를 비롯하여 각종 환경문제를 진단하고 예측하며 적응을 이루어내는 데 생태계가 발휘하는 생태계 서비스 기능을 활용하는 사례가 점차 늘어나고 있다.

우리가 사는 집 뜰의 나무들이 먼지나 오물 그리고 우리가 숨 쉬는 공기 중의 해로운 물질들을 제거하여 우리의 환경을 정화하고 있다. 때로 자연은 우리에게 난방 연료를 주기도 하고, 질병의 고통을 덜어주기 위한 약품을 제공하기도 한다.

자연생태계는 이처럼 인간 문명이 의존하는 생명 부양기능을 수행한다. 인간의 활동이 주의 깊게 계획되고 관리되지 않으면 이처럼 소중한 생태계가 손상되거나 파괴되어 그들이 주는 혜택을 누릴 수 없다.

인간을 비롯하여 지구상의 수많은 생물 종들은 여러 가지 방식으로 상호작용한다. 종들 사이의 이러한 상호작용이 생태계의 특징으로 자리 잡고 있다. 생태계는 인간이 혜택을 받는 많은 서비스를 제공한다.

생태계 서비스는 토양·동식물·공기·물 등의 자연자산을 우리가 가치를 매길 수 있는 것으로 전환한 것이다. 생물들이 햇빛, 탄소, 질소 등의 원재료를 가공하여 비옥한 토양을 만들어내면 이러한 전환은 생태계 서비스가 되는 것이다.

우리가 자연자산을 파괴하면 이러한 혜택을 파괴하는 것이 된다. 그러나 역으로 우리가 우리의 자연자산을 보호하고 잘 유지하면 우리는 그들로부터 더 큰 혜택을 돌려받는다. 자연과 인간 사이의 관계에서 "가는 말이 고와야 오는 말이 곱다"는 우리 속담의 실체를 발견한다. 이제 자연을 바라보는 우리의 시각이 바뀌어야 할 시점이다.


## 13. 기후변화로 야기된 폭염이 가져오는 생태적 영향과 그 대책

기후변화 문제는 이제 전문가가 논하는 단계를 넘어 우리의 현실로 다가와 있다. 지난여름 우리는 열대지방보다 더 높은 기온이 여러 날 이어지는 전례가 드문 불볕더위를 경험한 바 있다. 이때 우리는 건강한 사람도 온열질환 등으로 건강을 염려해야 했지만, 노약자 중에는 생명을 위협받는 경우도 적지 않았다.

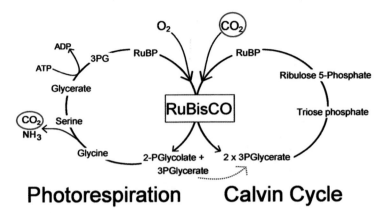

Photorespiration　　Calvin Cycle

〈그림 1-20〉 광합성의 경우(오른쪽) $CO_2$를 흡수하여 기후변화를 억제하지만, 고온으로 광합성이 진행되지 못하고 광호흡이 진행되면 $CO_2$를 방출하여 기후변화를 부추길 수 있다(왼쪽).

　우리 주변의 환경에서 일어나는 반응도 심각했다. 광합성으로 이산화탄소를 흡수할 식물들이 되레 그것을 내놓는 광호흡을 하는 경우가 많았다(그림 1-20). 또 더운 몸을 식혀보려고 증산작용을 무리하게 진행하다 체내에 물이 고갈되어 말라 죽는 식물도 많이 보였다(사진 1-21).

　강수량은 들쭉날쭉했지만, 고온에 편승해 증발량은 계속 늘어(그림 1-21) 강수량과 기온 사이의 상호관계를 통해서 결정되는 생태계의 체계는 숲을 이루기에 부족한 기후조건에 처하였다(그림 1-22).

　결과적으로 우리가 유발한 환경 변화를 완충하여 우리를 지켜줄 자연이라는 버팀목이 그 기능의 한계에 접근해가고 있다(그림 1-23). 그 사이 열대지방에서 소두증이라는 질병을 유발하여 많은 사람을 걱정하게 만든 바이러스를 나르는 흰줄숲모기까지 국내로 잠입하여 국내의 여러 지역에 만연하였다(그림 1-24).

　그러면 우리는 어떻게 이러한 문제에 대처하여 우리 스스로와 주변 환경

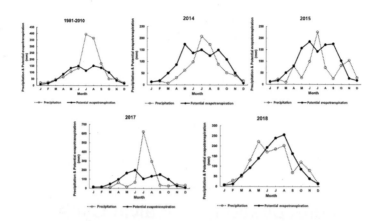

〈그림 1-21〉 월별 강수량과 증발량의 변화. 우리나라와 같은 대륙성 기후체제에서 정상기후의 경우는 위 줄 왼쪽의 경우처럼 여름철 장마 기간에는 강수량이 증발량을 넘어서고, 봄과 가을에는 그 반대현상이 일반적으로 나타난다. 그러나 2014년과 2015년은 장마 기간에 내린 비의 양이 매우 적어 강수량과 증발량 사이의 차이가 매우 작고, 봄과 가을의 건조기에는 증발량이 강수량을 크게 상회하는 비정상의 모습을 보인다. 2017년에는 장마 기간의 강수량은 늘어났지만 봄과 가을의 건조 기간에 증발량이 강수량을 크게 상회하여 〈사진 1-20~25〉에서 제시하듯이 많은 식물이 고사하는 결과를 가져왔다. 폭염이 심했던 2018년은 강수량이 크게 부족했던 2014~15년의 양상과 유사한 모습을 보이며 다시 수분 수지에 불균형을 초래하여 많은 식물이 수분부족으로 고사하는 결과를 가져왔다.

을 안전하게 지켜낼 수 있을까? 지구온난화에 수반된 기후변화에도 자연과 사회 시스템이 유지될 수 있도록 대응책을 세우는 것을 적응대책이라고 한다. 자연에서는 생물들이 한편에서 자신이 처한 환경을 개척하며 다른 한편에서 자신을 그 환경에 적응시켜 온도, 빛, 물 및 기타 물리적 조건이 가하는 제한 효과를 감소시키는 요인보상(factor compensation)이라는 현상이 있다.

이러한 현상을 지금의 기후변화 시대에 대입하면, 한편에서 변화하는 기후환경을 조절하며 다른 한편에서 변화하는 기후에 우리의 삶을 맞추어 가

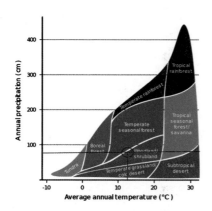

〈그림 1-22〉 온도와 강수량에 의해 결정된 생물군계. 우리나라는 원래 온대 낙엽활엽수림대(Temperate Seasonal forest)에 해당하지만 2014년 및 2015년과 같이 강수량이 800mm 수준에 머물고 지금의 연평균 기온(12.5℃)을 유지할 경우 정상의 숲을 이루지 못하고 밀도가 떨어지고 울폐도가 낮은 엉성한 식림(Woodland)으로 전락할 위기에 처해 있다.

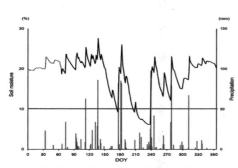

〈그림 1-23〉 서울시 서초구 미도산에서 측정한 토양 수분 함량의 변화(꺾은 선 그래프)와 서울시의 강우 현상(막대그래프). 빨간 선은 식물이 수분부족으로 고사하는 토양 수분함량(10%)을 나타내는데, 지난해 폭염이 심했던 여름철에 토양 수분함량이 10% 이하로 떨어지는 것을 확인할 수 있다.

는 것이다.

그러나 말은 쉽지만 현실에 적용하는 데 여러 가지 어려움이 있는 것이 이론이다. 특히 복잡한 상호관계로 얽혀 있는 환경문제에서 그 해결의 실마리를 찾는다는 것은 단순하지 않다.

따라서 우리가 기후변화 적응 전략을 실천에 옮겨 불볕더위를 비롯한 기후재앙으로부터 우리 자신을 구하고 주변 환경을 지켜내기 위해서는 많은 사람으로부터 지혜를 구해야 한다. 기후변화와 그것이 유발하는 환경 변화를 진단하고, 축적된 진단결과를 토대로 향후 일어날 변화를 예측하며 진단과 예측의 결과를 종합하여 적응 방법을 이루어내야 한다.

이러한 연구를 목표로 국립생태원이 건립되었다. 기후변화에 대비하여 이러한 연구를 성공적으로 이루어내기 위해서는 특히 전문가

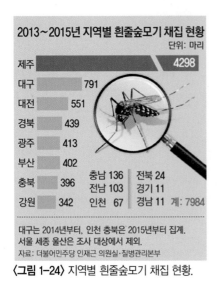

## 2013~2015년 지역별 흰줄숲모기 채집 현황

단위: 마리

| 제주 | 4298 |
| --- | --- |
| 대구 | 791 |
| 대전 | 551 |
| 경북 | 439 |
| 광주 | 413 |
| 부산 | 402 |
| 충북 | 396 |
| 강원 | 342 |

| 충남 136 | 전북 24 |
| --- | --- |
| 전남 103 | 경기 11 |
| 인천 67 | 경남 11 |

계: 7984

대구는 2014년부터, 인천 충북은 2015년부터 집계.
서울 세종 울산은 조사 대상에서 제외.
자료: 더불어민주당 인재근 의원실·질병관리본부

〈그림 1-24〉 지역별 흰줄숲모기 채집 현황.

의 체계적이고 수준 높은 정보수집이 가장 먼저 요구된다. 따라서 국제사회는 오래전부터 지구의 환경 변화를 관찰하는 창으로 장기생태 연구장소를 운영해 왔다(그림 1-25).

해당 분야를 선도하는 미국의 경우는 빠르게 진행되는 기후변화에 따른 생태적 변화를 관찰하기 위해서는 지점 수준의 연구 장소만으로는 만족할만한 성과를 이루어내는

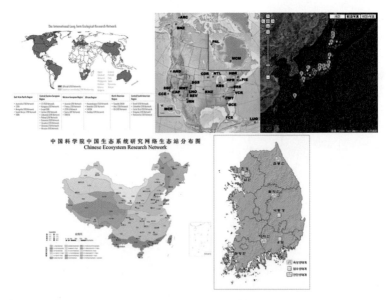

〈그림 1-25〉 장기생태연구체계를 구축하고 있는 나라(윗줄 왼쪽)와 주요국의 장기생태연구 장소를 보여주는 지도.

〈사진 1-20〉 가뭄 피해로 죽어가는 한라산
구상나무숲.

〈사진 1-21〉 가뭄 피해로 죽어가는 스트로브잣
나무.

〈사진 1-22〉 가뭄 피해로 죽어가는 단풍나무.

〈사진 1-23〉 가뭄 피해로 죽어가는 주목.

〈사진 1-24〉 가뭄 피해로 죽어가는
일본 잎갈나무.

〈사진 1-25〉 가뭄 피해로 죽어가는 고광나무.

데 부족하다는 사실을 인식하고 면 수준으로 그러한 변화를 관찰하기 위한 시도로 국가생태관찰망(NEON, National Ecological Observatory Net-work)까지 추가로 구축하여 운영하고 있다. 우리와 가까운 중국과 일본도 미국 못지않게 체계적인 관찰망을 구축하여 정보를 수집하고 있다.

우리나라도 산림청의 경우 산림 중심이지만 1990년대 후반부터 장기생태연구장소를 운영하며 정보를 구축하고 있다. 환경부의 경우는 2004년부터 10여 년간 산림, 하천, 연안 및 도시에서 장기생태연구장소를 운영했었지만, 현재 그러한 연구는 지지부진하다. 지구의 환경 변화를 여러 나라가 함께 관찰하여 다가오는 위기에 공동으로 대비하기 위해 준비한 대한민국의 창이 닫혀 있는 것이다.

국제사회의 일원으로 지구를 지키는 일에 동참하고, 세계 평균보다 두 배 이상 빠르게 진행되고 있는 국내의 기후변화 문제에 대비하기 위해서라도 지구의 환경 변화를 관찰하는 대한민국의 창을 다시 열어야 한다.

## 14. 기후변화, 우리 삶을 위협하고 있다

가뭄이 예사롭지 않다. 더욱 심각한 것은 충남을 비롯해 일부 지역에서는 벌써 몇 년째 가뭄이 이어지고 있다는 점이다.

이런 가뭄 수준의 강수량은 지구의 허파라 불리는 숲을 이루는 데 한계 수준에 접근할 만큼 위험한 상황이다. 가뭄이 지속하면 울창한 숲을 이루지 못하는 것은 물론 가용한 물의 양에 맞춰 나무가 드문드문 자라나는 사바나와 유사한 식생이 성립될 가능성이 짙다. 자연이 마실 물이 없으니, 당연히 인간이 마실 물도 부족하므로 조절 급수까지 논하고 있다.

우리는 기후변화를 논할 때 흔히 기온 상승만 고려해 우리나라가 아열대

지역으로 바뀐다는 얘기를 해왔다. 그러나 기후변화는 지구의 온도상승만이 아니라 해수면 상승, 가뭄과 홍수, 태풍이나 돌풍과 같은 기상이변을 동반하거나 유발하기도 한다. 또 기후변화는 물리적·생물적·사회적 원인이 복합된 문제로 세계 경제를 위협하는 최대 위험요인으로 작용한다.

겨울철 제주도에 내리는 눈은 집중호우의 몬순기후와 물을 오래 간직하지 못하는 현무암의 특성이 함께 작용해 겨우내 쌓여 있다가 봄이 되면 천천히 녹아 우리나라에서만 자라는 특산식물 구상나무에 물을 공급하며 생명수로 기능을 해왔다.

그러나 기후변화로 겨울에 기온이 올라가고 강설량은 많이 감소해 한라산을 비롯한 여러 지역에서 구상나무 수만 그루가 고사하면서 멸종을 걱정할 수준에 이르렀다. 이뿐만 아니라 제주도를 비롯해 한반도 남동부에 확산 중인 재선충병은 우리나라 국민이 가장 좋아한다는 소나무를 이 땅에서 몰아낼 기세이다.

올해 5월 초 강릉을 비롯한 여러 지역에서 발생한 대형 산불은 또 어떠한가. 흔히 우리나라의 산불, 그중에서도 대형 산불은 얼마 전까지만 해도 주로 신록이 발생하기 이전인 4월에 발생했다. 그러나 올해는 신록이 제 모습을 갖춘 5월에 대형 산불이 발생하며 이례적인 기록을 남겼다.

이와 더불어 가뭄이 이처럼 심해지기 전까지만 해도 전국적으로 강수량은 조금 늘었거나 그대로이지만 강우 빈도는 줄었다. 이는 곧 폭우 발생 가능성이 늘어났다는 의미다. 그런데 집중호우 시 물이 흘러갈 하천은 현실을 무시한 인위적인 하천 관리전략이 적용되면서 물이 흐를 수 있는 단면이 크게 좁아져 침수피해를 가중하고 있다. 기후변화에 따라 늘어난 이상기상 현상과 해수면 상승으로 인한 해수의 하천 유입은 하천에 또 다른 압력으로 작용하며 하천을 위험한 공간으로 부상시키고 있다.

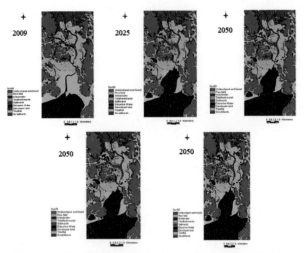

인간 영역으로 관심을 옮겨 보면 열대지역에 국한됐던 질병이 점점 우리를 위협하고 있다. 그중에서도 우리를 두렵게 하는 것은 신생아의 소두증 등을 유발하는 것으로 알려진 지카 바이러스

**〈그림 1-26〉** 기후변화로 인한 해수면 상승효과를 보여주는 연구 결과.

의 한 매개체인 흰줄숲모기가 지구온난화에 따른 기후변화로 서울에서도 발견됐다는 점이다. 이 모두가 기후변화와 직·간접적으로 연관돼 나타나는 현상이다.

그러면 우리는 어떻게 기후변화로부터 안전한 환경을 확보할 수 있을까. 무엇보다 기후변화 실태를 정확하고 정밀하게 파악해야 한다. 이웃 나라 일본은 전국적으로 약 3000곳의 대상 지역을 지정해 기후의 변화 상황을 자세히 감시하고 있다.

미국도 기후변화에 적극적으로 대응하기 위해 전국에 촘촘한 관찰망을 구축해 놓고, 미시적 관찰로부터 거시적 관찰에 이르기까지 수준별 관찰을 이어가고 있다. 유럽도 대륙 전체를 덮는 관찰 네트워크를 구축해 기후변화를 지속해서 감시하고 있다.

그러나 우리나라의 경우 그나마 30여 곳에서 관찰해 오던 모니터링마저도 지금은 유명무실진 상태이다. 즉 기후변화 대비를 위한 진단 다음 단계인 예측의 경우 모니터링 결과를 종합한 후 모델을 개발해 이뤄지는 데 진단한 기초자료가 없어 진행할 수 없다. 기후변화와 연관돼 다양한 방향과 경로를 통해 인간의 삶이 위협받고 있는 이 시점에 기후변화에 대한 정확한 진단과 예측, 그리고 적응대책을 체계적으로 준비하는 것은 선택이 아닌 필수이므로 더 늦기 전에 실천이 필요하다.

## 15. 기후재난 수준의 가뭄 피해 대책 시급히 요구된다

가뭄이 심각한 수준이다. 강수량과 비가 오지 않은 기간으로 평가하는 기상학적 측면의 가뭄뿐만이 아니다. 하천의 유량이 감소한 것은 물론 저수지 보유 수량이 줄어들고 토양도 메말라가며 수리적 측면의 가뭄도 심각하다.

눈이 내린 양으로 평가하면 더 심각한 수준이다. 따라서 이 상태가 지속하고 봄이 되어 기온 상승까지 더해지면 자연생태계와 농경지는 예민한 일부 생물의 생명까지 위협하는 심각한 생태적 가뭄을 겪을 수밖에 없다.

이처럼 극심한 가뭄의 배경에 대해 전문가들은 기후변화에 주목하고 있다. 지금까지 기후변화 문제를 검토할 때 우리는 주로 기온 상승에 초점을 맞추어 왔다. 그러다 보니 기후변화가 일어나면 우리나라가 단순히 아열대 지역으로 변할 것이라는 순진한 추측을 해왔다.

그러나 필자가 최근 30년간 서울의 강수량 변화를 분석해 보니 그러한 생각이 얼마나 단순하고 무지한 것인지를 확인할 수 있었다. 우선 2014년과 2015년의 강수량은 800mm 수준으로 평년 치의 60% 수준을 기록했다. 약 12℃를 기록하고 있는 서울의 평균기온과 이러한 수준의 강수량을 함께 열대우림, 아열대림, 온대 낙엽활엽수림 등 생물군계를 결정하는 기준에 대입해보니 이러한 강수량으로는 물이 부족해 지금의 숲을 유지하지 못하는 수준이 된다.

우리가 지금까지 기후변화가 가져올 것으로 단순히 추측해 온 아열대 상록활엽수림이 아니라 지금의 밀도 높은 숲도 유지하지 못해 엉성한 숲으로 바뀌고, 그 상황이 더 악화하면 나무가 드문드문 자라는 사바나와 유사한 상태로 바뀔 가능성마저 있다. 실제로 그해의 잠재 증발량을 계산해 보면 그 양이 강수량을 초과하는 수준이어서 이러한 예측을 뒷받침하고 있다.

2017년과 2018년에는 또 다른 이상기상 현상이 발생했다. 2017년에는 봄철 강수량이 예년의 1/3 수준을 기록했고, 2018년에는 마른장마로 강우 패턴이 완전히 바뀌어 장마 기간에 강수량과 잠재 증발량이 역전되는 아주 특이한 현상을 가져 왔다. 그 결과는 우리 주변에 심어진 많은 조경수가 고사하는 현상으로 나타났고, 도시 주변의 숲에서도 팥배나무와 밤나무를 비롯해 수많은 나무가 고사하는 결과를 가져 왔다.

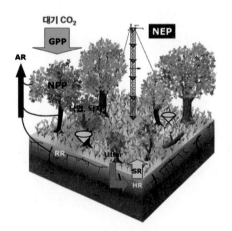

GPP(Gross Primary Production)
AR(Autotrophic Respiration)
RR(Root Respiration)
NPP(Net Primary Production)
HR(Heterotrophic Respiration)
SR(Soil Respiration)
NEP(Net Ecosystem Production)

〈그림 1-27〉 서울 남산에 설치된 기후변화(탄소순환) 연구시설.

우리의 시야를 한라산 정상부를 비롯한 고산지대로 옮겨 보면 그 상황은 훨씬 더 심각하다. 온산이 죽은 나무로 덮여 있다. 우리나라에만 자라는 특산식물 구상나무가 죽어가며 지구상에서 완전히 사라져 가고, 가문비나무, 전나무, 분비나무 등이 고사하여 사라지며 그들에 의지하여 살아가던 많은 동물과 미생물의 생명이 위협받고 있다. 이러한 문제는 전체적인 강수량이 부족한 것도 있지만 기후변화로 인해 겨울 동안 눈이 비로 내려 봄철에 생태적 가뭄을 유발한 결과이다.

가히 기후재난이라고 표현할 만큼 심각한 현상이 우리 곁에서 진행되고 있다. 그런데도 국가는 이러한 문제의 심각성을 바르게 인식하지 못하고 있어 문제를 키울 우려마저 있다. 종합적 사고와 지속적 모니터링을 바탕으로 한 기후변화 대비 지금 바로 시작해야 한다.


## 16. 인류의 발등에 떨어진 기후변화 위기

기후변화가 심해지면서 극단적 가뭄으로 대형 산불이 발생하는가 하면 때아닌 추위와 더위가 찾아오는 등 갈수록 이상 기후 현상이 늘고 있다. 이러한 기후변화는 21세기에 직면한 가장 심각한 환경문제 가운데 하나이다.

최근 과학전문 저널 네이처에 발표된 내용에 따르면, 기후변화로 인한 지구 기온 상승 폭이 국제적으로 합의한 기준보다 더 클 것이라고 한다. 나아가 금세기 말까지 기후변화로 물속에 잠기는 나라가 나타날 것이란 경고도 이어지고 있다. 오늘날의 기후변화는 인간 활동의 영향으로 기후가 변화하는 폭이 자연적인 변동 범위를 벗어나는 것을 의미한다.

기후는 인간을 비롯해 생물이 살아가는 데 영향을 미치는 가장 중요한 요인 중 하나로 생물이 사는 범위와 종류를 결정한다. 이에 생태학자들은 생물의 종류와 그들이 살아가는 모습으로 기후변화를 평가하기도 한다. 가장 널리 활용되는 것은 생물이 보이는 '계절 현상'이고, 훨씬 드물지만 그 종류가 변하는 것을 통해서도 평가할 수 있다.

기상청에서 기록해 온 벚꽃 개화일 자료를 살펴보면 지난 100년 동안 개화 시기가 2주가량 앞당겨졌음을 알 수 있다. 필자가 우리나라에서 가장 넓은 범위에 걸쳐 자라고 있는 참나무의 한 종류인 신갈나무 숲이 성립해 있는 서울 도심의 남산, 그 외곽의 불암산, 경기 포천의 광릉, 강원 인제 점봉산의 개엽(開葉) 시기를 조사해보니 지역의 기후자료와 잘 일치했다.

그 범위를 전국 규모로 확대·분석해 보아도 개엽 시기는 지역의 기후와 잘 부합했다. 특히 동면했던 생물의 활동이 시작되는 5℃ 이상 온도의 누적치와 일치함을 알 수 있다. 이러한 자료에 근거해 신갈나무의 개엽 시기를 100년 전과 비교해보니 그 시기가 11일가량 빨라진 것으로 평가됐다. 이렇듯 지구온난화로 인해 생태계 변화가 심각하게 진행되고 있다.

생물의 종류에서도 변화가 감지된다. 필리핀, 일본 남부의 오키나와, 대만 인근에서 주로 발견되던 넓은띠큰바다뱀이 제주도를 비롯한 남해에서도 발견되고 있다. 소두증을 유발하는 지카 바이러스를 옮기고 열대지방에 주로 서식하는 흰줄숲모기도 서울에까지 퍼져 있다. 외계의 온도에 따라 체온이 변화하는 변온동물인 양서류의 종류도 조만간 바뀔 전망이다.

비 생물환경요인의 변화도 심각하다. 매년 2mm 이상의 해수면 상승이 실측돼 가까운 장래에 우리나라의 주요 갯벌이 바닷물에 잠길 것으로 예측되고 있다. 이미 경험하고 있지만 가뭄이 더 심해질 것이란 주장도 많다. 비가 적게 오거나 강수량은 줄지 않지만 가뭄 기간이 길어지는 기상학적 가뭄 외에 기온 상승으로 증발량이 늘어나면서 발생하는 수리적 가뭄, 눈이 비로 대체되거나 빨리 녹아내려 생육기에 물이 제대로 공급되지 못해 발생하는 생태적 가뭄의 피해가 훨씬 커질 것이라는 전망이 우세하다. 이에 더해 태풍의 강도도 강해졌음을 알 수 있다.

이러한 여러 요인이 복합적으로 작용해 현재 우리나라의 산지 고지대에서는 한국 특산 구상나무를 비롯한 침엽수가 대량으로 고사(枯死)하고, 지난봄에는 전국 여러 지역에서 수많은 활엽수까지 말라 죽는 결과를 초래했다.

〈그림 1-28〉 기후변화로 인해 극단기후사상이 자주 발생하여 한편에서는 극단적 가뭄이 나타나는 반면에 다른 한편에서는 폭우로 인한 피해가 발생하고 있다.

『알프스의 살인빙하』라는 영화에서는 가설적 설정이지만 기후변화로 인해 빙하가 녹으면서 돌연변이 생물이 사람의 생명을 위협하는 모습이 나온다. 실제로 기후변화로 툰드라가 녹으면서 잠에서 깨어난 바이러스가 탄저병을 유발해 수많은 인명을 앗아간 사례가 알려졌다. 이처럼 우리 생명을 위협할 수 있는 기후변화가 빠르게 진행되고 있다.

따라서 선진국처럼 위성 수준의 관찰에서부터 생물의 체내 변화에 이르기까지 다양한 수준의 관찰망을 구축해 기후변화에 따른 생태계 변화 추이를 분석할 필요가 있다. 더불어 혹시 발생할지도 모를 위험을 더욱더 자세히 파악해 기후변화의 영향이 우리 주변에 어떤 모습으로 다가오고 있는지도 철저히 대비해야겠다.

# 17. 숲은 성실하게 끊임없이 탄소를 흡수한다

☞ 동아닷컴 오피니언면의 오늘의 칼럼 날씨 이야기 코너에 실린 한빛나라 재단법인 기후변화센터 커뮤니케이션 실장의 '트럼프 숲(Trump Forest)에 대해 들어봤는가'에 대한 이견

기후변화의 주요 원인이 대기 중 온실가스 증가라는 데 많은 전문가가 공감한다. 그러면 대기 중 온실가스는 왜 증가하게 되었을까? 우리는 주로 과도한 화석연료 사용에서 답을 찾고 있다.

그러나 그것만이 답은 아니다. 원래 균형을 유지하던 지구의 탄소 수지가 균형을 상실하기 시작한 것은 인간의 과도한 토지 이용 전환에서 비롯되고 있다. 그리고 오늘날 지역마다 이산화탄소 농도가 다른 것은 지역의 토지 이용 강도와 밀접한 관계가 있음이 다양하고 의미 있는 연구를 통해 밝혀지고 있다.

국내에서도 지역 간 탄소 수지가 차이를 보이고, 그 차이는 지역의 기온 상승계수와 일치하는 경향이다. 이는 기후변화가 숲의 존재 여부와 밀접하게 관계된다는 의미이다.

이러한 사실로부터 우리는 기후변화 완화와 탄소상쇄에서 숲의 중요성을 확인하고 있다. 그리고 이미 이러한 사실을 확실히 인지하였기에 국제기구에서도 숲을 탄소흡수원으로 인정하는 것이다. 나아가 IPCC는 앞으로 탄소 배출량 감축을 넘어 탄소 배출원과 숲과 같은 그 흡수원의 균형유지를 각국에 요구할 전망이다.

위에 제시한 글에서 그는 숲이 실제로 탄소를 흡수하는지 검증하는 데 불확실한 점이 많다고 하였다. 그러나 이것은 실험을 통해 쉽게 확인할 수

있다. 나는 국립생태원을 만드는 과정에서 빈 온실과 나무를 도입한 온실에서 이산화탄소 농도를 측정하여 그 차이로부터 숲의 이산화탄소 흡수능력을 실험적으로 확인한 바 있다.

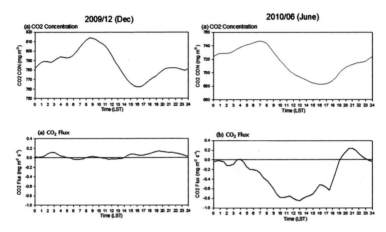

〈그림 1-29〉 $CO_2$ Flux가 겨울(a)과 여름(b) 사이에 차이를 보이고 있다. 여름에는 숲이 이산화탄소를 많이 흡수 ($CO_2$ Flux가 음의 값으로 나타나는 것은 숲이 이산화탄소를 흡수하는 것을 의미)하고 있음을 보여준다.

또 전 세계적으로 많은 연구자가 숲의 탄소흡수 능력을 야외 현장에서 직접 측정하여 연구논문을 비롯한 다양한 문헌으로 발표하고 있다. 숲의 탄소 흡수량을 평가하기 위해서는 오래전부터 국제적으로 검증된 방법으로 우선 생산량을 측정한다.

그리고 다른 한편에서는 식물이 자라고 있는 토양의 호흡량을 역시 국제적으로 공인된 방법으로 측정한다. 이때 식물의 호흡량은 이미 생산량에서 가감 계산되었기에 식물의 뿌리를 제거하고 토양 속에 사는 미생물과 토양 소동물의 호흡량을 측정한다. 식물의 생산량에서 이러한 동물과 미생물의 호흡량을 뺀 값이 숲이 이산화탄소를 흡수하는 양이 된다.

이 방법은 이미 오랜 기간의 연구 과정을 거쳐 공인된 방법으로 자리 잡았다. 따라서 나는 상기한 글을 쓴 분이 이러한 사실을 알고 그것이 불확실하다고 하였는지 궁금하다.

숲이 나이에 따라 탄소흡수량이 다르다는 것 또한 오래전에 밝혀져 교과서에도 등장하고 있다. 그리고 숲은 자신의 몸에 탄소를 저장하면서도 탄소수지 개선에 이바지한다. 물론 숲을 이룬 나무가 죽어 분해되면 탄소를 배출하지만, 그것이 분해되어 발생한 양분이 주변 식물의 생장을 촉진하여 그것 또한 상쇄시킨다.

그는 또 탄소흡수를 실현하기 위해 숲의 지속적 관리가 필요하다고 하였다. 그러나 자연은 원래 관리 없이 스스로 유지되는 것이다.

지구 온도상승을 막기 위해 배출한 양만큼 탄소를 상쇄하는 것 이상의 노력이 필요하다는 언급도 있다. 숲이 그러한 역할을 한다. 탄소흡수 외에 숲은 그늘을 만들고, 증산작용을 하여 기후를 완화하는 것은 물론 미세먼지도 흡수하고, 빗물을 모았다가 맑게 거른 후 그것을 우리 인간은 물론 다른 생물들에게 나누어 주며 추가적인 서비스도 제공한다.

물론 저자는 탄소상쇄제도가 바르지 않게 이용되는 것을 우려하여 이 글을 썼을 것으로 추측된다. 그러나 그 글의 의미에서 숲의 기능이나 그것을 연구하는 자들의 신뢰도에 영향을 줄 수 있는 내용도 포함되어 이 글을 쓴다.

# 제2부
# 생태적 환경계획

## 1. 지혜로운 자연 관리를 위한 제언

비가 올 때 하천을 따라 흘러드는 물 색깔을 보면 동네마다 다르다. 어떤 동네의 물은 옛날 내가 어릴 때 흔히 보던 색깔과 같이 붉은색이 짙다. 그러나 다른 동네에서 내려오는 물은 붉은 색은 거의 보이지 않고 비가 올 때도 옅은 회색 정도다.

정상의 물은 색이 없으니 색깔이 있다는 것은 이물질이 섞여 있다는 의미다. 물이 붉은색을 띠는 것은 식생으로 덮여 있던 자연이 파괴되어 노출된 토양이 빗물에 씻겨 내리며 생긴 현상이다. 이런 흙탕물은 보기에도 좋지 않지만 보이지 않는 곳에서도 여러 가지 악영향을 유발해낸다.

가는 토양입자는 물고기의 아가미에 끼여 산소흡수를 저해한다. 흙탕물에 유기물이 포함될 때는 하천의 부영양화도 가져온다. 흙탕물 속에는 침식된 토양입자 외에도 많은 물질이 섞여 있다. 자연적으로 떨어진 낙엽, 낙지는 물론 사람들이 숲을 파괴하며 발생시킨 통나무, 과도한 토지 이용에 희생되어 뿌리가 뽑힌 나무가 포함된 예도 있다. 그리고 사람들이 등산할 때 버린 온갖 쓰레기들도 포함되어 있다.

하천을 따라 내려가다 보면 이런 쓰레기의 종류와 양이 더 늘어난다. 농촌 지역을 지나가면서는 농경지에서 떠내려오는 농경 폐기물과 눈에 보이지는 않지만, 비료와 농약도 추가되고 인가가 있으니 생활폐기물도 더해진다. 더 내려가 도시지역에 다다르면 생활폐기물이 가장 많다. 스티로폼이나 비닐과 같이 가벼운 물질이 눈에 잘 띄지만 심한 경우 가전제품도 떠내려온다.

고가도로에서 유입되는 물을 보면 타이어가 마모되며 발생한 검은 가루, 담배꽁초, 자동차에서 새 나온 기름 등이 눈에 띈다. 도시지역은 많은 사람이 모여 살기 때문에 눈에 보이지 않는 물질의 종류와 양도 많다. 우리가 먹고 남은 약품을 버리거나 먹은 약 중 우리 몸에 흡수되지 않고 남아 배설된 약품의 잔재는 지금의 수처리 방식으로는 걸러지지 않아 특히 문제가 된다. 이들은 자연에 사는 야생생물의 성(sex)을 바꾸고 생리활성에 영향을 미치는 것은 물론 그러한 영향이 세대를 넘어 미래에도 미칠 수 있는 유전적 변화도 유발하고 있다.

문제는 이쯤에서 마무리하고 다음은 이러한 문제를 어떻게 해결하여야 할지 생각해 본다. 산은 농림축산식품부 소속의 산림청이 관리한다. 농경지는 물론 농림축산식품부의 관리대상이다. 도시는 관리대상을 어디로 지정하기 힘들지만 도시를 계획하고 건설하는 것은 국토교통부 소관이다. 한편, 쓰레기 문제를 비롯하여 각종 오염문제는 환경부 담당이다.

하천만 놓고 보아도 관리부서는 다양하다. 산지에 속한 계류는 산림청, 소하천은 지방자치단체, 그리고 대하천은 국토교통부가 담당한다. 하천에 담긴 물도 양은 국토교통부, 질은 환경부가 관리한다.

그러나 모든 생태계는 개방된 계로서 서로 연결되어 영향을 주고받는다. 따라서 어느 부처가 자신이 맡은 공간을 아무리 잘 관리해도 다른 부처의 협조가 없으면 그곳을 좋은 상태로 유지하기는 힘들다. 앞의 예에서 보아 왔듯이 하천에 유입되는 쓰레기는 산에서 출발하여 농경지를 거쳐 도시지역에 이르기까지 온 국토에서 발생하였고, 그것은 육상생태계를 떠나 하천으로 몰려든다.

그런데 각 구역을 담당하는 정부 부처는 어떤 쓰레기 반출 감소 대책도 없이 비가 올 때마다 이런 쓰레기를 마구 떠내려 보내고 있다. 부처가 다른 이들이 떠내려 보낸 쓰레기를 치우는 것은 환경부 몫이 된다. 그것을 치워야만 환경부의 관리대상인 수질을 건강한 상태로 유지할 수 있기 때문이다. 결자해지가 요구되는 대목이다. 아니면 각 부처의 담당구역에서 그 양을 줄이기 위한 노력이라도 보여주는 것은 최소한의 양심이다.

다음은 이러한 조건에서 어떻게 건강한 수질을 유지할 수 있는지 생각해 본다. 산지에서 토양이 노출된다는 것은 숲이 훼손되었음을 의미한다. 따라서 비가 올 때 흙탕물을 흘려보내는 동네의 숲은 파괴되었다고 볼 수 있다. 미국이나 유럽에서는 이런 흙탕물이 상수원을 오염시키는 것을 막기 위해 강변 식생을 보강하거나 복원한다.

이러한 문제를 다룬 경관생태학에서는 생태계 사이의 상호작용을 다루며 하천이나 호수 같은 수계생태계의 수질을 결정하는 요인으로 유역의 토지이용 강도와 강변 식생의 역할을 꼽고 있다. 양 요인의 기여 정도는 지역에 따라 차이가 있지만, 후자, 즉 강변 식생의 중요성이 강조되는 추세다.

그러나 우리나라처럼 하천에 둑이 만들어진 경우는 접근방법을 달리할 필요가 있다. 우리나라처럼 하천이 둑으로 둘러싸인 경우는 이런 흙탕물이 하천으로 유입될 때 강변 식생을 통과하기보다 지천을 통해 유입되기 때문이다.

따라서 이런 물질을 걸러 하천생태계를 건전하게 유지하기 위해서는 지천의 하구를 가능한 한 제 모습으로 되돌려 그곳을 정화 습지처럼 활용해야 한다. 소위 비점오염원이 점오염원으로 바뀐 것이다. 우리나라의 토지이용유형은 또 하나의 차이를 만들어내고 있다. 바로 논 경작지다. 밭과 달리 논은 수경재배지로서 둑을 쌓아 물을 가두어 농사를 짓고 물은 물꼬를 통해 내보낸다. 따라서 이것도 점오염원으로 다루어야 한다.

그렇다고 강변 식생의 중요성이 사라진 것은 아니다. 밭 경작지가 하천과 만나는 부분이나 산지가 하천과 만나는 부분 등은 여전히 강변 식생이 요구되는 공간이다. 고랭지 채소재배지와 같이 농도 짙고 양도 많은 흙탕

물을 만들어내는 훼손된 토지 주변과 그것이 넓을 때는 훼손된 토지 사이
사이에 강변 식생을 모방한 숲 띠를 갖추면 그들이 하천에 주는 환경 압을
크게 줄일 수 있을 것이다.

과도한 토지 이용으로 농경지가 사막화되는 끔찍한 경험을 한 오스트레
일리아는 그것을 실현하여 의미 있는 성과를 거두고 있다. 농촌 지역의 농
경지 주변도 마찬가지고 더 강도 높은 토지 이용이 이루어진 도시지역도
마찬가지다.

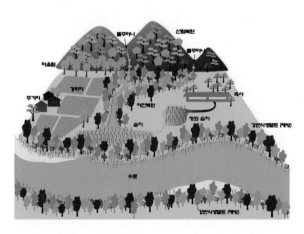

토지 이용 강도를 줄이거나 강도 높은 이용을 하였을 경우는 그것에 걸맞은 숲 띠를 갖추어 하천이 그 주변으로부터 받는 환경 스트레스를 줄여줄 필요가 있다. 이것이 지속 가능한 자연이용이고 하천생태계를 살리는 길이며 우리 스스로에게는 생태복

〈그림 2-1〉 경관 차원의 복원계획 모식도. 하천과 지천 및 삼림을 포함
하는 그것의 유역 복원계획. 이 계획은 하천 주변의 과도한 토지 이용
에 기인하여 그들의 강변 식생을 잃은 현재의 하천과 달리 대 하천과
지천 둘 다의 강변 구역에 강변 식생을 도입할 것을 권장한다. 이러한
복원을 실행하여 도입될 강변 식생은 비점오염원을 차단하는 데 이바
지할 뿐만 아니라 $CO_2$흡수를 비롯하여 다양한 생태적 서비스 기능을
발휘하는 데 기여할 수 있다.

지를 실현하는 길이다.

나아가 이러한 지혜를 발휘하여 타 부처의 업무량과 스트레스를 줄여주
거나 그러한 여유가 없으면 자연 관리만이라도 그러한 업무를 전문 부처에

맡겨 생태학적 원리가 반영된 선진화된 토지 이용을 실현하고 업무의 효율성을 기할 필요가 있다. 개방계로서 연속된 자연을 효율적으로 관리하려면 통합관리가 답이다.

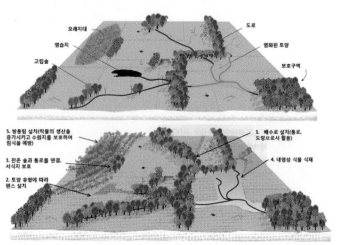

〈그림 2-2〉 호주 밀 생산지대의 황폐화한 농장 현황(위) 및 그 복원계획(아래).
(Lefroy, E. C, Hobbs, R. and Atkins, L. 1991. A revegetation guide to the central wheatbelt. Western Australian Department of Agriculture, Greening Australia (WA) and CSIRO: Perth)

# 조성 중인 수변 식생 벨트에 대한 고찰

수변 식생 벨트를 제대로 조성하려면 우선 강변 식생대의 위치를 바르게 파악하여야 한다. 하천은 물이 흐르는 장소와 그것이 흘러넘치는 범위를 포괄하여 지칭한다. 즉, 하천의 공간적 범위는 수로와 범람원을 포괄한다.

지형에 의해 그 범위를 구분하면, 수로로부터 양방향으로 수평으로 이동하여 경사가 급해지는 부분까지, 즉 산과 산 사이가 하천의 공간적 범위가 된다. 지질학적으로 이 범위에는 충적토가 존재하여 주변과 구분이 되고, 생물학적으로는 강변 식생이 분포하여 주변 지역과 뚜렷하게 구분된다.

습한 지소를 선호하는 우리의 주식인 벼를 재배하기 위하여 옛날부터 하천 변을 논으로 개발해 온 우리는 하천의 이러한 공간적 범위를 잊고 살아온 지 오래다. 더구나 도시에서는 이러한 논의 대부분이 다시 주거지를 비롯한 우리의 생활공간으로 바뀌었다. 따라서 우리는 더욱더 이러한 사실을 모른 채 살고 있다.

필자가 농사일을 중단한 논을 다년간 살펴보니 그곳에서 하천 변에 사는 식물들이 되살아나는 모습을 관찰할 수 있었다. 또 6.25 전쟁 후 인간 출입을 통제하고 60여 년의 세월을 보낸 비무장지대를 비롯한 민통선 북방지역에 관해 연구한 결과에서는 과거의 논이 하천 변에 자라는 식물들로 뒤덮여 그곳이 본래 하천이었음을 입증하고 있다.

그밖에 하천에 인접한 아파트단지나 주택의 뜰에서 돋아나는 버드나무를 비롯한 식물들 또한 그곳의 원모습을 알리기에 충분한 정보를 제공하고 있다. 이러한 정보를 활용하여 조성하면 된다.

그러나 우리의 현실은 어떠한가? 국가에서 수변 식생 벨트로 조성한다고 산 토지는 강변 구역과 거리가 먼 토지가 많다. 또 본래 계획대로 비점오염물질을 잡겠다고 설치하려면 연속성이 유지되어야 한다. 지주의 비협조나 경제적인 문제 때문이기도 하겠지만 아직은 연속적인 띠를 이루기엔 크게 부족하다.

어렵게 메워 조성한 숲은 더욱더 문제가 많다. 그곳이 강변 구역임에도 도입한 나무는 대부분 산림 수종이고, 초본은 생태적 복원에서 철저히 배제되어야 할 외래종, 지역 특성에 어울리지 않는 외지 종 또는 자연에서 자라는 본래 모습과 다르게 변형시킨 원예품종이 대부분을 차지하고 있다.

하천변에 자라는 식물들은 산에 자라는 식물들과 여러 가지 차이가 있다. 우선 줄기조직에서 차이가 있다. 하천변에 자라는 식물은 연한 조직이 있어 잘 휜다. 따라서 홍수가 나도 잘 꺾이지 않고 휘어져 홍수를 흘려보내고 나서 다시 곧추선다. 뿌리도 차이가 있다. 흔히 뿌리들의 모임인 뿌리 갈래가 발달하여 홍수에도 쓸려 내려가지 않고 버틸 수 있다. 또 물에 잠겨서도 살아남을 수 있다.

그러나 산에 자라는 나무들은 조직이 연하지 않아 잘 휘지 않고, 뿌리가 발달하지 않아 홍수 시 부러지거나 뿌리가 뽑혀 홍수 소통에 지장을 초래할 수 있다. 또 물에 잠기면 살아남지 못하기 때문에 하천 변에 심으면 뿌리를 깊이 내리지 못해 하천으로 유입되는 오염물질을 거르는 작용도 부족하다.

강변 식생이 제 모습을 갖추고 있는 비무장지대나 민통선 북방지역을 방문해보자. 현장에 답이 있다.

## 2. '국립공원 개발 특별법'에 부쳐

국립공원제도는 자연 그대로를 공원으로 미래에 남기자는 취지에서, 1872년 미국의 옐로스톤 지역을 국립공원으로 지정하면서 마련되었다. 우리나라에선 그로부터 95년이 지난 1967년 지리산이 처음으로 국립공원으로 지정되었다.

우리나라에서 국립공원은 두 개의 해상국립공원까지 포함할 때 전 국토의 약 4%를 차지한다. 국립공원 면적은 별로 큰 비중을 차지하지 않는다.

하지만 우리나라 전체 식물종의 64%를 보유하고, 특별 보호가 요청되는 특정 야생 동·식물 종의 60%가 국립공원에 살고 있다.

그러면 이러한 자연자원은 우리에게 무엇인가? 진부한 얘기일지 모르지만 그들은 우리 식량자원의 원천이 되고, 우리의 질병을 치료하는 의약품 소재가 되며, 때로는 경제자원으로서도 중요한 역할을 한다. 그러나 무엇보다도 중요한 것은 생태환경자원으로서 그들이 우리의 삶을 지켜주고 있다는 것일 것이다.

최근 필자는 소나무의 이상 생장에 관한 환경 이변을 관찰하는 연구를 수행한 바 있다. 소나무는 봄철에 길이 생장을 하고, 하지가 지나 밤의 길이가 길어지기 시작하면 겨울눈을 맺어 여기에서 생장을 멈춘다.

따라서 불규칙한 마디 생장을 하는 낙엽활엽수와 달리 1년에 생장한 하나의 마디를 명확하게 구분할 수 있다. 소나무의 이러한 특징이 최근 변해가고 있다. 겨울을 포함하여 지난해 기온은 평년보다 꽤 높았다.

특히 여름이 길어지면서 가을 이후의 기온이 높았다. 자료를 분석해보니 여름까지의 기온은 평년보다 0.5℃ 높았던 반면 그 이후에는 1℃ 이상 높았고, 겨울 기온은 2℃가량 차이가 났다.

이러한 기온 상승으로 우리 주변의 소나무들은 올봄에 싹을 틔워 새로운 생장을 시작하여야 할 겨울눈을 지난가을에 틔운 것이다. 비정상적인 이상 생장이다.

이상 생장을 더 자세히 조사해보니 서울의 도심에서는 그러한 현상이 매우 심했고, 도시 주변의 그린벨트 지역으로 가면 크게 줄었다. 영역을 더욱 넓혀 조사해보니 도시화가 심하게 진행된 수도권과 대도시 주변에서 심하게 나타났다.

전원 지역으로 가면 그것이 감소했으며, 국립공원에선 그러한 현상이 거의 나타나지 않았다. 자연의 바탕이 되는 숲이 기온 상승을 완화하고, 각종 환경 스트레스를 제거하였기 때문이다.

이제 우리의 환경 훼손은 불굴 불변의 선비정신을 간직하여 우리 민족의 정신적 지주로 자리 잡은 소나무의 특징마저 변하게 만들고 있다.

그런데 최근 국회는 국립공원 안에 휴양리조트와 골프장 등을 지을 수 있도록 하는 특별법을 제정하려고 한다.

우리 삶의 영원한 안식처이자 지킴이인 국립공원을 일시적인 유희의 장으로 전락시킬 셈인가? 참으로 답답하다.

〈사진 2-1〉 한라산국립공원의 모습.

## 3. 그린벨트 규제완화계획에 대한 재고

나무는 우리에게 무엇인가? '살아있는 모든 것이 아름답다'라거나 '아낌없이 주는 나무' 등의 표현을 빌리지 않더라도 그것이 우리에게 꼭 필요한 존재라는 것은 누구나 알고 있을 것이다.

나무는 우리가 사는 모든 환경 구성원들을 먹여 살리는 '환경'이라는 가정의 가장과 같은 존재이다. 하늘 향해 가지를 펼쳐 빛을 모으고, 거친 땅속을 헤집고 들어가 뿌리를 뻗어 물과 양분을 모아 우리 인간을 비롯한 모든 생물의 식량을 마련하고 물을 주며 산소도 제공한다.

그래서 이러한 나무들을 중심으로 이루어지는 자연환경을 우리의 삶을 결정하는 환경이라고 하여 전문가들은 그것을 '생존환경'이라고 부르고 있다.

나무는 살아있는 동안 자신이 만든 물질을 다른 생물들에게 나누어주고 그들의 쉼터와 숨을 곳도 제공하며 다른 생물을 위해 봉사한다. 우리 인간도 나무가 수행하는 그러한 봉사의 수혜자로서 다양한 혜택을 누리고 있다. 쾌적한 공기, 시원한 그늘, 계곡의 맑은 물 등이 그러한 혜택들이다.

평생 이러한 봉사활동을 수행하는 나무들은 늙어서 힘이 다하면 자신이 더 이상 살 수 없다는 것을 인지하여 양분을 비롯하여 자기가 가지고 있는 모든 것을 주변의 살아있는 부분으로 모아준다.

그리고 수명이 다하여 죽으면 자신의 온몸을 곤충이나 미생물에게 맡겨 그들을 먹여 살리고, 덤으로 땅을 기름지게 하는 데도 기여한다. 죽어서도 남을 위해 희생을 하는 것이다. 그처럼 아낌없이 주기에 그들은 아름다운 것이다.

이러한 나무와 풀들이 모여 숲을 이룬다. 그리고 그들은 이 숲으로 곤충,

양서류, 파충류, 조류, 포유류 등의 다양한 동물과 각종 미생물을 끌어들여 서로 도움을 주고받는 조화로운 삶을 이어간다. 사람들이 이룬 삶의 공간도 예전에는 이와 비슷하였겠으나 현대문명의 중심을 이루는 도시에서는 적어도 이와 크게 다른 모습을 연출하고 있다.

도시는 공기, 물, 흙, 그리고 다양한 생물들을 기반으로 하지만 상대적으로 사람과 인위적 공간이 많고 밀집된 곳이다. 이것을 생태적으로 표현하면, 생산자와 분해자가 적고 소비자가 너무 많아 그 균형을 상실한 곳이라고 할 수 있다.

생태적으로 균형을 이루고 있지 못하므로 생산–소비–분해라는 생태적 고리가 원만한 관계를 이루지 못하여 한쪽에서는 부족하고, 다른 한쪽에서는 남아 쌓이는 현상이 발생한다. 오염물질이 늘어나고 폐기물이 쌓이며, 물이 부족하고 더운 여름날 밤늦도록 더위가 이어지는 열대야 현상 등이 그 실태를 반영한다.

도시에서 숲은 이처럼 문제가 생긴 도시환경을 개선하는 데 중요한 역할을 하게 된다. 기후를 조절하고, 각종 오염물질과 분진을 흡수하며, 소음을 감소시키고 인간을 포함하여 모든 생명체가 호흡하는 데 요구되는 산소를 공급하기도 한다.

인간이 유발하는 각종 환경 스트레스와 이러한 숲의 환경 개선 기능의 조화 여부에 따라 어떤 지역의 지속 가능성이 결정된다. 그런 점에서 어느 지역이든지 개발을 수용할 수 있는 한계가 있다. 생태학에서는 그것을 지역의 환경용량이라고 한다. 사람들이 호흡으로 배출한 이산화탄소를 식물이 광합성을 통해 흡수하듯이 인간 활동의 부산물로 발생한 각종 오염물질도 어느 정도까지는 자연의 과정을 통하여 정화 처리될 수 있다. 이것을 우리는 자연의 완충 기능이라고 한다.

환경용량이란 어떤 지역이 개발되어 그곳에서 인간 활동이 진행될 때 오염물질을 비롯한 각종 환경 스트레스가 발생하면 그것을 자연이 발휘하는 이러한 완충 기능을 통하여 제거할 수 있는 수준을 의미한다. 그러면 우리나라 인구의 90% 이상이 거주하는 도시는 이러한 환경용량에서 더 이상의 개발을 수용할 여유 부분을 보유하고 있는 것일까?

대부분 생태전문가가 내놓는 대답은 부정적이다. 실제로 현재 우리나라의 도시 대부분은 이미 포화상태이다. 우리나라 전체 인구의 90% 이상이 살고 있다는 낡은 통계자료를 들먹이지 않더라도 이곳이 포화상태임을 입증할 수 있는 증거는 많다. 도시지역은 인구밀도가 높아 오염물질의 발생량은 많지만, 그것을 흡수·제거할 자연공간은 부족하다.

따라서 흡수되지 않고 남은 오염물질은 그곳에 축적될 수밖에 없다. 그 결과는 도시지역의 특이한 환경특성으로 반영되고 있다. 가령 토양의 경우를 보면, 건전한 지역에는 산성비가 내려도 그것이 토양을 통과하면 토양의 완충 기능을 통하여 그 물이 중성으로 바뀌지만 도시지역의 토양은 그러한 기능을 거의 발휘하지 못하고 있다. 사람의 건강상태로 치면 음식물을 섭취하였는데, 전혀 소화를 못 하고 그대로 배설하는 것과 같은 상태이다. 그러한 영향은 여기에서 그치지 않고 있다.

해당 지역보다 더 추운 곳에서도 아직 낙엽이 지지 않고 있지만, 도시에서는 이미 낙엽 현상이 관찰된다. 큰키나무, 중간키나무, 작은키나무와 풀로 이루어진 4개의 계층구조를 확보하여야 하는 숲은 3층 또는 2층으로 그 구조가 단순화되고, 각 층을 이루는 식물의 종류 또한 바뀌어 비정상적인 층 구조와 불안정한 상태로의 퇴행 천이 경향을 보인다.

남아 있는 식물도 잎 표면이 대기오염물질에 의해 상처를 입어 그들이 살아가는데 긴요하게 사용하여야 할 물과 양분을 그냥 흘려보내고, 그것을 다시 흡수하여 보충하여야 할 뿌리는 흙 속의 독성물질 때문에 제 기능을 발휘하지 못하고 있다.

이러한 현실에서 추가로 녹지면적을 줄이고 인공시설을 도입하는 것은 무리가 아닐 수 없다. 앞서 언급한 현상들을 더욱 악화시키고, 나아가 그 영향은 우리 인간을 더 직접 위협하는 형태로 우리에게 다가올 것이다. 지금의 위기가 그러한 사태로 발전하기 전에 우리는 과도한 난 개발의 굴레에서 벗어나야 한다.

녹지를 이용하기보다는 일부 지자체에서 벌이는 사업처럼 불필요한 인위공간을 자연으로 바꾸는 지혜를 발휘하여야 한다. 그것이 선진화된 국제사회의 추세이고, 실제로 이러한 사업을 벌여 안정성과 삶의 질을 높인 사례가 국내외에서 확인되고 있다.

〈사진 2-2〉 서울의 면적은 605㎢이고 인구는 1000만명 정도로 인구 밀도는 세계 최고 수준이다. 이처럼 높은 인구밀도 때문에 토지이용강도가 높아 평지와 산지 저지대에 성립한 경관요소는 대부분 주거지를 비롯한 인위적 요소로 대체되어 있다. 따라서 환경스트레스의 발생원으로서 인위환경과 그 고정원으로서의 자연환경 사이의 기능적 불균형이 매우 심한 상태이다. 불암산에서 북한산을 바라보고 찍은 사진이 그러한 현실을 보여주고 있다.

철저하게 환경 우선 행정을 펼쳐 공해병 국가라는 오명을 떨쳐 버린 일본을 우선 외국의 예로 들 수 있다. 환경적으로 민감한 지역의 숲을 보전하고, 나아가 부족한 부분에는 그것을 복원해 온 이들은 고베 지진이 일어났을 때 숲이 지진 피해도 줄여준 사실을 눈으로 확인하면서 숲을 조성하고 가꾸는데 더욱 박차를 가하고 있다. 주요 도시의 환경 질이 과거와 비교하여 크게 나아진 결과도 이러한 녹지 증강사업에서 원인을 찾고 있다.

구리 제련과정에서 발생한 오염물질이 수십 킬로미터 밖의 산림까지 훼손시켜 생태학 관련 주요 문헌에 세계적인 오염지역으로 자주 등장하던 캐나다의 서드버리 지역은 전문가, 민간인, 그리고 행정기관이 하나가 되어 파괴된 숲을 복원하는 데 성공하였다.

그 결과 전에는 생물이 거의 살지 못하던 하천과 호수에도 다양한 생물들이 다시 나타나기 시작하면서 쾌적한 환경을 되찾고 있다. 따라서 지금 이곳은 환경오염을 극복한 대표적인 지역으로 국제사회에 알려져 있다.

국제도시가 갖추어야 할 녹지 확보율을 35%로 정해 놓고, 그것을 충족시키기 위해 체계적인 녹화를 추진하고 있는 중국 상하이도 조만간 그 효과를 국제사회에 알리기 시작할 것이다.

그중에서도 우리의 눈길을 끄는 것은 상하이시의 녹지 확충계획으로서 이를 좀 더 자세히 들여다볼 필요가 있다. 이들이 추구하는 녹지대는 길이 200km와 폭 1km로 조성되는 세 개 환형 녹지대, 강·고속도로 그리고 철로를 따라 1km 폭으로 조성되는 8개 선형 녹지, 30~60㎢ 규모의 자연공원 형태로 조성되는 6개 녹지구역, 강둑과 도로를 따라 25~500m 폭으로 조성되는 다용도 생태통로, 자연재해와 오염피해를 줄이기 위해 해변과 공업단지 주변에 조성되는 환경림 벨트 및 기존 녹지와 새로 조성되는 녹지를 연결하는 하나의 연결형 녹지대로 이루어진다.

이 사업은 2001년 녹지면적 597.2㎢, 녹지율 9.4%로 시작하였다. 이들의 계획은 1차 5개년(2001~05) 계획을 통해 609.4㎢의 새로운 숲을 조성하여 녹지율 19.0%를 확보하고, 2차 계획 기간(2006~10) 중 478.5㎢를 조성하여 녹지율 26.5%를 달성하며, 3차 계획 기간(2011~20) 중 녹지면적을

2,226㎢까지 늘려 녹지율 35%를 달성한다는 계획이다.

나아가 이들이 조성하는 녹지는 외국의 생태전문가까지 초빙하는 국제 공동연구를 통하여 철저하게 지역의 생태적 특성과 어울리는 자생종을 도입하여 국내의 녹화사업과 차이를 보인다. 또 기존 녹지와 새로 조성하는 녹지를 거미줄 모양으로 연결하여 녹지의 양뿐만 아니라 그 질도 높이고 있다.

이들은 이러한 녹화사업의 국제적 평가에도 귀 기울여 앞서 언급한 바와 같이 국제 공동연구는 물론이고, 그것에 대한 별도의 자문을 얻기 위해 세계 여러 나라에서 다양한 분야의 전문가를 초청하여 국제 심포지엄을 열기도 하였다.

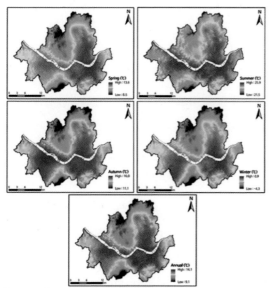

지난 2002년 이 심포지엄에 참가하였던 필자는 이들이 벌이고 있는 엄청난 녹화사업을 눈으로 확인한 바 있다.

그 당시는 시작단계에 불과하였지만, 들판을 가로질러 조성되는 광폭의 녹지대가 우선 눈에 띄었고, 녹화사업을 위해 시행하는 주민의 대규모 이주도 확인할 수 있었다.

〈그림 2-3〉 서울에서 기온의 공간 분포. 도심과 도시 외곽 사이의 기온이 평균 5℃ 정도 차이를 보이고 있다. 평균 기온 5℃ 차이는 위도 5° 정도에 해당하는 것으로서 매우 큰 차이이다(정성희 박사학위논문).

그러나 무엇보다 그들의 계획에서 믿음을 주는 것은 그들이 준비하고 있는 넓디넓은 모밭이었다. 우리가 1960년대와 1970년대 온 국민이 하나가 되어 벌여 왔던 국토 녹화사업과 같은 이 엄청난 녹화사업이 지속 가능성을 갖춘 국제도시의 면모를 갖추기 위한 것이라고 그들은 말하고 있다. 중간평가를 거친 그들의 녹화계획과 그 실천은 일단 성공적인 결과로 나타나고 있다. 상하이시가 중앙정부로부터 부여받은 '정원도시'라는 지위가 이를 증명하고, 시 정부는 이를 인터넷 매체를 통해 대대적으로 홍보하고 있다.

대대적이고 지속적인 녹지 확충사업을 벌여 우리나라에서 가장 더운 지역이라는 오명을 떨쳐 버린 대구시, 새로 지은 아파트단지와 비교하여 상대적으로 양과 질이 높은 녹지를 확보한 오래된 아파트단지에서 보이는 기온의 차이, 복개하천을 복원한 장소에서 감지되는 기온 저하 현상 등은 아직은 부족하지만, 국내에서 이룬 녹화의 성공사례에 해당한다고 볼 수 있다.

이처럼 국제사회와 선진사회는 지속 가능성을 영위하기 위하여 자연과 조화를 이룬 환경을 갖추기 위해 노력하고 있다. 이들이 이러한 조화를 평가하는 기준은 기존의 것을 포함하여 새로 개발되는 지역에서 발생하는 환경 스트레스와 주변의 자연환경이 발휘하는 완충 기능 사이의 균형유지 여부에 근거한다.

이러한 시대적 흐름과 달리 최근 정부는 그린벨트 규제 완화계획을 발표하였다. 주민의 생활편의 향상과 소득 증대가 규제 완화의 배경이라고 한다. 그러나 그동안도 정부는 그린벨트 지역에서 주민들의 생활편의를 위해 주택, 축사, 농업용 창고 등의 시설 도입을 허용해왔다.

또한 텃밭 가꾸기, 소규모 과수원 조성, 심지어 건물의 신축에 이르기까지 일부 불법 행위도 묵시적으로 허용해온 것이 사실이다. 강력한 규제 상황에서도 이러한 불법 개발행위가 이루어져 왔는데 규제 완화까지 이루어지면 우리나라 전체 인구의 90%가 넘는 도시민의 생명을 담보하고 있는 이 귀중한 생명 자원이 언제까지 지켜질 수 있을지 의문이다.

자연환경은 우리가 사는 환경의 모태로서 인간을 비롯하여 모든 생물의 생존에 필요한 공기, 물, 흙과 같은 자원을 공급하는 생존환경이다. 그래서 요즘 세계는 이러한 생태자원에 대한 가치 평가를 다시 시도하고 있다. 지금까지 진행된 결과로 보면 자연환경이 발휘하는 가치는 전 세계 GDP의 2배를 넘는 수준이다. 그린벨트가 발휘하는 생태계 서비스 가치도 개발을 통해 얻을 수 있다고 예상한 경제적 효과를 크게 넘을 것이다.

더구나 우리는 올가을 약 3주간에 걸쳐 전 세계 193개 국가로부터 2만여 명을 초청하여 생물다양성 협약 당사국 총회를 개최하는데 이러한 회의의 바탕에는 자연보호 사상이 깔려 있다. 시대와 국가 위상에 어울리는 정책을 수립할 수 있는 지혜가 요구되는 시점이다.


## 4. 생태적 토지이용 계획

강원도 발 상수원 위기에 관한 기사(기획특집 폐광수, 고랭지 밭 흙탕물 콸콸 유입)를 읽었다. 기사의 몇몇 부분이 설익은 감은 있지만, 그 파급효과는 클 것으로 판단된다. 특히 필자와 같은 생태학도에게는 이제 비로소 이 땅의 환경관리를 위해 생태학도가 나서야 할 때라는 부름으로 인식된 기사이었다.

생태학은 우리 인간을 포함하여 다양한 생물들이 살아가는 '환경이라는 집'과 그 집에 생물들이 살 수 있도록 에너지와 물자를 제공하고, 그곳에서 발생한 쓰레기를 치워주는 과정 등을 다룬다. 사람도 그렇고 모든 생물은 살아가면서 주변 환경과 서로 영향을 주고받는다.

이번 기사는 그러한 사실을 잘 보여주고 있다. 팔당댐의 수질이 나빠진 것은 이곳으로 물을 모아주는 유역(집수역)에 사람들이 전원주택을 짓고, 오락 시설을 도입하며 사람들이 요구하는 질 높은 음식을 마련하기 위해 축사 등을 준비하며 땅을 과도하게 개발한 결과이다. 사람들이 자연을 마구잡이로 개발하며 괴롭히니 자연이 그 반응으로 우리가 먹을 물에 흙탕물을 일으킨 셈이다.

폐광지 또한 마찬가지다. 땅속 깊이 묻혀 있는 에너지를 비롯한 자원을 캐내어 이용하기 위해 우리는 우리의 젖줄과 같은 한강과 낙동강의 발원지인 강원도 태백, 정선, 삼척 등지의 땅속을 온통 헤집어 놓았다. 그 과정에서 지하에서 지상으로 파 올려진 물질 중 사람들의 요구를 충족시키는 질이 높은 것은 이용하고 질이 떨어지는 것들은 산골짜기, 산자락, 산꼭대기 등 아무 데나 버렸다. 지하에서 캐낸 물질이니 지하로 되돌려 놓는 것이 옳았다.

그러나 그렇게 하지 않고 지상에 버려둬 놓았기 때문에 그러한 폐석 더미를 통과하여 지하의 텅 빈 곳까지 스며든 빗물은 폐석 더미와 지하 공간에 남아 있는 각종 중금속까지 우려내어 우리의 상수원에 또 다른 흙탕물을 일으키고 있다.

고랭지 채소재배지도 이와 별반 다를 게 없다. 사람들에게 신선한 채소를 제공한다는 명목으로 우리 인간의 등줄기에 비견되는 백두대간을 누더기로 만들어 놓으니 그 흙탕물은 당연히 아래로 흘러들 수밖에 없다. 여기에서도 사람들은 특유의 욕심을 부려 객토하고 비료를 과도하게 뿌려 이 흙탕물에도 몇 가지 더 해로운 요인이 추가되고 있다.

이제 공은 우리에게 넘어왔다. 우리 인간이 수비할 차례이다. 비책은 있다. 환경부가 그것을 준비하고 있다. 하천 변을 숲으로 에워싸는 수변 완충 식생대가 그것이다. 원래 하천 변에는 숲이 있었다. 그 숲은 빗물이 산과 들을 거치며 획득한 각종 영양물질을 담은 상태로 이곳을 거쳐 간다는 사실을 인지하고, 그것을 얻기 위해 이 길목에 자리를 잡고 있다. 그 숲은 영양물질을 얻어 혜택을 입고, 하천은 그 덕에 오염되지 않아 역시 혜택을 보고 있다.

이처럼 자연이 주고받는 상호작용은 서로를 이롭게 하는 것이다. 사람들도 그러한 사실을 인식하여 그곳에 우리의 식량을 생산하기 위한 논과 밭을 일구었다. 자연이 공급해주는 영양물질에 의존하여 농사를 짓던 옛날에는 이러한 농사 활동이 별문제가 되지 않았다.

그러나 그것에 만족하지 못하고 더 많은 것을 얻고자 추가로 비료를 주고 그밖에 다른 인위적 간섭을 더 해가면서 문제가 생기기 시작하였다. 이에 더하여 사람들은 이곳에 인간만을 위한 도시화한 공간을 창출하고 각종 인공시설을 도입하면서 문제를 더욱 어렵게 만들고 있다. 이러한 과정을 통해 사라진 식생을 돌려놓겠다는 것이 수변 식생 완충지대 조성계획이다. 자연의 필요성과 역할을 비로소 깨달은 것이다.

다소 늦은 감은 있지만 반가운 소식임이 틀림없고, 이번 기사는 그 사업에 가속도를 붙여줄 것도 같다. 기사의 내용은 이 문제를 심각하게 다루었지만, 환경부의 계획대로 수변 식생 완충 대 조성사업이 추진되면 이러한 문제는 충분히 해결될 수 있을 것으로 믿는다.

필자는 채탄 쓰레기 매립지와 같은 열악한 환경에 내성을 갖는 식물을 선발, 식재하여 이러한 지역을 주변의 산림과 유사한 모습으로 바꾸는 연구를 추진하고 있다. 나아가 폐탄광에서 유출되는 침출수를 정화 못에 가

두고 여기에 내성을 갖는 식물을 식재하여 그들을 정화하는 연구도 추진하고 있는데 양 연구에서 모두 도입한 식생의 환경 개선 효과가 나타나고 있다.

〈사진 2-3〉 폐광산에서 나오는 오염된 물을 처리하기 위해 조성된 정화 못. 폐광산 유출수에 황과 철이 다량 포함되어 물의 색이 붉다.

또 이전에 수행한 하천복원이나 오염피해가 심한 공단지역에서 훼손된 생태계를 복원하는 연구에서도 생태적 복원을 위해 도입한 식생이 환경을 개선하는 데 크게 기여하고 있음을 확인한 바 있다.

이러한 연구에서 얻은 정보와 체계를 모방하여 고랭지 채소재배지를 에워싸는 식생 완충 대를 조성하고, 불완전하게 복구된 폐 탄광지 주변에 내성 식물을 도입하여 식생으로 덮

〈사진 2-4〉 폐광산 유출수가 하천으로 유입되며 하천을 오염시키고 있다.

으며 이와 동시에 폐광산 침출수 정화 못을 만들어 침출수를 정화하면 수도권 상수원의 발원지 부근에서 일어나는 물 오염의 문제를 해결할 수 있을 것이다.

나아가 하천 변에도 지역과 지소의 특성을 고려하여 그곳에 적합한 식물을 도입하여 식생 완충 대를 조성하면 이들은 사람들이 만들어낸 흙탕물과 오염물질을 걸러내어 기사에서 다루었던 문제들을 해결할 수 있을 것이다. 이것이 선진국에서 추구하는 생태학적 복원이고 경관생태학적 환경관리이다. 이제 우리도 생태학의 원리에 관심을 기울여 비용도 절약하고 자연이 제공하는 복합적 효과도 누려보자.

## 5. 수도권 신도시 개발계획에 대한 재고

뉴올리언스에서 발생한 엄청난 자연재해를 보면서 우리는 자연의 힘을 재확인할 수 있었다. 나아가 자연의 이치를 거역하였을 때 우리는 엄청난 환경재앙으로 그 대가를 치러야 한다는 사실도 확인하였다.

뉴올리언스는 해안에 인접하고, 그 옆으로는 세계에서 가장 긴 미시시피 강이 위치하여 홍수와 같은 자연재해에 예민한 지역으로 알려져 있었다. 또 도시의 많은 부분은 지형적으로 바다보다 낮은 저지에 위치하여 그 가능성을 높이고 있었다.

그런데도 이 도시와 그 주변에서는 홍수 피해를 줄이는 데 크게 기여할 수 있는 습지를 제거하고 그곳에 도시를 세우는 등 과도한 개발을 추구하여 그곳을 재해에 더 취약한 곳으로 바꾸어 왔다. 이러한 환경특성을 미리 인식한 전문가들은 이곳에 큰 도시가 성립하는 것이 부적합하다는 사실을 이미 여러 번 지적하였다고 한다. 그러나 그것을 무시한 결과는 이번 사태와 같은 재앙으로 찾아왔다.

허리케인 카트리나 피해가 발생한 시기와 거의 같은 시기에 우리나라에서는 자연의 이치를 철저히 무시하는 수도권 신도시 건설계획이 발표되었다. 이 정부는 그 준비 기간부터 수도권의 포화상태를 언급하면서 그것을 바탕으로 행정수도 이전의 필요성을 주장하였음에도 말이다.

어느 지역이든지 개발을 수용할 수 있는 한계가 있다. 생태학에서는 그것을 지역의 환경용량이라고 한다. 사람들이 호흡으로 배출한 이산화탄소를 식물이 광합성을 통해 흡수하듯이 인간 활동의 부산물로 발생한 각종 오염물질도 어느 정도까지는 자연의 과정을 통하여 정화 처리될 수 있다. 이것을 우리는 자연의 완충 기능이라고 한다.

환경용량이란 어떤 지역이 개발되어 그곳에서 인간 활동이 진행될 때 오염물질을 비롯한 각종 환경 스트레스가 발생하면 그것을 자연이 발휘하는 완충 기능을 통하여 제거할 수 있는 수준을 의미한다. 그러면 우리의 수도권, 특히 서울은 이러한 환경용량에서 더 이상의 개발을 수용할 여유 부분을 보유하고 있는 것일까?

대부분 환경 전문가가 내놓는 대답은 부정적이다. 실제로 현재의 수도권은 포화상태이다. 우리나라 전체 인구의 50% 이상이 살고 있다는 낡은 통계자료를 들먹이지 않더라도 이곳이 포화상태임을 입증할 수 있는 증거는 많다. 이 지역은 인구밀도가 높아 오염물질의 발생량은 많지만, 그것을 흡수·제거할 자연공간은 부족하다. 따라서 흡수되지 않고 남은 오염물질은 그곳에 축적될 수밖에 없다.

그 결과 서울지역 토양의 경우는 오염되지 않은 지역의 토양이 확보한 산성비 완충 능력을 거의 상실하고 있다. 그러한 영향은 여기에서 그치지 않고 있다. 서울보다 더 추운 곳에서도 아직 낙엽이 지지 않고 있지만, 서울에서는 이미 낙엽 현상이 관찰된다.

큰키나무, 중간키나무, 작은키나무와 풀로 이루어진 4개의 계층구조를 확보하여야 하는 숲은 3층 또는 2층으로 그 구조가 단순화되고, 각 층을 이루는 식물의 종류 또한 바뀌어 비정상적인 층 구조와 불안정한 상태로의 퇴행 천이 경향을 보인다.

남아 있는 식물도 잎 표면이 대기오염물질의 상처를 입어 그들이 살아가는데 긴요하게 사용하여야 할 물과 양분을 그냥 흘려보내고, 그것을 다시 흡수하여 보충하여야 할 뿌리는 흙 속의 독성물질 때문에 제 기능을 발휘하지 못하고 있다.

이러한 현실에서 추가로 녹지면적을 줄이고 인공시설을 도입하는 것은 무리가 아닐 수 없다. 앞서 언급한 현상들을 더욱 악화시키고, 나아가 그 영향은 우리 인간을 더 직접 위협하는 형태로 우리에게 다가올 것이다.

지금의 위기가 그러한 사태로 발전하기 전에 우리는 과도한 난 개발의 굴레에서 벗어나야 한다. 녹지를 이용하기보다는 일부 지자체에서 벌이는 사업처럼 불필요한 인위 공간을 자연으로 바꾸는 지혜를 발휘하여야 한다. 그것이 선진화된 국제사회의 추세이고, 실제로 이러한 사업을 벌여 안정성과 삶의 질을 높인 사례가 국내외에서 확인되고 있다.

철저하게 환경 우선 행정을 펼쳐 공해병 국가라는 오명을 떨쳐 버린 일본을 우선 외국의 예로 들 수 있다. 환경적으로 민감한 지역의 숲을 보전하고, 나아가 부족한 부분에는 그것을 복원해 온 이들은 고베 지진이 일어났을 때 숲이 지진 피해를 줄여 준 사실을 눈으로 확인한 바 있다.

또 주요 도시의 환경 질이 과거와 비교하여 크게 나아진 결과도 이러한 녹지 증강사업에서 원인을 찾고 있다. 구리 제련과정에서 발생한 오염물질이 수십 킬로미터 밖의 산림까지 훼손시켜 주요 문헌에 세계적인 오염지역으로 자주 등장하던 캐나다의 서드버리 지역은 전문가, 민간인, 그리고 행정기관이 하나가 되어 파괴된 숲을 복원하는 데 성공하였다.

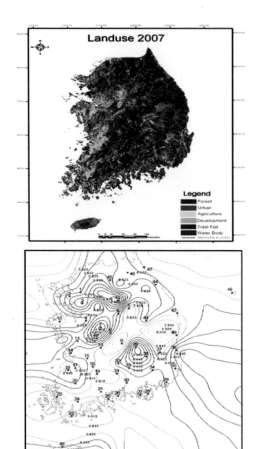

그 결과 전에는 생물이 거의 살지 못하던 하천과 호수에도 다양한 생물들이 다시 나타나기 시작하면서 쾌적한 환경을 되찾고 있다. 따라서 지금 이곳은 환경오염을 극복한 대표적인 지역으로 국제사회에 알려져 있다. 국제도시가 갖추어야 할 녹지 확보율을 35%로 정해 놓고, 그것을 충족시키기 위해 길이 200㎞, 폭 1㎞의 녹지대를 세 개씩이나 조성하고 있는 중국 상하이도 조만간 그 효과를 국제사회에 알리기 시작할 것이다. 대대적이고 지속적인 녹지 확충사업을 벌여 우리나라에서 가장 더운 지역이라는 오명을 떨쳐 버린 대구시는 국내의 예에 해당

〈그림 2-4〉 위쪽의 지도가 수도권에서 토지이용 강도가 매우 높음을 보여주고 있다. 아래쪽의 기온상승계수 등치곡선 지도는 그 영향으로 수도권에서 기온 상승이 크게 일어났음을 보여주고 있다.

한다.

　이처럼 국제사회와 선진사회는 지속가능성을 영위하기 위하여 자연과 조화를 이룬 환경을 갖추기 위해 노력하고 있다. 이들이 이러한 조화를 평가

하는 기준은 기존의 것을 포함하여 새로 개발되는 지역에서 발생하는 환경 스트레스와 주변의 자연환경이 발휘하는 완충 기능 사이의 균형유지 여부에 근거한다.

요즘 거론되고 있는 신도시 건설과 같은 개발사업에는 그것의 타당성을 진단하는 환경영향 평가가 반드시 선행되어야 하고, 여기에서 가장 중요한 사항은 개발 후 발생하는 환경 스트레스를 지역의 환경용량이 처리할 수 있는지에 대한 평가가 된다.

그러나 우리의 수도권은 앞서 언급된 여러 가지 예에서 보이듯이 이미 개발 수준이 지역의 환경용량을 넘어선 상태이다. 따라서 여기서 이루어지는 더 이상의 개발사업은 무리한 것으로서 재앙을 불러올 가능성이 커 전문가의 한 사람으로서 무거운 책임을 느끼지 않을 수 없다.


## 6. 도시 숲이 주는 혜택

### 1) 도시 숲이란?

일반적으로 도시 숲은 '도시로 지정된 행정구역 내에 존재하는 숲'이라고 정의된다. 한편, 그것은 "도시환경 보전, 휴양 및 임업 생산성 유지 등 공익적 기능과 다목적 이용기능을 가진 숲으로서 가로수, 녹지, 공원 그린벨트 등을 포함하고 있으며, 행정구역상 도시로 분류되는 시 단위 이상의 지역과 도시계획법에 따른 도시구역 내에 존재하는 숲"으로 구체적으로 정의되기도 한다.

그것은 외국에서도 유사한 의미로 인식하고 있다. 미국의 경우는 도시 숲을 "읍, 교외, 도시지역 내에 위치하여 숲을 구성하고 있거나 작은 집단 또는 단일 개체로 존재하는 식물"로 여기고 있다. 그리고 일본의 경우는 "인공계를 대표하는 도시와 자연계를 대표하는 삼림이라는 상대적인 두 개념의 합성어로서, 인공계를 지배하는 도시적 생활공간 혹은 사회적 의미로서의 도시적 생활권역에 여러 형태로 공존하는 삼림"으로 인식하고 있다.

이러한 의미를 종합해 볼 때 도시 숲은 기본적으로 도시구역 내에 위치하는 숲을 가리키는 것으로서 고립된 개체로부터 집단으로 생육하는 것에 이르기까지 다양한 유형을 포괄하는 숲으로 이해할 수 있다. 여기에 그것이 가진 다양한 생태적 기능을 녹여 다시 생각해 보면, 그것은 도시 속의 자연이고, 도시민의 생명을 보장하는 생존환경으로 이해된다.

## 2) 도시 숲의 효용

도시환경은 공기, 물, 흙, 그리고 다양한 생물들을 기반으로 하지만 상대적으로 사람과 인위적 공간이 많고 밀집된 곳이다. 이것을 생태적으로 표현하면, 생산자와 분해자가 적고 소비자가 너무 많아 그 균형을 상실한 곳이라고 할 수 있다.

생태적으로 균형을 이루고 있지 못하므로 생산-소비-분해라는 생태적 고리가 원만한 관계를 이루지 못하여 어느 한쪽에서는 부족하고 다른 한쪽에서는 남아 쌓이는 현상이 발생한다. 오염물질이 늘어나고 폐기물이 쌓이며 물이 부족하고 더운 여름날 밤늦도록 더위가 이어지는 열대야 현상 등이 그 실태를 반영한다.

도시 숲은 도시가 가지고 있는 이러한 환경적 특성에 대하여 같은 공간 내에 위치하면서 원만한 생활을 그리고 있는 중요한 부분으로 작용하여 궁극적으로는 도시의 환경을 개선하는 데 중요한 역할을 하게 된다. 도시 숲이 도시 공간에 미치는 이러한 영향을 도시 숲의 효용으로 이해할 수 있다. 도시 숲이 가지는 효용은 매우 다양하다.

그러나 여기서는 그러한 효용 중 현재 우리에게 가장 절실하게 요구되는 환경개선기능을 중심으로 그것을 논의하고자 한다. 도시 숲의 환경 개선기능은 기후조절, 분진 흡수, 소음 감소, 대기오염물질 흡수, 온실가스 흡수, 산소공급 기능 등이 알려져 있다.

### (1) 기후조절 기능

도시 숲이 가진 기후조절 기능은 우리가 더운 여름날 숲속이 시원한 것으로부터 쉽게 느껴 볼 수 있다. 평균적으로 숲속 온도는 그 바깥과 비교하여 여름에 3~4℃ 낮고, 겨울에 2~3℃ 높은 것으로 알려져 있다.

이것은 나무가 만든 그늘이 햇빛을 차단하는 효과도 있지만, 식물의 증산작용이 주위의 열을 빼앗는 효과가 크게 작용한다. 숲이 기후를 조절하는 또 다른 기능은 숲이 자리하고 있는 토양이 그것이 없는 맨땅이나 인공으로 포장된 땅보다 물을 많이 간직하는 것에도 기인한다.

도시의 포장된 지면은 강수량의 90% 이상을 표면에서 흘려보내고, 경작지도 50% 이상을 표면수로 흘려보내지만, 숲이 있는 땅은 10~20%만 흘려보내고, 나머지는 식물이 이용할 수 있는 지표 가까운 부분에 간직하거나 지하수로 저장한다.

앞서 언급한 바와 같이 숲 자체가 발휘하는 효과에 더하여 이러한 효과가 추가되어 도시 숲은 높은 수준의 기후조절 기능을 발휘한다. 기후를 조절하는 또 다른 기능으로 숲은 75~85%까지 풍속을 경감시킬 수 있다.

숲은 수고의 약 20배까지 방풍효과를 발휘하는데 바람을 통하지 않게 빽빽하게 심는 것보다 어느 정도 바람이 통하도록 적정 간격으로 심으면 방풍효과가 더 멀리 가고 교란도 일어나지 않는다. 숲의 방풍효과는 단순한 풍속 감소뿐만 아니라 기온, 토양온도, 토양습도, 상대습도, 다른 식물의 생장촉진 등의 작용도 하므로 나무를 개체로 심는 것보다 모아서 심는 것이 더 효과적이다.

과도한 양의 에너지 사용, 불투수성 포장 면의 수평적, 수직적 증가, 녹지면적의 감소 등 도시환경의 특성에서 비롯된 기온 증가, 증발산 감소, 공기 이동 방해 등으로 열섬현상이 야기된다. 도시에 숲을 적절히 조성하면 열섬현상을 완화하는데 이는 국지적 차원의 기후조절 효과로 볼 수 있다.

### (2) 분진 흡수능력

나무의 표면적은 빛과 가스흡수의 효율을 최대화할 수 있도록 진화됐다. 나무들은 자신이 서 있는 곳의 토양 면적보다 10배나 더 많은 표면적을 가지고 있어 오염된 공기를 정화하는 것은 물론 분진 흡착 능력도 발휘한다. 나무를 적절히 배치하면 그 기능을 크게 향상할 수 있다. 이때 나무를 밀식하는 것이 좋지만 너무 빽빽하게 심으면 난류가 생겨서 좋지 않다.

숲이 분진을 흡수하는 능력을 단위 잎 넓이 당 흡수량으로 나타낼 수 있다. 미국의 메릴랜드 지방의 한 도시에서 조사된 결과를 보면, 활엽수림은 연간 ha당 380kg의 분진을 흡수하고, 침엽수림은 ha당 140kg의 분진을 흡수할 수 있다.

### (3) 소음 방지기능

숲은 소음방지 능력이 탁월하여 나무로 나지막하게 생울타리만 쳐도 청소차 소음을 50%, 잔디 깎는 소음을 40%, 어린이 놀이터 소음을 50% 차단할 수 있다. 지형조건을 이용하여 나무를 배치하면 그 효과를 높여 자동차 소음을 75%, 트럭 소음을 80% 차단할 수 있다. 작은 키 나무와 큰 키 나무를 이용하거나 덩굴식물, 담, 그리고 큰 키 나무를 이용하여 이들을 적절히 배치하면 소음 감소 효과가 더 커진다.

### (4) 대기오염물질 흡수기능

앞에서 소개된 미국의 메릴랜드 지방에서의 연구 결과를 보면, 아황산가스의 경우 활엽수림이 연간 ha당 360kg, 침엽수림이 120kg을 흡수한다. 우리나라의 신갈나무 숲은 연간 ha당 317kg의 $SO_2$를 흡수하는 것으로 평가되었다.

질소산화물의 경우에는 활엽수림이 연간 ha당 690kg, 침엽수림이 240kg을 흡수한다. 오존의 경우는 활엽수와 침엽수가 혼재된 혼합림에서 연간 ha당 9.6t 일산화탄소는 $CO_2$ 2.2t을 흡수하는 것으로 나타났다.

### (5) 이산화탄소 흡수기능 및 산소공급 기능

도시화 및 산업화의 영향으로 지구가 점점 더워지고 있다. 그 원인물질로는 $CO_2$, 메탄가스, 질소산화물, CFC 등이 알려져 있는데, 그중 이산화탄소의 기여 정도가 55% 정도로 가장 높다. 도시 숲은 광합성 작용을 통해 이러한 이산화탄소를 흡수하여 지구적 차원의 환경문제를 해결하는 데 기여한다.

또 그 과정에서 산소를 발생시켜 인간을 비롯한 다른 생물의 생존에 필수적인 산소를 공급한다. 나아가 유기물을 생산하여 자신이 필요로 하는 에너지를 스스로 합성할 수 없는 다른 생물들을 부양하며 건전한 환경을 유지하는 데 기여하기도 한다.

성숙한 숲은 연간 ha당 16t의 이산화탄소를 흡수하고 12t의 산소를 공급하는 것으로 알려져 있다. 성숙림에 도달하지 못한 숲을 많이 보유하고 있는 우리나라 숲의 평균 이산화탄소 흡수능력은 ha당 6.4t으로 알려져 있다. 우리나라 전체 숲의 면적이 약 650만ha이고 이산화탄소 배출량이 약 4억5000만t임을 고려하면, 우리나라의 이산화탄소 수지가 극심한 불균형 상태에 있음을 알 수 있다.

그러나 산소 공급기능으로 평가하면 여유 있는 결과가 나온다. 즉 1ha의 숲이 내놓는 산소량은 45인의 연간 호흡에 필요한 양으로 알려져 있다. 우리나라의 숲을 모두 성숙림으로 가정하고 산소 수지를 계산하면 약 3억 명이 필요로 하는 산소를 공급할 수 있다.

그러나 여기서도 그 대상을 서울과 같은 대도시로 바꾸어 검토하면 상황은 크게 달라진다. 가령 서울의 녹지는 자연 상태의 숲과 조림지는 물론 초지와 농경지까지 포함해도 그 면적이 2만ha를 조금 넘는다. 이러한 녹지를 모두 성숙림으로 가정하더라도 그것이 공급하는 산소량은 93만 명 정도만 호흡할 수 있는 양이다. 이런 점에서 우리는 도시지역에서 아직 더 넓고 질 높은 숲이 필요하다는 것을 알 수 있다.

숲의 이러한 기능은 별개의 것으로 분리하여 생각하기보다는 종합적이고 의미론적으로 이해하여야 할 것이다. 각 기능의 제각각의 환경 개선 효과는 신소재를 개발한다거나 신기술을 도입하는 것이 나을 수 있다.

그러나 종합적인 효과를 기대할 때 그것을 만족시킬 수 있는 측면에서는 숲을 따라갈 수 없을 것이다. 숲이 가진 종합적인 의미는 도시화의 경향에 따라 환경의 특성이 바뀌는 과정과 자연림과 경작지, 도시의 생태적인 특성의 차이를 볼 때 명확하게 드러나는데 여기에 미적 개선이나 정서적인 가치까지 부가되는 것이다. 더욱이 자연의 과정에서 인간의 역사가 창출되

었기 때문에 숲은 우리 삶의 고향이라는 의미론적 처지에서 보면 숲의 중
요성은 더 큰 가치를 발휘할 수 있을 것이다.

## 3) 도시 숲의 실태

현재 이러한 도시 숲은 어떠한 상태에 있을까? 가능한 한 낙천주의자
가 되려고 노력하고 있지만, 이 부분에서 선뜻 긍정적인 평가하기 힘들 것
같다. 그 이유는 다음과 같다. 우선 숲의 양이 부족하다. 그리고 남아 있는
숲은 주로 도시 주변에 치우쳐 있다.

또 그들은 서로 떨어져 연결성이 없다. 나아가 외국에서 들여온 외래종
이 많고, 새로 심는 것도 생태적 질서가 지켜지지 않고 있다. 그러한 결과
는 도시 숲을 병들게 하거나 기형으로 둔갑시키고 있다.

서울을 중심으로 그 내용을 되짚어 보자. 필자가 참여한 연구용역의 결
과를 보면, 서울의 녹지면적은 자연림, 조림지, 초지 및 농경지를 통틀어
34% 정도로 나타나 있다. 이는 자연과 공생하는 생태 도시에서 추구하는
녹지 비율(50%)에 크게 못 미치고, 국제적인 도시의 평균 녹지 비율(35%)
에도 미치지 못하고 있다.

더구나 현존하는 녹지는 대부분 시민의 생활환경과 멀리 떨어진 도시 외
곽에 치우쳐 있는 것으로서 도심에서 그것의 부족 현상은 실로 심각하다고
할 수 있다. 이처럼 도시 숲은 양적으로 부족하고 또 편중된 분포를 하고
있으므로 연결성을 찾기 어렵고 그런 점에서 생태적 질이 떨어진다. 편중
된 분포는 수평적으로뿐만 아니라 수직적으로도 나타난다.

즉 대부분 숲이 고도가 높은 그곳에 있고 낮은 곳은 개발지에 편입되
어 오리나무숲, 느티나무 숲, 서어나무숲 등은 그 성립 위치 자체를 잃고

있다. 또 양서류나 파충류처럼 계곡이나 산자락에 자라는 생물들이 그 서식환경을 잃은 것은 물론이고, 잠자리류를 비롯하여 다른 생물들마저도 그 번식환경을 위협받고 있다.

이러한 문제 때문에 여러 해 전부터 녹지 축 조성을 통해 연결성을 회복하고 나아가 그것을 통해 생물다양성을 높이는 방안을 논의해 오고 있다. 그러나 그것이 크게 개선되지 못한 상황에서 내·외곽 순환도로가 건설되며 그 상황을 더욱 악화시키고 있다.

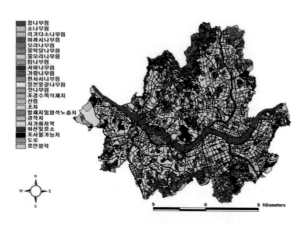

서울의 생태지도가 보여주듯이 도시화 지역 다음에는 인공조림지가 거의 일반적으로 나타난다(그림 2-5). 이러한 인공조림지는 아까시나무나 리기다소나무 같은 외래식물이 대부분을 차지하고 있다. 한때 이처럼 외래식물로

〈그림 2-5〉 서울시의 생태지도(서울특별시 2000).
●자연림: 소나무림, 참나무림, 물박달나무림, 서어나무림, 오리나무림, 밤나무림, 가중나무림, 기타 삼림.
●인공조림지: 물오리나무림, 리기다소나무림, 잣나무림, 아까시나무림, 일본잎갈나무림, 은사시나무림.

이루어진 인공조림지를 재래식물로 바꾸는 사업을 떠들썩하게 펼쳤던 적이 있다.

그러나 그러한 곳을 다시 방문해보니 그 자리를 루브라참나무, 중국단풍, 그 족보를 알 수 없이 품종 개량된 단풍나무류 등이 차지하고 있었다.

이름만 바뀐 다른 외래종들이 그 자리를 차지하고 있는 것이다. 그러나 아무런 사업도 펼치지 않은 다른 장소에서는 정말 재래식물들이 다음 단계의 숲을 이어갈 준비를 착실하게 하고 있다. 무엇을 위한 사업인지 이해하기 어렵다.

인공조림지 다음에는 자연적으로 성립한 숲이 나타난다. 이것을 두고 까다로운 사람들은 자연림과 이차림이라는 두 용어를 놓고 입씨름을 한다. 전에 사람들이 간섭하였든 하지 않았든 이 숲을 사람들이 일부러 심어서 만든 것이 아니니 자연림이라고 해두자. 이 숲 역시 문제점을 가지고 있는데, 그 원인을 완벽하게 밝히기 위해서는 좀 더 고민해 볼 문제가 남아있다. 이에 여기서는 지금까지 얻은 결과만으로 그것을 설명해보겠다.

이러한 문제는 산지 사면의 중턱 이상에 성립하는 신갈나무 숲에서 주로 나타난다. 우리나라 대부분 지역의 생물군계(삼림대)가 낙엽활엽수림이므로 이 숲은 아마 우리나라에 분포하는 숲 중 가장 넓은 면적을 차지하는 숲의 하나가 될 것이다. 이 숲은 천이 후기단계의 숲으로서 정상적인 상태의 경우 향후 지속해서 유지될 숲으로 인정되고 있다.

그러나 이 숲을 이루는 주요 종의 개체군 구조를 분석한 결과, 서울의 많은 지역에서 이 숲은 팥배나무 숲으로 천이될 가능성을 보였다. 신갈나무가 천이 후기 종이고 팥배나무가 초기 종임을 고려하면 이러한 추세는 퇴행 천이에 해당한다.

또 낙엽활엽수림대의 일반적인 숲은 교목층, 아교목층, 관목층 및 초본층의 4층 구조를 갖는다. 정상적인 숲의 경우 대체로 교목층과 초본층의 식피율은 60%를 넘지만, 아교목층과 관목층의 것은 30% 이내로 상대적으로 낮은 식피율을 유지한다.

그러나 서울지역 신갈나무 숲의 경우는 많은 경우 아교목층과 관목층의 식피율이 이러한 통상적인 식피율 범위를 벗어나 크게 높아진 경우가 있고 그 중심에는 팥배나무가 있다. 더구나 문제의 팥배나무가 아교목층이나 관목층에 번성할 경우 그 이하의 층에서 임상 식물은 식피율과 종류가 모두 크게 낮아지는 경향이 있어 숲의 계층구조가 비정상적인 구조를 취하고 그 다양성도 크게 낮아진다. 이런 점에서 이러한 경향은 삼림의 쇠퇴 징후로 판단할 수 있다.

그러면 이러한 현상은 왜 발생하는 것일까? 전술한 바와 같이 녹지가 양적으로 부족하고 그것이 불균등하게 분포하여 제 기능을 발휘하지 못하는 것이 이러한 문제를 유발하는 핵심요인이다. 녹지가 양적으로 부족하다는 것은 상대적으로 인위적 공간이 큰 비중을 차지한다는 의미가 된다.

또 인위적 공간이 환경 스트레스의 발생원(source)이고, 도시 숲과 같은 자연이 그것의 고정원(sink)임을 고려하면, 양자 사이의 불균형은 우리의 생활 환경에 많은 환경 스트레스를 남겨 둔다는 의미가

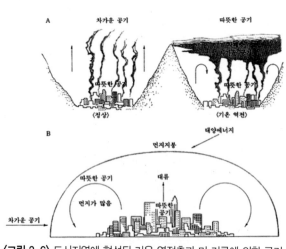

〈그림 2-6〉 도시지역에 형성된 기온 역전층과 미 기류에 의한 공기의 이동을 보여주는 모식도.

된다. 도시지역에서 대기오염 문제를 더욱 심각하게 만드는 기온 역전층의 형성도 매질의 밀도가 높은 인공구조물이 주변의 공기보다 오랫동안 간직하였던 열이 문제의 원인요인이므로 녹지 부족 현상에 기인한다.

기온역전 상태에서 대기는 매우 안정된 상태를 유지하여 공기의 수직 혼합을 억제한다. 이러한 상태에서 도시 주변의 전원 지역에서 상대적으로 찬 공기가 밀려오고, 주변의 공기보다 상대적으로 온도가 높아 가벼운 오염물질 덩어리가 상승하는 효과가 함께 작용하며 기온 역전층 하에서 미기류를 형성한다(그림 2-6).

그러한 상태에서 이미 기류는 순환하며 도시 내부에서 발생하는 오염물질을 도시 외곽의 그린벨트 지역으로 날라 숲의 최상층을 이루고 있는 신갈나무에 스트레스를 가하게 된다. 이러한 스트레스로 신갈나무의 활력이 떨어지면(사진 2-4), 그것에 대한 반응으로 많은 양의 빛이 있어야 하는 팥배나무가 번성하며 전술한 퇴행 천이와 비정상적인 숲의 구조를 유발하는 것이다(사진 2-5).

〈사진 2-5〉 쇠퇴 징후를 보이는 신갈나무.

〈사진 2-6〉 상층 수관을 이루던 신갈나무의 활력이 떨어져 성립한 팥배나무림.

대기오염물질에 더하여 이러한 문제를 가속하는 요인은 역시 녹지의 부족 현상으로 발생하는 열섬현상(heat island effect)이다. 즉 서울과 같은 분지 지형에서 발생하는 열섬현상이 도시 기온을 높이면 이는 증발산량을 높여 수분 부족을 유발하는데, 이 경우에도 팥배나무와 같은 천이 초기 종은 신갈나무와 같은 후기 종에 상대적으로 유리한 위치를 차지하므로 그러한 현상을 가속한다.

### 4) 앞으로 도시 숲을 어떻게 관리하여야 하나?

앞서 언급한 바와 같이 중요한 의미가 있고, 동시에 여러 가지 문제점을 내포하고 있는 도시 숲이 제 위치를 찾아 본래의 기능을 발휘하기 위하여 우리는 많은 관심을 가져야 한다. 그러나 한정된 지면 관계상 그 모든 것을 여기서 언급할 수는 없다. 그중 꼭 필요한 몇 가지만 언급하여 관리지침으로 삼고자 한다.

#### (1) 지금의 숲을 잘(생태적으로) 가꾸자

우리는 숲을 관리할 때 숲의 입장을 고려하지 않고 주로 인간의 관점에서 관리한다. 언젠가 대중매체에서 숲 가꾸기 운동의 한 장면을 보여준 적이 있다. 숲 바닥에 자라는 작은 나무와 풀을 깨끗하게 베어낸 모습을 보여주었다. 도시 주변의 숲에서 흔히 볼 수 있는 매우 흔한 숲 가꾸기 형태이다.

그러나 그 후 이러한 숲을 잘 관찰해보자. 대부분 그곳에는 외래식물들이 들어와 자라고 있다. 이러한 결과를 보고 숲을 도와주었다고 할 수는 없을 것이다. 흔히 우리가 이러한 숲 가꾸기를 하는 장소는 숲의 가장자리 내지는 우리가 자주 이용하는 등산로변이다. 숲 가장자리나 등산로변은 사람들이 그곳을 이용하기 위해 숲을 잘라낸 경우에 해당한다.

따라서 이러한 곳에서 숲을 들여다보면 그 내부가 드러나 보이는 경우가 많다. 이 경우 그 내부가 들여다보이지 않게 해주는 것이 바람직한 숲 가꾸기 형태일 것이다. 그렇게 하면 숲 내부로 강한 바람이 불어가 그곳을 건조하게 하거나 불안정하게 하지 않을 것이다. 또 많은 양의 햇빛이 들어가 외래종이 침입할 기회를 제공하지도 않을 것이다. 나아가 그곳에 사는 야생동물들에게는 안정된 보금자리를 마련해 줄 것이다.

## (2) 앞으로 만드는 숲에 전문가의 의견을 반영시키자

해마다 봄이 되면 우리는 식목 행사를 한다. 환경림, 생태공원, 생태통로, 녹지 축 등의 이름으로 우리는 그러한 행사를 가져왔고, 최근에는 서울 숲 가꾸기가 같은 맥락에서 한창 진행되고 있다. 이렇게 행사 이름이 바뀌어 왔고, 또 숲을 조성하는 장소가 바뀌어 왔지만 도입하는 식물의 종류를 보면 크게 달라진 것이 없다. 심는 방법 또한 일정하다.

그러나 식물은 종류에 따라 자라는 장소가 다양하고 배열상태도 규칙적이지 않다. 어떤 생물이 어떤 장소에 자라고 그것이 어떤 배열상태를 보이는 가는 그 생물과 그것이 위치한 장소의 환경 사이의 상호작용을 통하여 결정된다. 이러한 생물과 환경 사이의 상호관계를 다루는 학문이 생태학이다. 따라서 이러한 사업이 바르게 이루어져 우리가 바라는 효과를 거두기 위해서는 생태학의 원리가 바탕이 되어 도입하는 생물 종이 선정되고 배치방법이 결정되어야 한다.

하나의 예를 들어보자. 서울 숲은 한강 본류와 중랑천이 만나는 부분에 조성되고 있다. 따라서 그 계획이 수립될 당시에는 뚝섬 생태공원으로도 불리었다. 강변이라는 이곳의 위치 때문에 필자는 이곳에 조성되는 숲을 버드나무 숲을 중심으로 습한 곳에 자라는 식물이 주가 되어 조성될 것으로 예상했었다. 밤섬이나 자유로 변의 숲 정도는 아니더라도 그와 유사한 숲의 형태를 상상했었다.

그러나 아직 완성되지는 않았지만, 지금까지 보이는 식물은 하천 변에는 잘 자라지 않는 소나무가 가장 눈에 띈다. 산 능선에 자라는 마가목과 팥배나무의 도입도 거론된다. 또 화단 모양으로 식물을 밀집시킨 조각들도 여기저기 눈에 띈다. 모두가 생태학적 설계와는 거리가 먼 모습이다(사진 2-7).

〈사진 2-7〉 생태적 설계에 바탕을 두고 조성된 숲(위)과 조경 설계에 토대를 두고 조성한 숲(아래)의 비교.

### (3) 숲을 만들 때 우선순위를 정하자

몇 년 전 서울시에서는 천만 그루 나무심기사업을 벌인 적이 있다. 천만 그루는 작은 나무로 치더라도 현재 서울시에 존재하는 총 녹지면적의 1/10 수준의 면적을 채울 수 있는 수이다. 이 정도의 숲이 계획적으로 조성되었다면 그것은 중요한 생태적 기능을 발휘하여 우리에게 더 큰 혜택을 줄 수 있는 숲이 되었을 것이다.

그러나 지금 그 나무들은 각자의 이름표와 많은 사연을 달고 있지만, 생태적 가치 측면에서는 그 이름과 사연만큼의 역할을 하지 못하고 있다. 식물은 홀로 있을 때보다 모여 있을 때 더 큰 능력을 발휘한다. 또 기존의 숲과 떨어져 있는 것보다는 가까이 있을 때 그 존재가치가 더 크다. 이러한 숲을 만들기 위해 땅의 주민등록증을 만들어 그들에게 생태번호를 매겨주자. 그리고 부여된 순서대로 질서를 지켜 이들을 숲으로 가꾸어 보자.


## 7. 자연생태 숲과 거리가 먼 '서울로 7017'

'서울로 7017'에 대한 홍보와 관심이 뜨겁다. 그중에서도 필자의 관심을 가장 크게 끈 것은 '도시재생'이라는 문구였다. 필자가 해당 분야를 전공하고 있기 때문이다.

도시재생은 도시 내에 자연을 도입하여 그것이 발휘하는 다양한 생태계 서비스 기능을 통해 쾌적하고 건전한 환경을 되찾는 것을 의미한다. 자연에서의 재생은 '수명을 다한 식생이 번식으로 어린 식물을 탄생시키고 이런 과정을 통해 이전의 식생을 회복하는 것'이다.

그러나 근래 훼손된 자연을 훼손되기 이전의 자연으로 되돌리는 과정을 재생으로 표현하기도 한다. 흔히 생태학자들은 '온전한 자연의 체계를 모방하여 훼손된 자연을 치유하는 과정'을 복원으로 인식하고 있는데, 재생이란 용어가 같은 의미로 사용되고 있다.

서울이 속한 온대 기후대에서 대표적인 자연은 숲이다. 숲에서는 큰키나무, 중간키나무, 작은키나무와 풀들이 서로 조화로운 상호관계를 유지한다. 그래야 홀로 존재할 때보다 더 안정적인 삶을 유지할 수 있기 때문이다. 숲은 지역에 따라, 그리고 장소에 따라 그 구조와 종 조성을 달리한다. 따라서 재생 또는 복원사업으로 숲을 조성하기 위해서는 지역과 장소의 생태적 특성을 파악하여 그 지역 및 장소에 어울리는 숲을 조성해야한다.

그러나 서울로에서 만난 식물들은 이러한 생태적 조건에 어울리는 종류를 찾아보기 힘들었고 숲의 모습은 전혀 보이지 않았다. 숲을 만들어 맑은 하늘을 이루어내자는 문구만 보였을 뿐이다.

다음으로 눈길을 끈 홍보 문구는 '살아있는 식물도감'이었다. 도감은 생물의 유연관계를 검토하여 그들이 생물학적으로 가깝고 먼 관계를 표현한 책을 말한다. 그러나 서울로에서 만난 식물들은 한글 가나다순으로 배열되어 전문가들이 주로 사용하는 '도감'이라는 이름을 붙이기에는 많이 어색해 보였다. 잘못된 이름도 다수 발견되었다. 종합하면, '서울로 7017'은 '살아있는 식물도감'이라는 조건을 충족시키지 못하고 있었다.

홍보 효과가 컸는지 많은 시민이 이곳을 찾고 있었다. 국제적으로 호평받고 있다는 홍보도 있었다. 그러나 이곳을 다녀간 많은 방문객이 잘못 습득한 생물 지식을 바로잡을 수 있을지가 걱정이다.

'훼손된 자연을 가능한 한 온전한 상태로 되돌려 스스로 유지할 수 있게하는 과정'을 국제학계는 '생태적 복원'이라고 한다. 그러나 한국에서는 '기존 자연을 모두 제거하고 유사자연을 주관적으로 창조하는 것을 두고 그들 나름의 생태적 복원이라고 하여 혼선을 유발하고 있다'라는 내용을 담은 한 외국 학자의 논문이 눈앞에 아른거리는 것은 또 하나의 걱정거리다. 시민이 '서울로 7017' 답사 이전에 필요한 생태 상식을 알아둘 필요가 있다.

우선 도시재생사업은 도시 내에 자연을 도입해 그것이 발휘하는 다양한 생태계 서비스 기능을 통해 쾌적하고 건전한 환경을 되찾는 것이 주된 목적이다. 온전한 자연 체계를 모방해 훼손된 자연을 치유하는 생태기술이다.

온대 지방의 전형적인 숲은 큰키나무, 중간키나무, 작은키나무와 풀이 어울려 이루어진다. 이런 체계를 이룬 숲의 식물이 서로 조화로운 상호관계를 유지해야 비로소 홀로 존재할 때보다 안정적인 삶을 유지하고 인간생활에 도움이 되는 생태계 서비스 기능도 훨씬 크게 발휘된다.

하지만 '서울로 7017'의 생태적 조건은 온대 낙엽활엽수림대의 석회암지대와 유사하다. 따라서 도입 식생은 석회암지대 또는 바위산의 식생을 모델로 삼는 것이 적합하다.

하지만 그래도 개선방안은 있다. 먼저 오솔길 형태로 길을 내고 그 주변에 숲을 조성하는 것이다. 숲의 형태는 길에서부터 멀어짐에 따라 초본, 작은키나무, 큰키나무 순으로 도입하여 반 돔(Half-dome)의 형태를 유지한다. 특히 석회암지대의 식생을 모방해야 한다.

서울로에 숲을 조성하기 적합한 식물로 교목층과 아교목층은 측백나무, 떡갈나무, 굴참나무, 소나무, 왕느릅나무, 굴피나무, 다릅나무, 흑느릅나무 등이 적당하다.

관목층은 노간주나무, 회양목, 털생강나무, 줄댕강나무, 당조팝나무 등이 알맞다. 초본층은 산박하, 돌마타리, 대극, 솔체꽃, 마, 인동 등이 적합하다.

## 〈사진 2-8〉 '서울로 7017'에 도입된 식물들

시민은 이처럼 숲을 원하고 있다. 그러나 이곳은 여러 가지 문제를 안고 있는 나무 전시장일 뿐이다.

가습효과가 없는데 에너지 낭비를 하는 현장 모습.

갈참나무는 산지 저지대의 비교적 습한 곳에 생육하는 희귀식물이다.

개량품종으로 원종에 유전적 교란을 유발 가능성이 있다.

계수나무는 일본산이다.

공중습도가 높은 산지 계곡이나 물이 스며 나오는 바위 틈 등에 생육한다. 화산석은 도입 지역과 정상적 도입 여부 확인이 필요하다.

금송은 일본특산 화석식물이다.

해발 1000m 이상에 생육하는 나무로 고온 스트레스가 매우 심하다.

높은 산지의 능선부에 생육하는 나무로 고온
스트레스을 받을 가능성이 있다.

대왕참나무는 외래종으로 복원사업에서
도입해서는 안 되는 종이다.

떡갈나무는 엽병이 거의 없고 잎의 앞과
뒷면에 털이 많다.

메타세쿼이아는 외래종으로 많은 수분이
필요하다.

모두 진달래와 철쭉이 아니다.

미선나무는 천연기념물로 지정된 식물로
환경부로부터 이식 허락 획득 여부 검토가
필요하다.

부처꽃은 습지 주변에 생육하므로 수분
스트레스를 심하게 받는다.

북쪽의 추운 곳에 생육하는 나무로 자생지와
비교해 위도상 남쪽이고, 콘크리트 포장면은
여름철 온도가 60℃ 이상으로 올라가므로
생육환경이 부적절하다.

섬기린초는 울릉도 특산식물이다.

수국은 산지 계곡부에 생육하므로 수분과 과도한 광 강도에 스트레스를 받는다.

수호초는 일본산으로 나무 그늘에서 자란다.

오죽은 강릉 지역에 제한적으로 분포하는 식물이다.

왕대는 중국 원산으로 충남 이남에 주로 식재한다.

외래종인 미국산 설탕단풍이 심겨 있다.

이름 수정이 필요한 참취.

일본조팝나무를 조팝나무로 명명하고 있다.

지리산, 울릉도, 강원도, 북부지방의 고도가
높은 곳에 분포하는 나무이다.

진달래가 아니고 품종 개량된 영산홍류이다.

천연기념물로 지정된 식물로 환경부로부터
이식 허락 획득 여부 검토가 필요하다.
해안에 주로 생육하고, 육상에서는 산지 계류
변에 생육한다.

한라구절초는 제주 특산 희귀 멸종위기
식물로 환경부 허가 취득 여부 검토가
필요하다.

한라산, 설악산 등 산지 고지대에 자라는
희귀식물이다.

해당화는 바닷가 백사장에 생육하는
나무이다.

해안 절벽에서 자라는 나무이다.

히어리를 풍년화로 잘못 표기했다.

## 8. 현장과 괴리된 환경관리

　최근 서울 노원구에서는 대통령까지 참석한 제로 에너지 건축 개관식이 열렸다. 자연에너지를 주로 사용하고, 열의 유출입을 크게 줄인 소재와 공법을 활용해 화석에너지를 전혀 사용하지 않으면서도 생활이 가능한 건축물이라고 한다.

　기후변화가 환경위기를 만들어내고 있는 현실에서 참 반가운 소식이고 의미 있는 성과로 평가하고 싶다. 그러나 옥의 티라고나 할까. 해당 건물 주변을 보니 외래식물이 심어졌는가 하면, 장소에 어울리지 않는 식물들이 조경용으로 다수 심겨 있다. 건축물에서 화석에너지가 전혀 사용되지 않는다고 하니 이들 식물만 제대로 도입하였다면 그야말로 친환경적이고, 제로 에너지 건축을 실현하지 못하고 있는 주변에 에너지 봉사까지 할 수 있었을 텐데 하는 아쉬움이 남는다.

〈사진 2-9〉 서울시 노원구에 건설된 제로에너지 건축 노원이지하우스의 모습. 에너지 소비를 줄이는 긍정적인 효과를 강조하고 있는데, 도입된 식물은 해당 장소와 어울리지 않는 식물이 대부분 도입되어 있다(인터넷 다운로드).

　우리 주변에서 이뤄지는 여러 가지 환경관리 사업을 보면 이러한 엇박자를 종종 만날 수 있다. 환경문제는 오염물질을 비롯해 환경 스트레스의 발생원과 그 흡수원인 자연이 발휘하는 생태계 서비스 사이의 기능적 불균형에서 비롯된다. 따라서 발생원을 줄이기 위한 노력과 함께 흡수원을 늘리기 위한 노력을 병행하면 문제 해결에 더 빨리 다가갈 수 있다.

선진국에서는 흡수원을 보강해 환경문제 해결의 수단으로 삼으려는 노력이 점차 증가하고 있다. 미국은 생태계 복원을 통해, 대기 중 이산화탄소 농도를 줄여나가겠다는 계획을 발표했다. 일본은 자국에 배당된 온실가스 배출 감축 목표의 상당량을 조림지가 발휘하는 이산화탄소 흡수기능으로 대체하겠다는 주장을 하고 있다.

그리고 최근에는 미세먼지 해결의 수단으로 생태계 서비스 기능을 활용하는 계획도 자주 등장하고 있다. 11월 독일에서 개최된 유엔기후변화협약 당사국 총회에서는 온실가스 감축에만 초점을 맞추어 온 그간의 기후변화 해결책을 되돌아보며 발생원과 흡수원 사이의 균형을 유지하는 것을 장기 목표로 설정하고 있다.

인간의 건강이든 환경의 건강이든, 시스템이 균형을 이루면 건강하고 그렇지 못하면 문제가 발생한다. 이제 우리도 이러한 엇박자를 바로잡아 선진화된 환경관리를 실현해야 한다.


## 9. 민통선 북방지역의 난개발 현장 보도를 보고

최근 방송을 통해 민통선 북방지역의 난개발 실태가 이틀 연속 보도되었다. 세계적인 생태보고가 이렇게 무너져 내리는 모습에 안타깝기 그지없다. 이러한 난개발은 우리 국민이 이 지역이 얼마나 중요한지 깨닫지 못한 데서 기인한다.

한국전쟁이 일어난 지 올해로 67년이 된다. 그 동안 이 지역은 전쟁 당시 폭발되지 않고 남아 있는 폭발물, 적의 침투를 막기 위해 매설된 지뢰 등이 사람들의 출입을 극도로 제한해 왔다. 그 덕분에 이 지역은 전쟁 당시는 물론 전쟁 전에 사람들이 입힌 상처마저도 말끔히 치유하여 자연 그대로의 모습을 거의 되찾았다.

잦은 땔감 채취로 어린 소나무 숲으로 덮여 있던 산림은 울창한 활엽수림으로 변하였다. 더구나 골짜기와 산자락 숲까지 되살려 골짜기를 따라 올라가면 가래나무숲, 거제수나무숲, 들메나무숲, 물푸레나무숲, 느릅나무숲, 신갈나무숲 등이 이어지며 다양성을 보인다. 경작지들로 자연으로 돌아왔다. 특히 논들은 일부는 강변 식생으로 일부는 습지로 장소에 따라 제 위치를 되찾았다.

따라서 국내의 다른 지역에서는 왕릉 앞에서나 겨우 볼 수 있는 넓은 오리나무숲도 이곳에서는 흔히 보인다. 특히 비가 올 때면 집수역의 모든 물질을 쓸어 모으는 하천 주변은 위험지역으로 분류되어 자연의 보존상태가 더욱 좋다. 그곳이 아니면 제대로 된 하천의 모습을 거의 볼 수 없는 것이 우리나라의 현실이다 보니 그 중요성은 이루 말할 수 없다.

이 지역을 세계적인 생태보고로 표현한 데는 그만한 이유가 있다. 우선 한국전쟁은 지금까지의 전쟁 역사 중 가장 치열한 전쟁 중의 하나로 기록되어 있다. 그처럼 치열한 전쟁을 치른 현장이었지만 50여 년에 걸쳐 진행된 자연의 노력 덕분에 그곳은 전쟁 이전의 모습을 넘어 자연 본래의 모습을 되찾고 있다.

이 처절한 전쟁의 상흔에서 자연이 스스로 이루어 낸 이런 자발적 복원 (passive restoration)의 모습은 세계적으로 드문 현상으로서 그런 이름으로 부를만하다. 복원은 본래 자연이 스스로 상처를 치유하는 모습에서 기원하였으니 세계적인 습지복원모델과 하천 복원모델이 여기에 있다고 할 수 있다.

이 지역은 흔히 생물다양성의 보고로 알려져 있다. 이처럼 높은 생물다양성은 하천을 비롯한 저지대가 대부분 개발지로 전환된 다른 지역과 달리 이 지역은 앞서 언급한 바와 같이 위험지역으로 분류되어

〈사진 2-10〉 DMZ 지뢰 매설 사진.

인간의 간섭에서 벗어나 자연에 가까운 모습을 되찾아 자연의 연속성을 회복한 데 기인한다.

즉 다른 지역은 개발요구도가 높은 저지대가 대부분 개발되어 고지대의 자연이 잘 보존되어도 서식처 단절로 인해 생물의 종류가 줄어들고, 남아 있는 생물들도 자연보전의 측면에서 가치가 떨어지는 생물, 예를 들면 안정된 서식처가 있어야 하는 정주 종보다는 방랑 종들로 바뀌는 것이 현실이다.

그러나 민통선 북방지역과 비무장지대는 저지대의 자연이 회복되어 생태적 공간이 거의 단절되지 않고 연속성을 유지한다. 그 결과 두 지역을 합쳐야 남한 면적의 1% 수준에 지나지 않지만, 그곳에 사는 식물, 새, 포유동물, 어류, 양서류, 파충류와 곤충은 각각 남한 전체에 출현하는 각 분류군의 39, 52, 68, 62, 80, 55 및 11%를 차지할 정도로 생물다양성이 높다. 지구상에서 생물다양성이 특별히 높은 열대지역에 붙여지는 이름을 모방하면 온대의 핵심지역(hot spot)이라 부를 만하다.

그러나 사람들은 이러한 생물다양성의 중요성을 피부로 느끼지 못하고 있다. 그 중요성을 한번 비유해보자. 우리는 온갖 첨단소재로 중무장을 하여야만 안전하게 우주에 갈 수 있다. 우리 지구가 그러한 준비 없이도 사람들이 안전하게 살 수 있는 공간으로 변한 것은 생물다양성을 이루는 다양한 생물들이 살아가면서 그 환경을 개척해 놓은 덕분이다

지금 기후변화를 비롯한 각종 환경문제로 지구환경이 위기를 맞고 있다. 과거의 열악했던 지구환경을 지금처럼 온화한 모습으로 되돌렸듯이 생물다양성은 오늘 우리가 맞고 있는 지구환경위기를 해결할 유일한 수단이다.

우리의 미래 환경에서 이처럼 중요한 역할을 담당할 높은 생물다양성이 우리의 민통선 북방지역과 비무장지대에 자리 잡고 있다. 더구나 이처럼 높은 가치가 있는 생물다양성은 우리 민족이 한국전쟁 중 흘린 피의 대가로 얻은 선물이기에 더욱 가치 있다.

이곳의 높은 가치는 다른 요인에서도 찾을 수 있다. 필자가 몇몇 전문가와 함께 연구한 결과에 의하면 이 지역의 생태계는 다른 지역과 비교해 먹이사슬의 길이가 길고, 먹이 망은 복잡하다. 생태적으로 안정되어 있다는 의미이다.

이 지역의 이처럼 안정된 생태계는 그 자체로 생태관광의 중요한 소재가된다. 이들은 난개발로 얻어지는 근시안적 경제 도구보다 훨씬 더 오랜 기간 별도의 투자 없이도 우리 곁에서 경제적 수단으로 기능할 수 있다.

또 이곳은 한반도의 중앙에 위치하여 남방계 생물의 북한계와 북방계 생물의 남한계가 되는 경우가 많다. 이러한 지리적 특성은 이 지역을 우리나라의 다른 어떤 지역보다도 기후변화실태를 진단하기에 적합한 장소로 삼을 수 있게 한다. 그런 점에서 이 지역은 또 다른 환경 가치를 지니고 있다고 할 수 있다.

섣부른 개발행위로 자연을 잃고 경제적 손실도 가져오는 우를 더 범하지 않기를 간절히 기원한다. 아울러 국가도 지금까지와 달리 전문성을 갖춘 연구진을 구성하여 이 지역의 환경 실태를 바르게 감점하고, 그것을 토대로 체계적이고 미래지향적인 민통선 북방지역 관리대책을 수립하여 이 지역이 지속해서 세계적인 생태보고로 남을 수 있게 해주기 바란다.


## 10. 상하이에서 벌어지는 녹색개조

인구 2000만 명이 사는 거대도시 상하이에선 지금 도시권을 거대한 녹색 벨트로 둘러싸는 작업이 진행되고 있다. 폭 1km의 녹지대를 200km 길이로 조성해서 상하이를 둘러싼다는 것이다. 여기에 강과 고속도로, 철로를 따라 조성되는 8개의 대형 녹지대도 있다. 또 900만 평에서 1800만 평에 이르는 자연공원 형태의 녹지대도 여섯 군데를 만든다는 것이다.

뉴욕의 센트럴파크가 100만 평이고, 뚝섬 서울숲은 35만 평짜리다. 국제회의에서 만난 중국학자에게 어떻게 그런 일이 가능하냐고 물었더니 그는 "우리는 사회주의 국가"라고 대답했다. 녹지를 만드는 데 필요하다면 주민도 이주시키고 있다는 것이었다.

〈사진 2-11〉 상하이 그린벨트 조성사업 조감도 (인터넷 다운로드).

이렇게 해서 상하이는 지난 2001년 1억8000만 평이던 녹지를 2010년까지 세배로 늘리겠다고 하고 있다. 그래서 9.4%이던 녹지율을 26.5%까지 끌어올리겠다는 것이다. 기존 녹지와 새로 조성하는 녹지를 거미줄 모양으로 연결하여 녹지의 양뿐만 아니라 질의 향상도 꾀한다는 것이다.

서울은 녹지율이 26%라고 하지만 이건 도시 외곽의 산들이 포함되었을 때의 얘기다. 서울의 생활권 내 녹지율은 3% 정도밖에 안 된다. 상하이가 벌이고 있는 일이 무엇을 뜻하는지 알만한 일이다. 그 결과 상하이는 중앙 정부로부터 올해 '정원도시'라는 지위를 인정받았다.

그럼 서울과 수도권은 생태적으로 어떤 상황인가. 우선 인구가 포화상태다. 인구밀도가 너무 높아 오염물질 배출량은 많지만, 그것을 흡수해줄 녹지공간이 부족하다. 흡수되지 않은 오염물질은 축적될 수밖에 없다. 그 결과 서울의 환경 특성은 서서히 바뀌고 있다. 우선 토양이 산성비를 중화시켜주는 역할을 맡지 못하고 있다.

〈사진 2-12〉 상하이 그린벨트 조성사업의 일환으로 푸동지구에 조성된 Lujiazui 중앙 그린벨트(인터넷 다운로드).

사람으로 치면 음식물을 섭취하였는데 소화를 못하고 그대로 배설하는 것과 비슷하다. 그 영향으로 서울보다 더 추운 곳에서도 아직 낙엽이 지지 않고 있지만, 서울에서는 이미 낙엽 현상이 관찰된다. 숲은 일반적으로 큰키나무, 중간키나무, 작은키나무와 풀로 이루어진 4개의 계층구조를 확보하여야 한다.

하지만 서울의 숲은 3층 또는 2층 구조로 단순화돼 있다. 각 층을 이루는 식물의 종류 또한 불안정한 상태다. 나뭇잎과 풀의 표면은 대기오염물질로 인해 상처를 입었다. 물과 양분을 빨아들여야 할 뿌리는 흙 속의 독성물질 때문에 기능을 발휘하지 못하고 있다.

이러한 상황에서 다시 또 녹지를 없애는 개발계획을 추진한다는 것은 무모한 일이다. 여기저기 신도시를 만들겠다는 정부와 지자체들의 계획을 볼 때마다 그렇게 해서 수도권을 어디까지 망쳐버리겠다는 것인지 답답하다.

상하이는 국제도시로서 확보해야 할 녹지 확보율을 35%로 정해 놓았다. 3차에 걸친 녹화계획을 통해 녹지면적을 6억6000만 평으로 늘려놓겠다는 것이다. 만일 이 계획이 성사된다면 상하이는 세계에 내놓을 수 있는 생태 도시, 환경 도시로 탈바꿈할 수 있게 될지도 모른다. 이 녹화사업을 위해서 준비하고 있는 묘포장을 방문한 적이 있는데, 규모의 거대함에서 입을 다물 수가 없었다.

그런데도 우리는 신도시를 여기저기 또 만들겠다고 하고 있다. 신도시를 개발할 때에는 그 타당성을 진단하기 위한 환경영향 평가가 선행되어야 한다. 고층 아파트를 지어서 인구가 늘어나게 되면, 그들이 배출하는 쓰레기를 처리할 공간과 시설은 있는 것인지, 늘어난 인구에 공급할 물은 확보 가능한 것인지, 새로 생긴 도시가 주변 교통체증을 일으키지는 않을 것인지, 무엇보다도 그곳에 입주할 주민들이 쾌적하다고 느낄 만큼의 녹지가 조성되고 있는 것인지 등을 따져야 한다.

지금의 신도시 개발 과정을 보면, 도시 환경용량에 대한 고려는 일절 하지 않은 채 정치적 고려만이 앞서고 있는 것 같아 전문가로서 무거운 책임과 함께 안타까움을 느끼게 된다.

## 11. 죽어가는 우량 소나무를 살립시다

우리나라 사람들의 약 70%가 소나무를 가장 좋아하는 나무로 꼽는다. 이러한 경향은 어제오늘의 일만은 아니고 옛적에도 그랬다고 한다. 우리 민족의 이러한 소나무 선호사상은 선비정신에 기인하는데, 불굴 불변의 절개를 상징하는 소나무의 상록성이 그것과 일맥상통하기 때문이라고 한다. 그 밖에도 소나무는 많은 특이한 속성을 보유하여 우리 민족의 사랑을 받아 왔다.

이러한 소나무가 지금 우리 곁에서 죽어가고 있다. 더구나 우리나라에서 자라고 있는 소나무 중 가장 우수한 소나무 품종인 강송(剛松), 즉 금강소나무가 죽어가고 있어서 더욱 안타깝다. 이러한 금강소나무는 우리나라 동부의 경상북도 북부와 강원도 일원에 분포한다. 이런 우량 소나무를 다른 이름으로 춘양목(春陽木)이라고 부르기도 한다.

이는 일본강점기 일본이 우리나라의 우량 소나무를 도벌하여 실어가던 벌목 집산지인 경북 봉화의 춘양이라는 지역 이름에 기원한다. 또 경복궁 보수공사를 할 때 나온 소나무의 이름은 황장목이었다. 목재의 조직이 치밀하여 아주 단단한 상태의 소나무를 말한다.

이러한 소나무는 내구력이 길어 과거에 궁궐과 같은 중요한 건물을 지을 때 사용하였다고 한다. 따라서 지금도 이러한 우량 소나무의 분포 중심지인 봉화에 가보면 문화재 보수공사에 사용할 황장목을 공급하는 장소를 알리는 간판을 확인할 수 있다.

이처럼 정신적 측면에서나 물질적 측면에서 모두 우리에게 소중한 자원인 우량 소나무가 그 분포의 중심지에서 죽어가고 있다. 더구나 그들이 죽어가는 원인은 산림청이 강조하는 재선충에 의해서가 아니라 솔잎혹파리 피해에 의해서 죽어가고 있다.

필자는 최근 며칠 동안 금강소나무의 주산지인 경북 울진과 봉화를 비롯하여 그 주변인 안동, 그리고 태백, 정선, 동해, 강릉, 인제, 양구 일대를 돌아보았는데, 이들 지역 모두에서 소나무들이 솔잎혹파리 피해로 신음하고 있는 것을 볼 수 있었다.

필자가 구분한 피해계급에 근거하여 평가해 볼 때, 피해 정도는 그것이 가벼워 거의 피해 목으로 볼 수 없는 계급 1에서부터 고사단계인 계급 5에 이르기까지 고르게 나타나고 있었다. 이러한 피해 상황은 피해가 계속하여 새로 발생하며 소나무들을 죽음에 이르게 하고 있음을 보여주는 결과라고 볼 수 있다.

필자의 연구에 의하면 지금 이것을 버려두면 10년 이내에 그 피해는 되돌릴 수 없는 단계로 진행되고, 20년 정도가 지나면 이들 소나무 숲은 다른 숲으로 바뀌게 될 것이다.

그나마 다행스러운 것은 이러한 솔잎혹파리 피해가 오래전부터 있었기 때문에 생태학자들은 그것을 방제하기 위한 다양한 정보를 축적하고 있다. 관련 분야 전문가 모두의 지혜와 국민의 관심도 모아야 할 때이다.

몇 년 전 재선충 피해가 일반인에게 공개되기 시작했을 때, 대구 계명대학교의 김종원 교수가 리기다소나무(Pinus rigida)에서도 재선충 피해가 있음을 언론 및 학계에 보고한 적이 있다. 이때 산림청에서는 재선충은 소나무(Pinus densiflora)에만 피해를 주고 다른 소나무류(Pinus 속)에는 피해를 주지 않는다고 반박한 적이 있다.

그러나 산림청은 작년 말과 최근 경기도 광주와 광릉 수목원 주변에서 리기다소나무와 마찬가지로 소나무의 한 종류인 잣나무(Pinus koraiensis)에서 재선충 피해를 확인하였다고 발표하고 있다. 잣나무에서 피해가 발생하였다면 같은 소나무 속 식물인 리기다소나무에서도 피해가 발생할 가능성은 매우 크다고 볼 수 있다. 학자들의 사심 없는 지적이 시책에 신속하게 반영되어 이 땅의 자연이 건강하게 유지되었으면 한다.

〈사진 2-13〉 경북 봉화에서 확인된 소나무 피해.

〈사진 2-14〉 경북 울진에서 확인된 소나무 피해.

〈사진 2-15〉 경북 울진의 피해지역 전경.

〈사진 2-16〉 강원도 동해에서 확인된 소나무 피해.

## 12. 지금이 나무를 심어야 할 때이다

우리나라는 1946년 이래 4월 5일을 식목일로 정해 국가적 차원에서 나무 심기 행사를 해오고 있다. 이 식목일은 역사적 고증을 거쳐 지정되었다. 즉 이날은 신라 문무왕 17년 당나라 세력을 한반도로부터 몰아내고 삼국통일을 완수한 날을 기념하여 식물을 심은 날이고(음력 2월 25일, 양력 4월 5일), 조선왕조 성종이 세자와 문무백관을 거느리고 선농단(先農壇)에 제사(祭祀)하고 경전(籍田; 왕실의 경작지)을 친히 경작한 날(성종 24년 3월 10일, 양력 4월 5일)로서 식목 행사하기에 충분히 의미 있는 날임이 틀림없다. 따라서 많은 국민은 이 시기가 나무 심기에 적합한 시기로 알고 있다.

그러나 이러한 역사적인 날들 이후 우리는 많은 변화를 겪었다. 특히 자연의 중요한 한 축을 담당하는 기후가 변화하며 산과 들을 비롯하여 자연을 이루고 있는 모든 부분에서 변화가 감지되고 있다. 이러한 변화는 봄을 상당히 앞당겨 놓고 있다.

식목일의 주인인 나무는 이미 겨울잠에서 깨어나 분주하게 그들의 봄 활동인 생장을 준비하고 있다. 그 뿌리는 땅속 얼음에서 녹아 나오는 물을 한 모금이라도 더 잡아두려는 듯 힘차게 빨아올려 줄기를 거쳐 새잎과 꽃을 만들 나무의 맨 꼭대기 부분으로 밀어 올리고 있다.

이 물을 받아 터질 듯 팽팽하게 부풀려 있는 나무의 잎눈과 꽃눈, 그리고 겨울에 물이 많으면 얼어 죽을까 봐 잎에 남은 대부분의 물기를 밖으로 내보내 갈색의 잎을 달고 겨울을 보냈던 회양목의 잎에 보이는 녹색의 생기가 나무들의 봄 활동을 반영하고 있다.

지금까지의 경험을 통해서 보면, 나무는 그들이 이러한 봄 활동을 시작할 때 또는 그러한 활동이 시작되기 직전에 심는 것이 활착 및 그 후의 생장에 좋다. 그리고 이 시기를 벗어나서 심으면 그 시기로부터 멀어질수록 활착률이 떨어진다. 따라서 효율적인 나무 심기가 되려면 나무를 심는 시기를 앞당길 필요가 있다.

이러한 시기 조정에 더하여 나무 심기와 관련하여 몇 가지 제안을 더 드리고 싶다. 나무를 많이 심은 친환경 기업으로 알려진 모회사의 광고를 신문으로부터 보았다. 그러나 안타깝게도 이 광고에 실린 나무 심기 방법은 시대에 크게 뒤진 방법으로서 많은 개선점을 남기고 있다.

첫째, 나무는 그 종류에 따라 좋아하는 장소가 있고 싫어하는 장소가 있다.

따라서 우리는 나무를 심으려고 하는 어떤 장소가 정해지면 그곳에 적합한 나무를 선택하여 심어야 한다. 우리가 자연이 잘 보존된 산에 가보면 계곡, 산자락, 산허리, 산등성이, 산꼭대기 등 각기 다른 환경에는 각각 다른 나무들이 자라고 있는 것을 볼 수 있다.

〈사진 2-17〉 석탄폐광지 복원의 일환으로 나무를 심고 있는 모습. 강원도 정선의 고도가 높은 지역이라 봄이 늦게 오지만 3월 중순에 나무를 심어 높은 활착률을 보였다.

그리고 그와 비슷한 다른 산에 가보면 다른 산임에도 불구하고 비슷한 환경에는 비슷한 종류의 나무들이 자라고 있음을 볼 수 있다. 이것은 누가 선택해준 장소가 아니라 스스로가 선택한 나무가 좋아하는 장소이다. 이들이 자라는 모습은 힘이 있어 보인다.

그것은 나무들이 각자 좋아하는 장소를 선택했기 때문일 것이다. 따라서 우리가 나무를 심을 때는 이러한 나무의 습성을 고려하여 나무가 좋아하는 장소에 심어야 한다.

그러나 지금까지 우리는 이러한 나무의 습성을 무시하고 외국에서 들여온 나무, 높은 산에서 자라는 나무, 건조한 곳에서 자라는 나무, 습한 곳에서 자라는 나무 등을 가리지 않고 우리 마음대로 아무 곳에나, 그리고 아무렇게나 섞어 심어 왔다.

따라서 우리 주변의 산에서 국적이 불분명한 숲, 주소가 불분명한 숲이 자주 나타나는가 하면, 한편에서는 물이 부족하여 목이 타는 나무가 있고, 한편에서는 물에 잠겨 숨이 가쁜 나무들도 보인다. 그리고 어떤 나무는 서로 서먹서먹한 관계를 유지하고 있는 것도 같다.

둘째, 나무의 역할을 생각하며 심자.

나무는 뿌리를 통하여 물과 영양분을 흡수하고 잎을 통하여 이산화탄소를 흡수한 다음 태양으로부터 받은 에너지를 이용하여 뿌리와 잎을 통하여 흡수한 것들을 분리하고 재조합한다. 여기에서 재조합된 물질은 나무 자신과 자연계에 존재하는 다른 생물들을 위해 쓰인다. 이것만으로도 나무의 역할은 엄청나다고 할 수 있다. '지구생태계'라는 집에서 가장의 역할을 하고 있으니 말이다.

그 밖에 이것과 관련하여 나무가 하는 역할은 매우 다양하다. 특히 인간이 만들어 놓은 환경문제를 해결하는 데 그 역할은 우리가 반드시 생각하여야 할 문제일 것이다. 우선 물과 영양분을 토양으로부터 흡수하는 과정에서 나무는 인간이 그곳에 버려온 오염물질을 흡수하여 토양을 깨끗하게 하고 물도 깨끗하게 한다. 잎에서 이산화탄소를 흡수하는 과정에서도 마찬가지 역할을 한다. 즉, 인간이 대기 중으로 버려온 대기오염물질을 흡수하여 제거해 준다.

셋째, 그동안 착취해 온 자연에 대해 보상하는 마음으로 나무를 심자.

우리가 사는 인간 환경은 물리적 환경, 생물적 환경, 그리고 문화적 환경으로 이루어진다. 그러나 인간 환경은 소비중심인 자신을 유지하기 위하여 생산적인 자연환경에 의존하고 있다. 따라서 우리 인간은 인간 환경의 일부이고, 아울러 자연환경의 일부라고 할 수 있다.

그러나 그동안 우리는 너무도 많은 자연을 훼손시켜 왔다. 나무가 자라고 있는 땅을 송두리째 빼앗았는가 하면, 죽은 나뭇가지에 의존하여 사는 곤충의 보금자리를 나무를 가꾼다는 핑계로 빼앗았고, 그들을 먹이로 하여 살아가던 새들을 먼 곳으로 내몰고, 어떤 곳에는 사람과 친하다는 이유만으로 다른 새들이 자유롭게 사는 공간을 빼앗아 인간이 좋아하는 새들에게 그 땅을 넘겨주기까지 해왔다.

그것의 결과는 여러 가지 환경문제로 우리에게 다가오고 있다. 이제 우리는 자연에 대해 지금까지 해온 착취에 대해 보상을 할 때라고 생각한다. 우리 자신의 생존환경을 지키기 위해서라도 말이다. 그러나 그 보상은 자연이 원하는 바대로 이루어져야 한다.

즉, 자연의 원리를 바탕으로 한 보상이 이루어져야 한다. 이러한 자연에 대한 보상의 의미가 담긴 나무 심기가 되기 위해서 우리는 우리 마음대로가 아니라 자연이 원하는 종류를 선택하여야 한다. 즉, 나무가 원하는 장소에 심어져야 하고, 그것이 원하는 방법으로 가꾸어야 한다.

우리의 자연이 원하는 종류는 인간을 포함하여 다른 생물에게도 친근감을 주는 토박이 종이 될 것이고, 심는 방법은 홀로 심기보다는 모여 심기가 될 것이며, 어울려 사는 종들은 본래의 환경에서 어울려 살았던 것들을 바랄 것이다. 이국의 것들이 심어졌을 때 사람들이 먼 나라의 음식에 거부감을 느끼듯이 그것이 부양하는 다른 생물들은 이국의 나무가 만들어주는 음식에 거부감을 느끼게 될 것이다.

그리고 고립되어 심어지기보다는 모여서 심어질 때 나무 자신도 서로 의지가 될 수 있고, 다른 생물들이 먹을 것을 찾고, 숨기도 하고, 사랑을 나눌 공간도 제공하기 때문이다. 실용과 현실을 중요시하는 신정부이기에 변화를 주문해본다.


## 13. 천연기념물 재고

천연기념물은 자연에서 특별한 가치를 가져 보호 대상으로 지정된 자연일부이다. 천연기념물을 포함하여 자연은 기본적으로 다양성을 갖추고 있고, 그 구성원들은 그것에 의존하여 살아간다. 따라서 우리 인간이 보기에 무질서해 보이지만 그 나름의 질서가 있고, 그러한 질서가 필자처럼 자연을 연구하는 생태학도에게는 읽힌다.

근래 몇몇 장소에서 천연기념물 관리실태를 본 적이 있다. 하나같이 좋은 울타리를 보호 장벽으로 가지고 있고, 수백, 수천 그루가 되는데도 관리번호를 부착하

〈사진 2-18〉 태안군 안면읍 승언리 소재 모감주나무 숲.

고 있는 모습도 보였다. 또 보호 대상 식물의 속성과 관계없이 숲 바닥은 잘 정돈된 풀밭처럼 다듬어져 있었다.

충남 태안군 안면읍 승언리에 가면 천연기념물 138호로 지정된 모감주나무 숲이 있다. 근래에는 내륙에서도 다수의 자생지가 발견되었지만 본래 이 식물은 원산지인 중국으로부터 해류를 타고 종자가 전파되어 해변에 국한되어 정착하는 것으로 알려져 있었다.

해변에서 그들이 숲을 이루는 장소를 보면 바닷물이나 모래바람에 노출되어 그 영향을 빈번하게 입는 장소로서 식물이 살기에 안락한 장소는 못된다. 종자를 많이 생산하고 그들의 산포 기능도 뛰어나지만 다른 식물과의 경쟁에서 뒤지는 이 식물은 이렇게 안락하지 못한 장소를 그들이 사는 장소로 선택하여 오늘날까지 도태되지 않고 살아남았다. 따라서 그 수는 많지 않지만 적어도 지금까지 명맥을 이어 왔다.

내륙에서는 계류 변을 그들이 사는 장소로 선택하여 물이 굽이치며 물가의 흙을 깎아 그것을 쌓아놓으면 그곳에 종자를 묻어 싹을 틔워 살아가고 있다. 그러기에 이곳 역시 불안정한 장소 이기는 매한가지다. 이러한 이 식물의 속성은 무시한 채 사람들의 생각만 내세워 고급 울타리를 치고 번호표를 붙여 그들을 관리한다고 그들이 이 땅에 살아남을 수 있을까?

더구나 이곳에서 바닷물이 들고 나고, 여기에 세찬 바람이 더해지며 그들의 경쟁자들을 적당히 조절해주던 자연현상은 절대 찾아볼 수 없다. 또 바다와의 연결통로가 되던 백사장은 메워 다른 용도로의 전환을 서두르고 있고, 그 주변으로는 각종 인위시설이 도입되어 그 연결고리를 더욱 완벽하게 끊어 놓고 있다. 이러한 상태에서 모감주나무의 미래는 없다고 보는 것이 옳을 것이다.

제주도 북제주군 구좌읍 평대리에 있는 비자나무 숲은 천연기념물 374호로 지정되어 있다. 이곳 역시 주변이 잘 정돈되어 있고, 2700여 그루

〈사진 2-19〉 제주 구좌읍 평대리 비자나무 숲.

의 비자나무는 모두 번호를 부여 받아 몸통에 노란 번호표를 붙들 어 매고 있다. 그리고 그 숲의 바 닥은 예외 없이 풀 깎기를 하여 고른 높이를 유지하고 있다. 그 숲의 바닥이 온통 돌로 덮여 있 으니 풀을 깎아내기가 엄청나게 힘이 들었을 것이다.

그러나 그처럼 어렵게 시도한 작업임에도 불구하고 그 풀 깎기는 비자나 무 숲을 유지하는 데 도움이 되지 못하고 오히려 악영향을 끼치고 있으니 안타까운 일이다. 이곳의 비자나무 숲처럼 숲 바닥에 돌이 많은 지역은 본 래 식물이 밀생하지 않는다. 맨땅도 보이고 식물의 수가 많지 않으며 크기 도 크지 않다. 그러한 곳으로 비자나무는 씨를 떨어뜨려 후대를 키운다.

이렇게 태어난 후계 나무들은 자라다가 죽기도 하지만 어미나무가 죽어 숲에 틈을 만들어주면 한껏 많은 빛을 받아 그때부터 생장에 가속도를 붙 여 빨리 자라 어미나무가 만든 틈을 메워가며 그 숲을 계속하여 유지해 나 간다.

그러나 사람들의 사려 깊지 않은 간섭으로 외래종, 외지종, 그리고 덩굴 식물 등이 들어오면서 이 숲의 바닥은 겉보기에는 가지런해 보이지만 그 숲 본래의 질서를 잃어가고 있다. 따라서 우리는 이 숲에서 그들의 후손을 찾지 못하고 있다. 이곳 역시 미래가 없다는 말이다.

천연기념물 관리와 관련한 이러한 문제는 모두 자연을 관리하는데 반드 시 갖추어야 할 전문성, 즉 생태학적 지식이 모자란 데서 비롯된다. 이제부 터라도 전문성을 갖춘 사람들에게 이들의 관리를 맡기든지, 아니면 적어도 전문성을 갖춘 사람들의 의견만이라도 깊이 청취하여 그들에게 자연이 부여한 수명을 되찾아 달라고 간곡히 부탁한다.

## 14. 아까시나무 숲은 정말 성가신 존재인가?

유난히 길었던 겨울의 터널을 겨우 벗어나 배시시 내민 잎들이 갓 태어난 아이의 해맑은 미소처럼 그저 맑기만 하다. 그런 나무들이 요즘 수난을 당하고 있다. 연일 발생하는 불에 타 죽고, 나무에 무지한 사람들이 얼토당토않은 이유를 들어 파내고, 또 아무 데나 심어 어느 것은 목이 말라 시들어가고 어느 것은 물에 잠겨 허우적대고 있다. 가히 나무들의 수난 시대라고 말하지 않을 수 없다.

나무는 우리에게 무엇인가? '살아있는 모든 것이 아름답다'라거나 '아낌없이 주는 나무' 등의 표현을 빌리지 않더라도 그것이 우리에게 꼭 필요한 존재라는 것은 누구나 알고 있을 것이다. 나무는 우리가 사는 모든 환경 구성원들을 먹여 살리는 '환경'이라는 가정의 가장과 같은 존재이다.

하늘 향해 가지를 펼쳐 빛을 모으고, 거친 땅속을 헤집고 들어가 뿌리를 뻗어 물과 양분을 모아 우리 인간을 비롯한 모든 생물의 식량을 마련하고 물을 주고 또 산소도 제공한다. 그래서 이러한 나무들을 중심으로 이루어지는 자연환경을 우리의 삶을 결정하는 환경이라고 하여 전문가들은 그것을 '생존환경'이라 부르고 있다.

나무는 살아있는 동안 자신이 만든 물질을 다른 생물들에게 나누어주고 그들의 쉼터와 숨을 곳도 제공하며 다른 생물을 위해 봉사한다. 우리 인간도 나무가 수행하는 그러한 봉사의 수혜자로서 다양한 혜택을 누리고 있다. 쾌적한 공기, 시원한 그늘, 계곡의 맑은 물 등이 그러한 혜택들이다.

평생 이러한 봉사활동을 수행하는 나무들은 늙어서 힘이 다하면 자신이 더는 살 수 없다는 것을 인지하여 양분을 비롯하여 자기가 가지고 있는 모든 것을 주변의 살아있는 부분으로 모아준다. 그리고 수명이 다하여 죽으면 자신의 온몸을 곤충이나 미생물에게 맡겨 그들을 먹여 살리고, 덤으로 땅을 기름지게 하는 데도 기여한다. 죽어서도 남을 위해 희생을 하는 것이다. 그처럼 아낌없이 주기에 그들은 아름다운 것이다.

우리나라에서 나무를 심은 역사는 매우 길다. 문헌상으로는 삼국시대부터 나무를 심은 기록이 전해진다. 그러나 얼마 전 신석기 유적에서 참나무 열매가 발견된 것을 보면 이때에도 그러한 나무들을 인가 주변에 심었을 가능성이 크다.

하지만 '조림'이라는 이름으로 대규모로 나무를 심기 시작한 것은 그리 오래되지 않은 현대의 일이다. 그중에서도 1960년대와 1970년대에 대규모 조림사업이 많이 진행되었다. 그러한 조림 덕택에 우리나라는 주변국들과 달리 단 한 평의 사막도 가지고 있지 않다.

또 그러한 녹화의 성과는 다른 나라들로부터 크게 인정받고 있다. 굳이 다른 나라의 평가에 의존하지 않고 우리 자신도 성공적인 녹화를 실감할 수 있다. 옛날에는 비만 오면 온 하천이 흙탕물을 이루어 시뻘게 보였다. 그러나 요즘은 무분별한 개발사업이 진행되는 지역을 제외하면 비가 많이 와도 그러한 하천을 보기가 어렵다. 성공적인 녹화의 결과이다.

최근 필자는 잘못된 녹화사업이라고 많은 사람의 비난을 받아 온 아까시나무 숲을 해당 분야의 최근 이론을 적용하는 복원생태학의 원리를 바탕으로 평가해본 결과 성공적인 복원을 이루어내고 있는 것을 알 수 있었다.

수명을 다한 아까시나무가 이 땅의 원주인인 우리나라의 자생식물들에 그 자리를 물려주고 있는 것을 확인할 수 있었다. 그 결과는 국제적인 잡지에 실려 공인을 받았다. 성공적인 녹화를 전문가가 인정한 것이다.

우리나라에는 이러한 인공조림지가 많고 넓다. 우리나라의 대표적인 공업단지로 알려진 울산 주변을 보면 특히 이러한 조림지 면적이 넓다. 그 대부분은 대규모 조림사업이 진행된 1960년대와 1970년대에 심어진 것이다.

필자는 울산공업 단지에서 환경오염으로 파괴된 생태계를 복원하는 연구를 15년가량 지속해오고 있다. 그 연구를 위해 이곳을 방문할 때마다 이러한 숲이 없는 상태에서 이곳에 이 큰 공업단지가 조성되었으면 지금 이곳이 어떻게 되었을까 상상해본다. 상상하기도 싫을 만큼 끔찍한 생각이 떠오른다.

〈사진 2-20〉 왼쪽 사진과 같이 황폐한 산림에서 산사태와 같은 더 이상의 피해가 발생하는 것을 막기 위해 아까시나무와 같은 외래종을 도입하여 사방조림하였다. 그와 같이 도입된 아까시나무는 토사유출을 막고 자생식물의 정착을 도와(오른쪽 사진) 이 땅의 성공적인 녹화를 이루어내는 데 기여하였다.

또 포항시 주변은 어떠한가? 이곳은 '영일 사방사업지'로 유명한 우리나라의 대표적인 사방사업지이다. 온돌이라는 우리나라 특유의 난방시스템을 유지하고 퇴비, 가축 사료, 도구재 등 농업에 필요한 각종 물질을 얻기 위해 숲을 훼손한 데다 '이암'이라는 식물이 자라기에 그리 좋지 않은 토양이 만들어지는 모암을 보유하고 있기에 이곳은 과거 숲이 크게 훼손되어 자칫하면 사막으로 전락할 뻔했던 곳이다.

그러나 1960~70년대에 대규모 국가사업으로 진행된 조림 덕택에 오늘날은 푸른 숲을 간직하고 있다. 이곳 또한 대규모 공업단지를 유지하고 있기에 그러한 숲이 없는 경우를 가정하면 끔찍한 생각을 지울 수 없다.

어디 이 두 도시뿐이겠는가? 그 당시 우리 국민의 이러한 노력이 없었다면 지금 우리는 전국 어디에서도 이만큼 쾌적한 환경을 누리지 못하고 있을 것이 틀림없다. 아마 황사현상으로 해마다 우리를 괴롭게 하는 중국이나 몽골의 사막과 유사한 장소를 우리도 보유하고 있었을 것이다.

그러나 우리는 지금의 상태만을 생각하며 그러한 숲이 주는 혜택을 망각하고 있다. 실로 안타깝다고 하지 않을 수 없다. 그것은 우리 사람들이 살아온 하나의 발자취로서 '역사'라고 표현할 수 있다. 그것을 바로 알려 온고이지신(溫故而知新)을 이루어내야 할 때다.


## 15. 아까시나무 숲에 대한 재고

요즘 주변 산을 둘러보면 아카시아 축제가 한창이다. 생명현상의 하나로 연출된 풍경이기에 아름다운 모습이고, 그것이 내는 향기 또한 우리를 불쾌하게 하지는 않는다.

그러나 그것을 아까시나무라고 하면 많은 사람은 그것에 관한 생각을 달리한다. 그 번식력이 왕성하여 사람들을 성가시게 한 기억 때문이다. 더구나 번식력이 뛰어나 다른 식물을 압도할 수 있는 능력을 갖춘 그 나무를 우리나라 나무를 말살시키기 위해 일본에서 도입한 일제의 유산이라고 근거 없이 매도하여 더욱 미움을 사게 된 때문이다.

그 숲이 본격적으로 조성된 것이 1960~70년대이니 이제 그 숲도 성년을 넘어 노년의 기미까지 보인다. 더구나 그 숲이 우리나라 산림에서 차지하는 면적이 5% 정도이니 규모로도 그 존재를 무시할 수만은 없을 것이다.

또 그들도 나름대로 이 땅에서 그들의 역할을 담당하여 과거의 황폐하였던 민둥산을 오늘과 같이 울창한 숲으로 가꾸는 데 기여한 바 있다. 이에 필자는 그들이 자생종이든 외래종이든, 또 독재 시대에 심어졌든 민주화 시대에 심어졌든 관계없이 이들 모두를 우리들의 나무와 숲으로 아우르고 싶은 마음이다.

1960년대와 1970년대 황폐했던 이 땅의 자연을 지켜내기 위해 도입되어 지금까지 우리를 지켜 준 인공조림지의 숲들이 수명을 다하고 사라지고 있다. 더구나 제대로 된 후계목을 남기지 못하고 이 땅을 떠나 우리에게 또다시 황폐한 산림을 남겨줄 가능성마저 보인다.

〈사진 2-21〉 미국의 Andrews 장기연구장소에서 Mark Harmon 박사, 필자와 비교된 나무 크기.

이런 점에서 지금 우리에겐 2단계 국토 녹화사업이 절실하게 요구되고 있다. 요즘은 이러한 녹화사업을 통상 생태적 복원이라고 부르고 있는데, 그 의미는 자연의 체계를 모방하여 훼손된 자연을 치유하는 것으로 알려져 있다. 1단계의 국토 녹화가 너무 시급하게 요구되어 충분한 검토가 없이 외래종을 도입하여 이루어진 것에 대한 비판이 오랫동안 이어져왔다.

이러한 오류가 반복되지 않기를 바라는 마음 간절하지만 그때나 지금이나 생태적 복원을 실현할 이론적, 실제적 준비가 되지 않은 점이 유사하여 안타깝다. 산림 관련 분야의 전문가들은 지금부터라도 2단계 국토녹화사업이라고 부를 수 있는 생태적 복원에 대한 이론적, 실제적 준비를 서둘러야 한다. 각 지역과 지소에 알맞은 복원모델을 발굴하고, 그것을 실행할 수 있게 하는 묘목의 생산과 준비, 그리고 제도적, 법률적 뒷받침은 이 사업을 성공으로 이끌 디딤돌이라고 할 수 있다.

최근 필자는 국가 장기생태연구사업단의 일원으로 미국 오리건주와 워싱턴주의 산림생태연구센터를 방문한 적이 있다. 과거 나무를 모두 베어내어 초지에 가까운 상태로 시작한 숲이지만 그들의 관심과 노력은 그곳을 높이가 50m가 넘는 울창한 숲으로 바꾸어 놓았다. 그러한 가능성이 우리에게도 잠재해 있다. 그것을 실천으로 옮길 지혜가 필요한 시점이다.

## 16. 고성 산불 지역의 생태계 회복 모습을 돌아보고

지금으로부터 1년 6개월여 전 여기저기에 검게 탄 숯덩이가 널려 있는 참담한 모습으로 우리에게 다가왔던 고성의 높고 낮은 산들…. 지금 그곳은 어떤 모습일까? 지난 10월 6일 이 산들을 돌아보며 그곳의 변한 모습을 카메라에 담아 생태계 회복 소식을 전하고자 한다.

아직 검게 탄 모습이 흉물스럽지만, 그 밑에서 무럭무럭 자라나고 있는 식물들이 대견스럽기만 하다. 불과 1년 6개월여 전 그 혹독한 열기를 견뎌내고 새싹을 틔워, 혹여 빗물에 씻겨 내려갈까 봐 흩어졌던 흙들을 보듬고 있는 모습이 마치 어머니의 품만 같다.

씻겨 내려가는 흙을 온몸으로 가로막고 있는 그늘사초, 맨땅에 물기마저 부족한 능선부에서 흙을 잡아두고 있는 새, 검게 탄 모습이 험상궂기까지 하지만 그 속에서도 더 나은 풍경을 엮어내기 위해 꽃봉오리를 터트린 꽃며느리밥풀 등 야생화초가 각자의 위치에서 제 역할을 다 하느라 안간힘을 쓰고 있다. 어디 그뿐이랴.

때로는 땔감으로, 때로는 비료 대용으로 사람들의 요구를 들어주느라 만신창이가 된 해묵은 그루터기로부터 어렵게 틔워낸 새 줄기를 지난봄의 불길에 태워 보내고 그들 사이로 다시 새 싹을 틔워낸 신갈나무, 두꺼운 옷을 입은 덕택에 남보다는 그

〈사진 2-22〉 고성산불 지역의 피해 모습

열기를 덜 심하게 느꼈는지 예전의 줄기를 반쯤은 살려둔 채 죽은 가지 사이로 새 가지를 만들어 낸 굴참나무는 그 당당한 모습이 의젓하기까지 하다. 이에 뒤질세라 나중에는 모르지만 지금은 나도 나무 몫을 할 수 있다고 의기양양해 하며 인해전술식 전략을 펴는 참싸리, 수도 적고 키도 작지만 자기 땅을 찾으려고 마치 하늘이 보낸 듯이 천신만고 끝에 태어난 소나무 실생은 너무나 여려 가엾은 느낌마저 들게 한다.

그 혹독함 속에서 자신이 다시 태어난 것만 해도 대단한 일인데, 이러한 식물들은 생태계 내에서 가장으로서 그들 본래의 위치를 지키느라 풀벌레를 불러들이고, 어느새 개구리, 다람쥐, 산토끼까지도 불러들였다. 이쯤 되었으니 아마 볼 수는 없지만 다수의 작은 미생물들도 불러 모았을 것이다. 모두가 반가운 것들이다.

그리고 이제 이들은 이 땅의 주인으로 자리 잡아 각각 삶을 유지하며 우리 인간을 위해 봉사할 것이다. 수백 도를 넘나드는 열기를 견디고 이러한 모습을 창출해 내는 자연의 힘이 존경스럽기까지 하다.

자연이 이처럼 제 모습을 찾느라 한창일 때 마찬가지로 생물의 한 종류로서, 생태계의 한 구성원으로서 인간이 자연에 저지른 잘못에 반성이라도 하려는 듯 주민들 또한 자연이 추진하는 일들을 보조하느라 여념이 없었다. 식물이 미처 도달하지 못한 급경사지나 물기와 양분이 부족하고 쌓인 흙마저 얇은 척박지에 계단을 만들고 사이사이에 흙 주머니를 쌓아 식물을 대신하여 그들을 위한 흙을 붙잡아 주는 일, 곱게 키운 묘목들을 도입하여 갓 태어나 외로운 식물들과 어울리게 하는 일 등.

특히 이 지역의 주요 소득원이었던 송이 생산지를 회복시키기 위한 주민들의 노력은 눈물겹기까지 하다. 검게 탄 나뭇등걸 사이를 헤집고 다니며 구덩이를 파고 그 속에 소나무 씨를 뿌리고, 솟아 나온 새싹이 행여 다른 식물들에 치일까 봐 넓은 골판지에 구멍을 뚫어 그곳으로 소나무 실생을 내보내고 나머지 부분으로 지면을 덮어 다른 식물의 침입을 차단하는 일 등 여러 단계에 걸쳐 복잡하고도 많은 손길이 있어야 하는 일들이 주민들의 손놀림을 바쁘게 하고 있다.

〈사진 2-23〉 고성산불 피해지에 주민들이 심은 어린 소나무.

그뿐만이 아니다. 바쁜 농사 일정 중에서도 틈을 내어 불길에 휩싸였던 그들의 집을 고치느라 그간의 세월이 어떻게 흘렀는지조차 모를 지경이다.

이러한 모습을 돌아보며

우리 인간이 행한 작은 실수가 우리 스스로, 그리고 우리를 끌어안고 보살펴 주는 자연에 얼마나 엄청난 고통을 주었는지를 생각해 보았다. 그리고 그 생각은 지금도 산불의 영향으로 고통을 겪고 있는 인도네시아의 열대 밀림과 그 주변의 주민들에게로 다가가 그곳의 모습을 떠올려 보았다. 끔찍한 모습이 연상된다.

우리가 그들에게 해줄 수 있는 일은 무엇일까? 비용도 필요하겠지만 지구인의 공유물이며, 지구인 공동의 생존환경인 열대림을 회복하기 위한 지혜와 마음이 모이는 것이 무엇보다도 우선이 되어야 할 것이다. 끝으로 이글을 마치며 이 지역 생태계의 원만한 회복과 이 지역에서 얻은 결과를 향후 유사지역에 참고자료로 활용하기 위해 몇 가지 정책제안을 하고자 한다.

첫째, 지금 추진하고 있는 것과 같은 복원사업은 해당 지역에 대한 철저한 기초조사를 거쳐 그 결과를 바탕으로 추진계획을 수립하였으면 한다.

둘째, 복원사업에서 식재 식물의 선정과 배치는 해당 지역의 생태적 특성을 고려하여 신중하게 결정해 주었으면 한다.

셋째, 고사목은 그것의 생태적 역할과 해당 지역 도입식물의 생태적 특성을 고려하여 신중하게 처리해 주었으면 한다.

넷째, 토양, 식물, 동물과 미생물을 총망라하여 그들의 변화를 장기적으로 모니터링하는 연구를 추진하여 후일 참고자료로 삼았으면 한다.


## 17. 동해안 산불 피해 장기적 안목의 대책이 필요하다

우선 이번 산불로 재산 피해는 물론 마음에 큰 상처까지 입은 해당 지역 주민들께 깊은 위로를 드린다. 또 산불진압을 위해 전국 각지에서 달려온 소방관과 산불피해로 어려움에 부닥친 지역 주민을 돕기 위해 모인 자원봉사자들 그리고 피해 복구를 위한 기금을 맡겨 주신 개인, 단체와 기업에도 깊은 감사를 드리고 싶다.

이번 산불은 강풍이 전선의 변압기 개폐기에 영향이 영향을 미치면서 발화하였다고 알려져 있다. 그리고 그 피해를 키운 것은 이 지역에서 부는 특이한 바람, 즉 양간지풍의 강도가 강하고 그것이 유발한 건조함 때문으로 알려졌다.

이번 산불 피해지역은 1996년 초대형 산불 피해를 입은 지역과 맞닿아 있다. 산불피해가 자주 발생하는 지역이고, 피해가 발생하면 큰 지역이기도 하다. 양간지풍 외에 지역에 소나무림이 많은 것도 피해를 키운 원인에 해당한다.

1996년 산불 피해지역에 대한 필자의 연구 결과에 따르면 이 지역은 바다에 면한 주거지에 가까울수록 소나무림이 많고 그곳에서 멀어질수록 참나무림이 늘어났다. 산불피해 강도는 이러한 식생의 분포에 반응하여 소나무림이 많을수록 강했고 참나무림이 많을수록 약했다.

소나무가 함유한 기름 성분 때문에 그 나무와 잎은 불에 잘 타고 탈 때 열량도 높기 때문이다. 따라서 그 피해를 줄이기 위해서는 이러한 숲의 분포에 변화를 줄 필요가 있다. 사실 소나무숲이 인가 주변에 많은 것은 사람들이 그 숲을 자주 간섭하여 경쟁이 약한 소나무들을 도와주었기 때문이다.

이제 그 간섭의 패턴을 바꾸어 소나무숲을 그 장소의 원주인인 참나무류를 비롯한 낙엽활엽수림으로 바꿀 필요가 있다. 그것이 산불피해를 줄여줄 수 있기 때문이다. 수년 전 LA 산불피해 시 불에 강한 상록활엽수로 생울타리를 한 집이 극심한 피해를 본 주변 가옥들과 달리 피해 없이 보존되었음을 상기할 필요가 있다.

〈사진 2-24〉 동해안 산불피해지 모습.

나아가 지역의 환경특성 및 그 변화에 대한 지속적 모니터링을 촉구하고 싶다. 월별 기상요인의 변화를 보면, 산불이 자주 그리고 크게 발생하는 4월에 바람이 특히 강하고 공중습도는 낮다. 여기에 기후변화의 영향이 더해지면서 바람의 강도는 더 강해지고 수분 수지는 악화하는 경향이다. 또 기온 상승에 따라 겨울 동안 강설량의 감소로 봄철 토양은 더 건조해지는 추세다. 이런 환경특성 변화가 산불 빈도를 늘리고 강도를 높이는 것이 세계적인 추세다.

생태학자들은 지구상에서 발생하는 이러한 변화를 관찰하는 창으로 장기 생태연구를 추진하며 그러한 변화를 관찰하고 그 결과를 토대로 앞으로 다가올지도 모르는 위험에 대비하고 있다.

그리고 최근에는 그 변화가 더 빨라져 과거의 생태계 차원의 변화 관찰 네트워크를 확장해 여러 생태계의 조합인 경관 나아가 대륙 차원의 관찰 네트워크까지 구축하여 가동하고 있다. 물론 우리나라의 얘기는 아니다.

우리나라는 2004년 환경부 지원으로 관찰 네트워크 구축과 함께 이러한 연구를 시작하였다. 그리고 그것은 총리실에서 주관하는 범부처 기후변화 대응전략 중 환경부 몫의 유일한 업무이다.

그러나 지금 그 업무는 유명무실해졌다. 지구의 변화를 관찰하는 창 중 대한민국의 창이 닫힌 꼴이다. 국제적 협조가 이루어지지 않는 것은 물론 우리도 그러한 정보로부터 혜택을 얻지 못해 피해를 보고 있다.

이제 다시 그 창을 열 때가 아닌가 싶다. 그 창을 활짝 열고 우리 주변에서 일어나는 환경 변화를 꼼꼼히 그리고 꾸준히 관찰하여 이번 산불과 같은 재해를 예측하여 대비하고, 그러한 재해가 의외로 발생하면 그 피해를 줄일 방법을 준비하여 대비할 필요가 있다.

지금 입은 피해를 철저히 복구하여 주민의 불편을 해소해주는 것은 물론 미래를 대비하는 준비도 꼭 챙겨주기를 당부한다.


## 18. 숲과 함께 평화도 가꾸는 나무 심기를 해보자

100년 전 정보를 분석하여 우리나라 숲의 모습을 그려보니 정말 믿기 어려울 정도로 산림이 황폐해 있었다. 그 시절의 사회경제적 여건상 난방이나 조리용 연료 채취, 퇴비, 가축 사료는 물론 농기구용 도구재까지도 대부분 산림에서 얻다 보니 산림이 그처럼 황폐해질 수밖에 없었을 것으로 짐작이 간다.

그런 황무지의 녹화가 시작된 것은 해방을 맞이하고 6·25 동란을 치르고 난 1950년대 후반부터이고, 본격적인 녹화는 1960년대와 1970년대에 걸쳐 이루어졌다. 그 시절의 녹화사업은 국가가 주관한 사업으로서 온 국민이 한마음이 되어 세계적으로도 인정받는 성공적인 녹화를 이루어냈다.

이처럼 일치단결된 국민의 마음이 본 사업을 성공으로 이끈 첫 번째 요인이고, 사회경제적 발전에 따른 연료 혁명이 또 다른 기여를 했다.

그 시대를 살아온 필자는 나무를 심는 것은 물론 시비와 해충 방제 활동까지 참여하며 지금의 숲을 이루어내는 데 일조하였기에 나름대로 자부심도 느끼고 있다. 그 후로도 필자는 생태학 전공을 살려 다양한 방법으로 나무 심기를 해왔다.

숨 가쁘게 진행된 산업화의 과정에서 발생한 대기오염 피해로 100년 전과 유사한 황무지로 변한 공업단지 주변에서는 심하게 산성화된 토양의 개량제를 개발하여 적용하고 대기오염에 내성을 갖는 식물 종을 선발 식재하여 숲을 이루어냈다. 만성적인 대기오염과 뒤이어 나타난 토양오염 피해로 쇠퇴 징후를 보이는 도시림에도 토양개량제를 적용하고 내성종을 도입하여 건전한 숲으로 바꾸어 보았다.

지하 깊숙한 곳에서 캐낸 양질의 석탄을 골라내고 산 위에 버려진 석탄 폐석이 흡수한 열 때문에 여름철이면 지표 온도가 70℃ 가까이 올라가는 폐광지 주변에서도 토양개량과 함께 내성 식물을 심어 숲에 가까운 모습을 끌어냈다.

〈사진 2-25〉 개성공업단지 주변 산의 황폐한 모습. 1960년대와 1970년대 대규모 국토녹화사업이 진행되기 전 우리나라 산림의 모습을 연상시키고 있다.(인터넷 다운로드)

지금은 나무를 심는 시기이고, 아직도 우리는 더 많은 숲이 필요하므로 여전히 나무를 심어야 한다. 그러나 여건이 크게 바뀌었기에 나무를 심는 방법은 달라져야 한다. 지금보다 녹화가 훨씬 시급하게 요구되었던 과거에는 나무를 심는 방법에 대해 깊이 고민할 여유조차 없었다.

그러나 지금의 상황은 그때만큼 절박하지는 않다. 게다가 지금 우리는 과거의 경험을 통해 축적한 지식과 정보를 구축해 놓고 있다. 올해 식목 행사는 그러한 정보를 활용하고 축적한 지식을 담아 보다 나은 생태계 서비스를 누리는, 특히 미세먼지를 줄이고 국제사회가 요구하는 기후변화 대응 전략을 충족시키는 나무 심기가 되기를 간절히 기원한다.

그러나 이 땅에는 아직도 과거의 방식으로라도 심을 만큼 나무 심기가 간절히 요구되는 곳도 있다. 바로 북녘땅이다. 그곳의 삼림은 100년 전의 모습과 너무도 닮았다. 그 땅이 받아들이기 어려운 비료를 주고 묘목을 제공하는 것보다 성공적인 녹화를 이루어낸 우리의 정보와 지식을 나누어주는 것이 성공적인 녹화를 이루어내는 데 보탬이 될 것이다.

마침 남과 북 사이에 '평화'라는 단어가 자주 들려오는 요즘이다. 숲속만큼 평화로운 곳도 드물다. 남과 북이 한마음으로 나무를 심으며 평화의 싹도 키우고 가꾸면 그 숲이 안정된 상태로 정착할 때쯤에는 이 땅에도 진정한 평화가 깃들 수 있을 것이다.


## 19. 사라져가는 한국 특산 구상나무 숲 체계적인 복원이 필요하다

요즘 한라산이나 지리산 정상부를 가면 죽은 나무들이 널려 있다. 그 대부분은 구상나무 고사목들이다. 구상나무는 전 세계에서 우리나라에만 자라는 한국 특산식물이다. 우리나라에서도 구상나무는 한라산, 지리산 등 몇몇 산의 정상부를 중심으로 제한된 장소에서만 자라고 있다.

최근 기후변화 및 그것이 유발하는 다양한 환경 변화는 이처럼 중요한 의미와 가치를 담은 수많은 구상나무를 죽음으로 몰아 우리나라 정부는 물론 국제자연보존연맹도 구상나무를 멸종위기종 또는 희귀식물로 지정하여 보호가 필요함을 강조하고 있다.

지금도 구상나무는 계속 죽어나가 고사목을 늘려가고 있지만 정부에서 추진하는 복원대책은 개념이 부족하고 체계적이지 못해 해당분야 전문가의 한 사람으로서 전문성을 갖춘 보존 및 복원대책을 강력히 호소하는 바이다.

필자는 기후조건에 근거하여 구상나무림을 과거의 분포한계(온난지수 55℃ 선), 현재의 분포범위 그리고 미래의 분포범위로 구분하여 그 숲의 동태를 분석한 결과, 과거의 분포 한계지에서는 이미 온대 숲인 신갈나무 숲으로 천이가 거의 완성된 상태이었다.

현재의 분포범위에 해당하는 장소에서의 분석 결과는 구상나무가 죽어 만들어진 숲 틈 사이로 산개벚지나무, 마가목, 주목, 사스래나무 등이 우선 침입하고 이어서 신갈나무가 침입하는 경향이었다. 이러한 경향으로부터 교란된 장소에 우선 천이 초기 종이 침입하여 구상나무 숲을 대체하고, 뒤이어 과거의 분포 한계지에서처럼 신갈나무 숲으로의 천이를 예상할 수 있다.

미래의 분포지에서는 당분간 구상나무림 숲의 유지 가능성이 예상되지만 교란 후 재생은 활발하지 않다. 따라서 이 지소부터는 구상나무 숲의 재생을 도울 방법이 요구된다. 여기서 더 높은 곳으로 올라가 구상나무 숲의 분포한계를 넘어서면 주목군락, 눈향나무군락, 초지 등이 나타난다.

여기에서는 기후변화를 피해 구상나무림의 이동을 도울 방법, 즉 도움 이동(assisted migration)이 요구된다. 눈향나무군락이나 초지에 구상나무를 바로 도입하는 것은 아직 이르다는 판단이 선다.

따라서 우선 주목군락쯤에 실험적 도입을 시도하고, 눈향나무군락이나 초지에는 주목을 도입하여 그들을 먼저 정착시킨 다음에 구상나무를 도입하는 단계적 복원이 바람직할 것이다. 실제로 선진국에서는 기후변화에 대응한 멸종위기 식물의 보존을 위해 이런 식의 복원을 추구하고 있다.

그리고 다른 지소에서의 복원은 조금 다른 차원에서 검토하고 싶다. 예를 들어 한라산의 경우는 과거 과도한 인간 간섭으로 아직 천이의 진행이 후기단계로 접어들지 않아 소나무군락이 성립되는 단계나 구상나무군락이 성립되는 단계에 있는 장소도 있다.

그중 후자의 장소를 구상나무 숲 복원 장소로 추천하고 싶다. 특히 그런 장소는 계류 변에 있음을 주목할 필요가 있다. 사실 한라산에서 구상나무의 고사 유형을 보면 뿌리가 뽑히는 유형이 많다. 이는 바람에 의한 피해가 컸음을 의미하는데, 이러한 결과는 기후변화에 기인하여 발생한 강한 바람이 구상나무 고사에 영향을 미쳤음을 의미하는 결과로 해석할 수 있다.

그리고 강한 바람의 영향을 받고 바로 고사하지 않는 경우도 뿌리가 손상을 입어 그 후 수분부족으로 고사하는 경우가 많다. 나아가 기온 상승에 따른 강설량

〈사진 2-26〉 한라산 정상부에서 바라본 구상나무 고사 모습.

감소, 이른 광합성의 시작으로 인한 수분 이용 증가, 기온 상승에 따른 증발량 증가, 가뭄 기간의 연장 등이 그들의 고사 원인으로 지적되고 있다.

따라서 그 복원은 수분 상태가 상대적으로 양호한 계류나 계곡을 중심으로 진행하는 것이 바람직할 것으로 판단된다. 그러나 여기에서의 복원도 철저히 이전 천이단계의 식물들과 혼식하는 방법이 구상나무의 활착과 생존율을 높이는 데 기여할 것으로 판단된다.

이처럼 구상나무 숲을 보존하고 훼손된 장소에서 복원하려면 검토해야 할 사항이 많다. 그러나 기본적으로 검토하여야 할 기

〈사진 2-27〉 한라산 정상부에서 구상나무 숲의 변화와 도움 이동 전략.

후 공간에 대한 검토조차 없이 이미 그들의 분포한계를 넘어선 곳에 도입하거나 함께 살아가는 숲의 구성원에 대한 신중한 검토 없이 구상나무만 불쑥 들여오는 시대에 뒤떨어진 방법으로 구상나무 조림을 하고 있다.

그러므로 큰 비용과 에너지를 투자하고도 구상나무 숲은 살아나지 않고 있다. 생태학적 지혜와 지식을 모아 지구상에서 사라질지 모르는 구상나무를 붙잡아 둘 필요가 있다.


## 20. 상처받은 평창올림픽, 자연 복원으로 마무리해야 한다

올림픽 기간 평창은 전 세계로부터 스포트라이트를 받았다. 그러나 현재

그곳은 관심을 받은 만큼 올림픽이 나은 상처가 자연 속에 고스란히 남아 있다. 더구나 그 상처는 지금 치유하지 않으면 앞으로 더 심한 상처로 남을 가능성이 커 그 복원에 뜻 있는 사람들의 관심이 집중되고 있다.

그러나 한편에서는 올림픽 시설을 그대로 유지하여야 한다는 주장도 제기되고 있어 자연훼손과 그것이 가져올 피해를 염려하는 전문가들의 우려를 낳고 있다. 우리는 자연으로부터 태어나 자연과 함께 살아가고 있지만, 그 속성과 그것이 주는 혜택에 대해서는 잘 이해하지 못하는 경우가 많다.

전국 여러 곳에 난 둘레길의 사례를 보면 이러한 우려가 과장된 것이 아님을 알 수 있다. 수년 전 제주에서 출발한 둘레길이 이제는 전국 어디를 가나 있다. 수많은 사람이 둘레길을 걸으며 현대문명에 지친 자신들의 몸과 마음을 치유하는 데는 관심을 가졌지만 그러한 치유를 주도하는 자연이 받는 상처에는 관심을 보이지 않는 사이 그곳은 외래종이 침입하는 통로로 기능하며 외래종 천국으로 변해가고 있다.

조만간 둘레길 주변은 물론 그것이 지나는 곳의 자연 깊숙이까지 그들이 침입해 들어가 우리의 고유 동·식물들을 몰아낼 기세다. 많은 전문가는 평창올림픽 시설 주변에서도 유사한 현상이 일어날 것으로 확신하기에 해당 지역의 자연복원을 주장하고 있다.

필자는 올림픽이 우리에게 즐거움을 선사하고, 한편으로는 우리의 기술력을 뽐내며 긍지를 심어준 만큼 이제 우리의 관심을 자연이 받은 상처로 돌려 그 상처를 보듬어주자고 제안한다.

더구나 올림픽 후 그 공간을 자연으로 되돌리는 것은 올림픽 시설을 준비하는 과정에서 이미 약속된 사항이다. 올림픽이 국가와 세계의 주요 행사임이 틀림없지만 자연 또한 국가는 물론 세계를 넘어 우리의 미래세대에까지 이어져야 할 중요한 생명 자원이기 때문이다.

올림픽이 국가의 중요한 대사라는 명제에 밀려 자연은 수백 년 이 땅을 지켜온 아름드리나무들이 이룬 숲의 자리를 양보하고 그 자리를 올림픽 시설이 대체하게 되었다. 그러나 이때 자연은 그냥 양보하지 않았다. 올림픽 이후 그 자리를 되돌려 받는 조건으로 양보를 하였다.

그러면 우리는 왜 자연에 대해 그런 보상을 하여야 하고 또 어떻게 보상을 하여야 할까? 강원도 그중에서도 올림픽 시설이 주로 들어선 평창과 정선 일대는 우리나라의 자연 중 가장 온전하고 건강한 모습을 갖추고 있는 곳이다. 맑은 물을 가진 하천과 산이 이어지고 그 산은 산자락, 중턱, 능선 그리고 정상이 조금의 끊어짐도 없이 연속되어 국내 최고의 양질 자연을 간직하고 있다.

그리고 그 장소에는 각각에 어울리는 식물들이 자리하여 수백 년을 넘게 살아온 큰 키 나무를 중심으로 중간키나무, 작은키나무 그리고 풀들이 어우러져 온전한 숲을 이루고 있다. 나아가 그 숲은 수많은 곤충, 새, 산짐승 등을 부양하고 숲을 기름지게 하는 미생물을 부양하여 건강한 숲을 이루고 있다.

〈사진 2-28〉 평창동계올림픽 경기장의 훼손된 산림 모습.

이러한 숲은 그곳을 거쳐 가는 물을 맑게 하고 공기를 정화하며 우리에게 필요한 생명 자원을 제공하고 있다. 또 그 안에는 우리들의 참살이 식단을 이루는 각종 산나물과 버섯도 담겨 있다. 이에 더하여 그곳에는 약용식물을 비롯하여 다양한 유용식물이 자라며 경제 규모로 반도체사업의 가치를 두 배 이상 넘어서며 우리의 장래를 밝게 해줄 바이오산업의 소재들이 자리 잡고 있다.

그러나 이처럼 중요하고 다양한 혜택을 제공할 자원을 지켜내려면 우리가 자연과 약속한 보상을 꼭 지켜야 하고, 그것을 바른 방법으로 실천하여야 한다. 보상은 자연 일부에 우리가 만들어낸 상처에 대한 치료이다.

우리 몸에 난 상처도 제때 치료하지 않으면 상처를 키울 수 있듯이 자연에 낸 상처도 마찬가지다. 바로 그리고 바르게 치료하여 남은 자연을 지켜내야 한다. 철거를 약속한 시설은 약속대로 처리하고 그곳을 원래의 자연으로 돌려놓아야 한다.

그리고 혹시라도 남겨 놓기로 약속한 시설이 있다면 그러한 시설의 가장자리에는 그 땅에 어울리는 자연을 보강하여 숲의 내부가 쉽게 들여다보이지 않는 보호 막이를 해주어야 한다. 그리하여 우리가 만들어낸 인공시설로 인해 바뀐 바람, 수분수지, 이물질 등의 영향을 줄여주어야 한다.

그리고 여기서 필자는 이러한 치료가 형식적인 것이 아니라 진심 어린 치료가 되어야 한다는 것을 강조하고 싶다. 진심 어린 치료는 자연이 원하는 방향으로의 치료이고 그것은 최고의 전문성을 갖춘 치료이다. 그것이 선진 시민의 도리이고, 올림픽의 진정한 마무리이다.


## 21. 대한민국 숲의 흥망성쇠

약 100년 전 우리나라의 모습을 담은 토지이용지도, 해방직후와 한국전쟁 후 우리나라의 모습을 담은 사진들 그리고 필자의 어린 시절 기억을 더듬어보면 우리나라의 산들은 숲을 찾아보기 힘들고 온통 벌거벗은 민둥산이었다. 따라서 비만 오면 온 강물이 붉게 물들곤 했다.

그렇던 우리 숲에 1970년대 초반부터 새바람이 불기 시작했다. 온 국민이 하나 되어 전국적으로 시작된 나무심기사업 때문이다. 이 사업에서는 나무를 심는 것에 그치지 않고 비료를 주는 작업은 물론 심은 나무의 경쟁자들을 조절해주는 작업과 함께 해충 제거 작업까지 해주면서 극진히 보살펴 세계적으로 드문 대규모 조림사업을 성공적으로 마무리하여 울창한 숲을 창조해냈다.

나무를 심고 가꾸면서 어른들께서 들려준 '나라의 나뭇잎 수는 그 나라의 돈의 양과 같다는' 말씀이 생각이 난다. 실제로 정성스레 심고 가꾼 나무들이 잘 자라 나뭇잎 수가 늘어나면서 우리나라의 경제 수준이 크게 높아졌으니 양자 사이의 관계를 확실하게 규명하기는 힘들어도 결과는 사실임을 확인시켜 주고 있다. 이 숲을 만들 때 우리들의 지식은 깊지 않았지만, 마음은 순수했고 성실함이 충만했기에 이 엄청난 사업을 성공적으로 이루어냈다는 생각이 든다.

⟨사진 2-29⟩ 사방사업 후 녹화 과정을 보여주는 사진(좌, 산림청). 서어나무, 느티나무 등이 어울려 형성한 울창한 오늘날의 숲(우, 조현제 박사 제공).

이처럼 온 국민이 힘을 합치고 정성스레 가꾼 숲이 오늘날 사라질 위기를 맞고 있다. 새로운 유형으로 등장하는 삼림쇠퇴 때문이다. 외국에서 연구된 자료를 참고하면 초기의 삼림쇠퇴는 대기오염의 직접적 피해로 출발하고 있다. 그 당시의 대기오염 수준은 오늘날과 비교할 수 없을 정도로 높은 수준이었기에 그것의 직접적 영향이 크게 작용했다. 우리나라에서도 훨씬 뒤의 일이지만 공업단지를 중심으로 그러한 경험을 했다.

그다음에 나타난 삼림쇠퇴는 발생체계가 다소 복잡하다. 농도는 낮아졌지만, 여전히 존재하는 대기오염과 그것이 빗물과 섞인 산성비가 내려 토양을 산성화시키면 일차적으로 토양에서 식물이 자라는 데 필수적으로 요구되는 영양소인 칼슘과 마그네슘이 세탁되어 사라지게 된다.

그다음 토양의 산성화가 더 진행되면 토양 속에서 알루미늄이 유리되면서 식물의 생장, 특히 뿌리 생장을 억제하며 토양으로부터 물과 영양염류 흡수를 원천봉쇄하게 된다. 이때 대기오염과 산성비는 식물의 잎 표면에서 수분 소실을 억제하기 위해 갖춘 왁스층을 벗겨내며 가뜩이나 부족한 수분을 앗아가고 그 상처를 통해 양분까지 빼앗아가면서 삼림을 쇠퇴로 몰아가고 있다. 이러한 메커니즘을 밝혀낸 연구자의 이름이 붙은 소위 Ulrich 가설이다.

우리나라에서 지금 진행 중인 숲의 쇠퇴 징후는 두 번째 삼림쇠퇴 작용과 흡사하지만 조금 다르다. 숲의 일인자 격인 큰키나무의 활력 도가 떨어지면서 시작되니 여전히 대기오염이 방아쇠 역할을 하는 것으로 보인다.

그러나 그다음의 과정이 차이를 보인다. 숲의 지붕을 이루는 큰키나무가 쇠약해진 틈을 타고 숲의 이인자 격인 중간키 나무들이 번성하더니 하늘에서 내려오는 빛을 독차지하며 일차적으로는 그 밑에서 자라는 진달래, 철쭉꽃 등 작은 키 나무의 번식을 방해하더니 결국에는 그들 모두를 사라지게 하고 있다. 그뿐만이 아니다. 그들보다 더 밑의 숲 바닥에서 자라는 풀들까지 자라지 못하게 하며 숲이 이루는 계층구조를 아예 망가뜨리고 있다. 중간키 나무의 과도한 번성이 숲 전체를 망가뜨리는 특이한 삼림쇠퇴 작용이다.

연구자로서 이처럼 특이한 현상을 찾아내었지만 전혀 기쁘지 않다. 오히려 그토록 어렵게 이루어낸 숲이 이처럼 허망하게 무너져 내리고 있으니 안타깝고 두렵기까지 하다. 앞서 민둥산을 울창한 숲으로 되돌려 놓은 것과 같은 동력이 아직 우리에게 남아 있을지 염려되기 때문이다.


## 22. 만연한 환경문제 이대로 살 수는 없지 않은가?

하루가 멀다고 환경문제가 터져 나오고 있다. 미세먼지 문제는 이제 우리 생활의 일상이 되어 있다. 중국에 할 말은 하여 미세먼지 문제를 해결하겠다던 정부의 외침은 사라진 지 오래고, 오히려 중국이 우리나라 미세먼지는 자체 발생한 것이라고 호통치는 상황이 되었다. 우리 정부가 어떤 정보를 가지고 대응할지 아니면 대응할 용기나 있는지 궁금하다.

생태적 체계에 어긋나 있는 구호지만 이 정부는 '사람과 동물이 함께 하는 세상'을 만들겠다고 국민과 약속했다. 그러나 정부의 지원금까지 받아가며 유기견을 모아 몰살시키는 현실이 과연 사람과 다른 동물이 조화롭게 공존하는 세상인지 묻고 싶다.

지속할 수 있는 발전을 기본으로 삼겠다는 환경부의 약속 또한 공허하다. 지속 가능한 발전의 의미는 '환경에 해를 끼치지 않으면서 경제발전을 이루어내는 것'이 핵심이다. 물론 여기에는 사회적 불평등을 해소하는 것도 포함된다.

그러나 환경부 차원에서는 환경 스트레스의 발생원과 그 흡수원 사이의 균형을 유지하는 것이 지속가능성을 확보하는 것이다. 각종 질병의 발생원은 물론 발암물질까지도 포함될 가능성이 큰 쓰레기 산이 우리 주변에 만들어지는 것은 우리의 환경정책이 지속할 수 있지 않다는 증거가 된다.

〈사진 2-30〉 비행기에서 내려다 본 서울 상공이 미세먼지로 가득 채워져 있다.

이산화탄소 문제도 마찬가지다. 현재 우리나라의 이산화탄소 발생량은 7억t에 접근하고 그 흡수량은 5000만t을 조금 넘는 수준이다. 발생량이 흡수량을 열 배도 넘고 있으니 전혀 지속할 수 있지 않다. 이러한 상황에 있기에 우리나라에서 확인되는 기후변화 징후는 세계 평균치와 비교해 두 배 이상 빠르게 진행되고 있다.

그런데도 정부는 이러한 상황을 감시하는 것조차 머뭇거리고 있다. 또 그 대책은 국제적인 흐름과 맥을 같이하지 못하고 있다. 태양에너지를 이용하는 것은 바람직하다.

그러나 태양광 집열판을 산에다 나무를 베어내고 설치하면 이산화탄소를 발생시키지 않고 친환경 에너지를 얻겠지만 한편에서 그 흡수원을 제거하여 흡수량을 줄이는 모순을 가져온다. 더구나 국제사회는 이제 이산화탄소 발생량 감축 정책을 넘어 발생량과 흡수량 사이의 균형을 요구하는 쪽으로 가닥을 잡아가고 있는 데도 말이다.

한때 우리의 간담을 서늘하게 했던 외래종 문제도 무방비상태에 가깝다. 그 연구수준은 국제수준에 크게 못 미치고 있음에도 연구의 진행은 거의 이루어지지 못하고 있다. 환경부는 특별한 이유도 없이 발표 평가까지 끝난 과제 선정을 1년가량 미루더니 연구비는 대폭 삭감되고 종합적 고찰이 요구되는 연구과제는 애초 계획과 달리 낱낱이 쪼개, 설사 그 과제가 성공적으로 마무리된다고 할지라도 외래종 확산 방지에 이바지할 수 있는 정보가 얼마나 구축될 수 있을지 시작부터 우려의 목소리가 터져 나오고 있다.

〈사진 2-31〉 외래종 가시박으로 덮인 금강의 세종시 구간.

그 사이 외래종은 유행처럼 번진 둘레길을 따라 퍼져 나가 이제는 국립공원까지도 외래종 천지로 변해가고 있다. 그러면서 그들은 우리 인간에게는 알레르기를 비롯한 질병을 유발하고, 자연에서는 생태적 다양성을 짓밟으며 우리 환경의 건강성과 안정성을 위협하는 존재로 자리를 잡아가고 있다.

계절과 관계없이 집 밖에 나가기가 두려운 현실이다. 마음 놓고 숨 쉬며 활동할 수 있는 환경은 언제쯤 우리 곁에 올까?


## 23. 변화하는 환경에 어울리는 나무 심기를 해보자

다시 나무를 심는 계절이 돌아왔다. 식목 행사는 삼국시대까지 거슬러 올라가는 오랜 역사가 있다. 삼국시대에는 삼국통일을 완수한 것을 기념하기 위해 나무를 심었다. 조선 시대에는 왕실 경작지에서 왕이 친히 경작하며 농사일의 시작을 알리는 식목 행사를 하였다.

1960년대와 1970년대에는 전 국민이 동참하는 대규모 녹화사업을 통해 국토를 재건하며 번영의 길로 나아가는 토대를 닦는 국민적 화합을 일구어 내는 나무 심기를 해왔다. 모두가 각각의 시대에 어울리는 나무 심기였고 나름대로 의미 있는 성과를 이루어냈다고 평가하고 싶다.

그렇다면 오늘날은 어떤 나무 심기를 하는 것이 이전의 나무 심기 행사처럼 시대에 어울리고 의미 있는 성과를 이루어낼 수 있을까? 요즘 우리나라 국민의 가장 큰 관심사 중의 하나는 미세먼지 문제이다. 이에 필자는 올해의 나무 심기는 미세먼지 흡수용 나무 심기가 이루어졌으면 한다. 그러면 미세먼지 흡수를 위한 나무 심기를 하려면 어떻게 하여야 할까?

인류세라는 새로운 지질시대가 자주 언급될 만큼 우리 인간은 우리가 사는 환경을 크게 변화시켜 왔다. 학자들은 생태적 균형을 유지하고 있던 자연을 농경지와 같은 반자연으로 나아가 도시와 같은 인위적 공간으로 전환한 결과, 기후가 달라지고, 토양환경이 달라졌으며 그것을 기반으로 삼은 생물의 종류가 달라진 것 등을 인류세의 증거로 제시하고 있다.

실제로 필자가 수집한 연구자료에 근거하면, 서울의 도심과 도시 외곽 사이에는 평균기온이 5℃ 이상 차이가 나 기후대가 달라지는 수준에 접근하고 있다. 그러한 변화는 나아가 바람의 방향에 변화를 주어 도시에서 발생하는 오염물질을 무게에 따라 거리를 다르게 나르면서 토양의 이화학적 성질을 변화시켰는데 그 차이가 모암이 달라질 정도로 컸다.

결과적으로 그곳에 사는 식물의 종류도 변화시켜 도심에서는 외래종이 주인 행세를 하고, 가스상 오염물질이 날아와 산성화된 도시 외곽의 산림은 그 안정성을 크게 위협받으며 쇠퇴해가고 있다. 여기에 근래 부쩍 늘어난 기후변화 기인 가뭄 피해가 더해지면서 숲의 존재 자체가 위협받는 실정이다. 게다가 요즘 우리를 괴롭히고 있는 미세먼지도 결국은 지상으로 떨어져 그러한 변화를 부추길 태세다.

이러한 환경에서 나무 심기는 과거의 방식과 크게 달라져야 한다. 그것은 더 자연의 체계와 달리 질서정연한 단순림을 이루어내는 인공조림의 형태가 되어서는 안 되고, 미관 다듬기에 치중하는 조경의 형태가 되어서도 안 된다. 그것은 변화하는 환경이 요구하는 나무 심기로 이루어내는 생태적 복원이 되어야 한다. 생태적 복원도 이름만 도용한 지금의 방법을 뛰어넘어 참복원을 이루어내야 한다.

학자들이 발표하는 연구 결과에 따르면, 오늘의 환경문제는 우리 인간이 주도한 환경 변화에서 출발하고 있다. 오염물질과 같은 환경 스트레스를 유발하는 인위 환경은 늘리고 그 스트레스를 완충하는 자연환경은 양적으로 줄이고 질적으로 그 기능을 약화해 양자 사이의 기능적 균형을 깨뜨린 결과다.

〈사진 2-32〉 외래식물을 제거하자는 플래카드를 걸어 놓고 외래식물을 심어 놓았다.

그러나 그렇다고 하여 환경을 전혀 변화시키지 않고 우리 삶을 이어갈 수도 없다. 대안으로 숲이 사라진 곳에 그 환경이 요구하는 숲을 이루어내고, 훼손되어 온전한 제 기능을 발휘하지 못하고 있는 숲을 정상의 모습과 기능을 갖춘 상태로 되돌리는 생태적 복원을 실천하여 그 균형을 회복하는 방법을 택할 수 있다.

변화하는 환경이 요구하는 나무 심기를 실천하여 우선 양적 측면에서 인위환경과 자연환경 사이의 균형을 되찾기 위한 시도를 해보자. 나아가 질적으로 부족한 부분을 메워내면 양자 사이의 균형을 되찾아 자연과 인간 사이의 조화로운 관계를 회복하며 우리 스스로가 자초한 환경문제에서 벗어나 보자.

## 24. 자연환경 복원 아직 '업'이나 '법'으로 지정할 만한 수준 아니다

건강하고 건전한 사회를 이루어내기 위해 무분별한 행위를 규제하는 법과 규범이 있듯이 자연을 건강하게 관리하기 위해서도 법과 제도가 필요하다. 인간의 무분별한 자연의 개발과 이용으로 자연이 파괴되고 질이 저하되어 인간 활동으로 발생하는 환경 스트레스와 자연의 정화능력 사이에 불균형이 심화하며 국지적 차원은 물론 지구적 차원에서도 환경의 지속가능성이 크게 위협받고 있다.

이에 선진사회에서는 인간 중심의 문화계에서는 기술적 진전을 이루어내고, 자연계에서는 자연의 기능을 보강하여 지속할 수 있는 환경을 이루어내기 위한 노력을 계속해 왔다. 그 결과 environmental Kuznets curve가 보여주듯이 경제발전에 비례하여 환경의 질이 떨어지던 것이 어느 단계에서 정점을 찍고, 그 이후에는 경제발전에 비례하여 환경의 질이 개선되는 성과를 이루어냈다.

자연계에서도 획기적 진전을 이루어 훼손된 자연을 치유하는 생태적 복원의 원칙과 방법을 정착시키고 있다. 아픈 자연을 진단하여 문제의 원인과 정도를 파악하고 나아가 기존에 축적해 온 생태정보와 주변의 건강하고 온전한 자연에 대한 정보를 조합하여 그것이 훼손되기 전의 모습을 재현한 다음 그것을 모델 삼아 아픈 자연을 치유하는 것은 물론 사라진 자연을 원모습에 가깝게 되돌려 놓으며 환경의 지속가능성에 접근해가고 있다.

〈사진 2-33〉 환경부로부터 수십억 원의 지원금을 받아 숲이 조성된 지역의 안내간판. 안내판에 적힌 내용은 생태학 교과서와 큰 차이를 보이고, 제시한 도입 식물은 이 장소의 생태적 특성과 어울리지 않는 식물들이다.

과거의 우리나라는 이러한 생태적 복원에서 선도적 역할을 한 증거들을 남기고 있다. 경남 함양에 있는 상림이 이들을 대표한다. 해당 지역의 기후는 물론 지형에도 어울리는 다양한 식물들이 모여 멋진 숲을 이어가고 있다.

그 역사적 기록에 따르면, 이 숲은 신라 시대 최치원 선생이 조성하였다고 한다. 아름드리 참나무들이 숲을 이루고 큰키나무, 중간키 나무 그리고 작은 키 나무들이 고르고 다양하게 어우러지고 그 바닥에는 다양한 종류의 풀들이 자라고 있으니 종 조성과 숲의 계층구조 모두 온전하고 건강하다.

이러한 DNA를 물려받고 태어난 우리지만 오늘날 우리가 만들어내는 자연은 대부분 자연과 거리가 먼 가짜 자연만 생산해내고 있다. 외래식물을 비롯해 도입하지 말아야 할 식물들을 도입하고, 스스로 법을 정해 옮겨 심어서는 안 된다고 규정한 희귀식물들도 마구 옮겨 심고 있다.

또 그들이 사는 장소에 대한 검토도 거의 이루어지지 않아 어떤 식물은 극심한 갈증으로 고통을 호소하는 반면에 다른 식물들은 과도하게 습한 장소에 심어져 호흡에 어려움을 겪고 있다. 이러한 여건에서 그들이 생태계 서비스 기능을 발휘하고 우리가 유발한 환경 스트레스를 해소하여 환경의 지속가능성을 보장해 줄 수는 없을 것이다.

**〈사진 2-34〉** 학문적으로 틀린 내용이기도 하지만 〈사진 2-33〉의 안내간판과 달리 산철쭉 밭이 조성되어 있다.

학문적 잣대를 적용해 평가해보면, 100점 만점에 60점 이하가 대부분이다. 교육의 기준을 적용해보면 학력 미달이고, 절대평가 기준에 대입해보면 낙제점수다. 이러한 수준으로 진행되는 자연환경복원을 '업'으로 지정하고, 나아가 '법'으로 정하여 제도화하려는 움직임이 있다.

오랜 세월에 거쳐 연구하고 다듬어 정해진 법도 지켜지지 않는 요즘이지만 이것은 정말 아니다. 학문적으로는 자연의 체계에 대한 이해가 아직 많이 부족하고, 사회적으로는 자연환경복원을 이루어낼 소재가 거의 준비되어 있지 않다. 아직 준비하여야 할 일이 많이 남아 있다. 법의 의미가 우리에게 새롭게 다가오는 요즘 아닌가?


## 25. 상처받은 석포의 자연복원 시급하다

석포의 자연은 온통 멍들어 있고 살점이 떨어져 나가듯 문드러져 가고 있다. 필자가 해당 지역을 인공위성의 눈을 빌리고 발로 뛰어 겉과 속의 모습을 모두 들여다보니 그 피해는 생각보다 심했다.

따라서 지금의 상태를 버려두면 그 상처는 되돌릴 수 없는 상태로 진행되고, 열차 탈선사고와 낙동강 수질오염으로 이미 경험하였듯이 그 파급효과도 눈덩이처럼 불어날 그것으로 예상한다. 그러나 상처받은 자연을 치유할 경우, 그 피해를 복구하는 것은 물론 파급효과도 막을 수 있어 시급한 자연복원을 제안하고자 한다.

그 피해가 가장 심한 '황폐 나지'는 그야말로 풀 한 포기 보이지 않고 돌가루로 덮인 맨땅이었다. 맨땅으로도 모자라 이제는 그 돌가루들이 비바람에 모두 씻겨나가고, 크기가 커 그 무게로 남아 있던 돌들마저 산 밑의 낙동강으로 쓸려 내려가며 기반암까지 나출(裸出)시킬 기세다. '극심 피해지'는 뱀고사리 정도가 제한된 공간에 살아남아 그 포기를 지켜내려고 안간힘을 쓰고 있다.

억새와 고사리가 부분적으로 들어와 함께 그 땅을 지켜보려고 애써 보지만 잎이 붉게 타들어 가며 제 생명을 유지하기도 버거워 보인다. '심피해지'에는 굴참나무, 신갈나무, 소나무, 생강나무, 철쭉꽃, 꼬리진달래 등이 남아 있지만, 공중으로 날아오는 대기오염물질이 두려워서인지 키는 낮추고 가지가 옆으로 자라는 모습이다.

그뿐만 아니라 잎에는 오염물질이 가져다준 상처가 널려 있고 잎의 색이 누렇게 변하는 것은 기본이다. '중간피해지'에서는 앞서 언급한 식물들의 키가 커져 있지만 가지 끝이 말라 죽는 상처가 여기저기 눈에 띈다. 그들이 이룬 숲속을 들여다보면, 과거에 생을 마감한 식물의 사체들이 널려 있어 과거의 오염피해 실상을 짐작하게 한다. 죽은 식물은 살아있는 식물과 비교해 유연성이 크게 떨어져 그 숲을 헤집고 다닌 필자의 다리와 허벅지에 의미를 알 수 없는 많은 그림을 남겨 놓고 있다.

'경피해지'는 얼핏 보기에 피해가 없어 보이지만 잎의 색이 많이 탈색되어 있고 노화도 빨리 찾아와 단풍 시기가 당겨지고 있다. 기계의 힘을 빌려

보면 엽록소 함량이 크게 줄어 있다. 또 숲속을 들여다보면 그 구조가 매우 단순하다. 이렇게 숲의 구조가 단순한 이유를 아직 그 속에 남아 있는 고사체들이 답해 주고 있다.

흙이 가진 성질을 분석해 보니 피해가 심한 곳에서는 산도가 높고 식물들이 필요로 하는 칼슘과 마그네슘 함량은 낮았으며 알루미늄과 같은 독성 이온의 농도는 높았다. 희망적인 정보도 있다. 대기 중 오염물질 농도가 크게 높지 않은 것이다. 이 정도 농도에서 식물들이 죽어 나가지는 않는다. 그래서 문제가 복잡해지고 있다.

어떤 사람들은 석포제련소 주변에서 발생한 생태계 피해가 제련소에서 배출한 오염물질 때문이라고 주장하는 반면에 제련소 측 사람들은 그 피해를 제련소 측이 유발했음을 부정하고 피해를 유발한 근거를 대라고 주장하고 있다.

환경 개선에서 여러 가지 기술적 진화를 이루어 낸 오늘날 측정되는 대기오염물질 농도로는 식생 피해의 근거로 삼기 부족하고 과거에는 이러한 자료를 수집하지 않았기 때문에 피해규명이 애매하다. 그러나 여전히 의미 있는 과학적 방법인 주변 지역과 비교된 식생 피해, 토양오염 실태 그리고 국내·외의 유사사례를 분석해 보면, 이러한 피해의 원인을 석포제련소에서 제공하였음은 자명하다.

따라서 이제 소모적인 논쟁을 마무리하고 이 땅의 자연을 살려내는 일에 우리의 지혜를 모았으면 한다. 그래야 상처받은 자연도 살아나고 되살아난 자연이 발휘하는 생태계 서비스의 혜택으로 이곳에 함께 사는 지연 주변의 건강도 지켜낼 수 있기 때문이다.

시간이 흐를수록 상처 입은 자연을 되살리는 일은 더 힘들어지고 불가능해질 수도 있다. 더 늦기 전에 행동을 요구하고 싶다.

## 26. 석포제련소 주변 생태계 방치는 국가의 직무유기다

경상북도 봉화군 석포면 석포리 일원 ㈜영풍제련소가 위치한 지역의 지형은 가파르고 험했다. 수세가 좋지 않고 다수가 말라 죽어 있지만 곧게 뻗은 아름드리 소나무가 보이고 지형이 막아준 덕분에 혹독한 대기오염으로부터 벗어난 계곡에는 층층나무, 가래나무 등이 중심이 된 활엽수림도 보이고 있다.

인간이 나눈 행정구역 상으로는 경상북도에 편입되어 있지만 자연이 보여주는 이런 모습으로는 강원도로 부르는 것이 더 어울린다. 그만큼 풍요로운 자연을 유지할만한 잠재능력을 가지고 있다는 의미다.

그러나 지금 이곳의 자연은 너무도 안타까운 모습으로 변해 있다. 석포의 자연은 온통 멍들어 있고 살점이 떨어져 나가듯 문드러져 가고 있다.

필자가 해당지역을 인공위성의 눈을 빌리고 발로 뛰어 겉과 속의 모습을 모두 들여다보니 그 피해는 생각보다 심했다. 따라서 지금의 상태를 방치할 경우 그 상처는 되돌릴 수 없는 상태로 진행되고, 열차 탈선사고와 낙동강 수질오염으로 이미 경험하였듯이 그 파급효과도 눈덩이처럼 불어날 것으로 예상된다.

〈사진 2-35〉 석포제련소 주변 산림의 피해 모습.

〈사진 2-36〉 극심한 대기 및 토양오염으로 생태계가 파괴되어 맨땅이 노출되어 있다.

그러나 상처받은 자연을 치유할 경우, 그 피해를 회복하는 것은 물론 파급효과도 막을 수 있어 시급한 자연복원을 제안하고자 한다.

그 피해가 가장 심한 '황폐나지'는 그야말로 풀 한포기 보이지 않고 돌가루로 덮인 맨땅이었다(사진 2-36). 맨땅으로도 모자라 이제는 그 돌가루들이 비바람에 모두 씻겨나가고, 크기가 커 그 무게로 남아 있던 돌들마저 산밑의 낙동강으로 쓸려 내려가며 기반암까지 나출시킬 기세다.

'극심피해지'는 뱀고사리 정도가 제한된 공간에 살아남아 그 포기를 지켜내려고 안간힘을 쓰고 있다(사진 2-37,38).

〈사진 2-37〉 극심피해지의 모습. 대부분의 식물들이 죽고 뱀고사리 정도만 남아 있다.

〈사진 2-38〉 극심피해지에서 살아남은 뱀고사리와 억새의 모습.

〈사진 2-39〉 심피해지의 모습.

〈사진 2-40〉 극심한 대기오염으로 높이생장을 하지못하고 덩굴식물처럼 옆으로 자라는 졸참나무. 그나마 가지 끝은 더 큰 피해로 말라죽어 있다.

뱀고사리와 억새가 부분적으로 들어와 함께 그 땅을 지켜보려고 애써 보지만 잎이 붉게 타들어가며 제 생명을 유지하기도 버거워 보인다(사진 2-38). '심피해지'에는 굴참나무, 신갈나무, 소나무, 생강나무, 철쭉꽃, 꼬리진달래 등이 남아있지만(사진 2-39) 공중으로 날아오는 대기오염물질이 두려워서인지 키는 낮추고 가지가 옆으로 자라는 모습이다(사진 2-40).

뿐만 아니라 잎에는 오염물질이 가져다 준 상처가 널려 있고 잎의 색이 누렇게 변하는 것은 기본이다(사진 2-41). '중간피해지'에서는 앞서 언급한 식물들의 키가 커져 있지만 가지 끝이 말라죽는 상처가 여기저기 눈에 띈다. 그들이 이룬 숲 속을 들여다보면, 과거에 생을 마감한 식물의 사체들이 널려 있어 과거의 오염피해 실상을 짐작케 한다(사진 2-42).

죽은 식물은 살아있는 식물과 비교해 유연성이 크게 떨어져 그 숲을 헤집고 다닌 필자의 다리와 허벅지에 의미를 알 수 없는 많은 그림을 남겨 놓고 있다. '경피해지'는 얼핏 보기에 피해가 없어 보이지만 잎의 색이 많이 탈색되어 있고 노화도 빨리 찾아와 단풍시기가 당겨지고 있다(사진 2-43). 기계의 힘을 빌려보면 엽록소 함량이 크게 줄어 있다.

〈사진 2-41〉 대기오염 피해로 잎이 타들어가는 생강나무.

〈사진 2-42〉 중간피해지의 모습. 임상식생이 빈약하다.

또 숲속을 들여다보면 그 구조가 매우 단순하다. 이렇게 숲의 구조가 단순한 이유를 아직 그 속에 남아 있는 고사체들이 답해 주고 있다.

흙이 가진 성질을 분석해보니 피해가 심한 곳에서는 산도가 높고 식물들이 필요로 하는 칼슘과 마그네슘함량은 낮았으며 알루미늄과 같은 독성이온의 농도는 높았다. 희망적인 정보도 있다. 대기 중 오염물질 농도가 크게 높지 않은 것이다. 이 정도 농도에서 식물들이 죽어나가지는 않는다. 그래서 문제가 복잡해지고 있다.

〈사진 2-43〉 경피해지의 모습. 임상식생이 빈약하고 숲의 바닥에는 과거에 죽은 나무들이 널려 있다.

## 1) 누가 이 지역의 자연을 이 지경으로 파괴시켰는가?

어떤 사람들은 석포제련소 주변에서 발생한 생태계 피해가 제련소에서 배출한 오염물질 때문이라고 주장하는 반면 제련소측 사람들은 그 피해를 제련소측이 유발했음을 부정하고 피해를 유발한 근거를 대라고 주장하고 있다. 환경개선에서 여러 가지 기술적 진화를 이루어 낸 오늘날 측정되는 대기오염물질 농도로는 식생피해의 근거로 삼기 부족하고 과거에는 이러한 자료를 수집하지 않았기 때문에 피해규명이 애매하다.

그러나 여전히 의미있는 과학적 방법인 주변 지역과 비교된 식생 피해, 토양오염 실태 그리고 국내·외의 유사사례를 분석해보면, 이러한 피해의 원인을 석포제련소에서 제공하였음은 자명하다.

따라서 이제 소모적인 논쟁을 마무리하고 이 땅의 자연을 살려내는 일에 우리의 지혜를 모았으면 한다. 그래야 상처받은 자연도 살아나고 되살아난 자연이 발휘하는 생태계서비스의 혜택으로 이곳에 함께 사는 지역 주민의 건강도 지켜낼 수 있기 때문이다. 시간이 흐를수록 상처입은 자연을 되살리는 일은 더 힘들어지고 불가능해질 수도 있다. 더 늦기 전에 행동을 요구하고 싶다.

### 2) 왜 생태복원을 해야 하는가?

파괴된 자연을 본래의 모습으로 되돌려 놓는 것을 전공으로 심고 있는 필자의 눈에 이곳은 '생태지옥'으로 연상되었다. 울창한 숲으로 덮여 있어야 할 이곳이 큰키나무는 물론 중간 키 나무와 작은 키 나무까지 모두 죽어 사라지고 곳에 따라서는 풀까지 제련소에서 발생한 대기오염과 뒤이어 발생한 토양오염으로 죽어 벌겋게 맨 땅이 드러나 있다.

〈사진 2-44〉 산사태로 온 산이 무너져 내리고 있다.

그렇다 보니 여기저기서 산사태가 발생하고(사진 2-44) 급기야는 열차탈선사고까지 불러 일으켰다. 1930년대 극심한 대기오염으로 수천 명의 목숨을 앗아간 뮤즈계곡 사건, 구리제련소에서 배출한 대기오염물질로 수십 km에 걸쳐 생태계가 초토화되었던 캐나다의 서드버리 지역, 산림의 장승곡이라고까지 불리며 전 세계를 떠들썩하게 했던 북유럽의 산림쇠퇴

지역을 그대로 옮겨 놓은 듯한 모습이다. 그러나 이들 지역은 모두 1980년대 이전의 모습들인데 21세기가 되고도 18년이 더 흐른 오늘 석포의 자연은 이처럼 후진적 오염피해를 보여주고 있다.

또 하나 차이가 있다. 앞서 언급한 지역들은 모두 그런 아픔을 딛고 일어서 문제의 원인을 철저히 분석하고 해석하여 그 피해를 회복하는 방법을 찾아내 훼손된 생태계를 본래의 모습으로 되돌리는 새로운 학문 분야로서 복원생태학을 탄생시켰다. 나아가 그 이론을 바탕 삼아 학계와 일반 시민이 하나가 되어 세계적으로 주목받는 생태적 복원 사례를 이루어냈다.

그 결과 오염으로 죽어가던 자연과 사람을 살려내고, 국제적으로 오염지역을 상징하던 지역의 이름은 성공적인 생태복원을 실현한 지역으로 차원이 다른 주목을 받으며 지역의 이미지를 완전히 새롭게 자리매김하는 덤까지 얻고 있다.

〈사진 2-45〉 온전한 자연의 체계를 모방하여 훼손된 자연을 회복하여 자발적 유지가 가능한 생태계를 이루어내는 의미를 갖는 복원이라는 이름으로 사업을 벌이고 농작물(조. 위)과 하천변에 자라는 비수리(아래)를 심어놓고 있다.

그러나 지금 석포주변에서는 이러한 문제에 어떻게 대처하고 있을까? 오염피해를 책임져야 할 업주는 면피용 복구사업이나 벌이며 책임을 회피하기 급급하고, 해당분야 지식도 일천한 얼치기 전문가(?)는 업주에게 알량한 지식을 팔아 피해지역 자연에 부가적인 피해를 가하고 있으며(사진 2-45), 오염피해의 원인을 찾아내 문제를 근본적으로 해결하겠다고 선언한 어떤 집단은 문제 해결보다는 누구를 인민재판에 세울 것인가에 더 집착하는 모습이다.

　이런 문제가 발생하지 않도록 사전에 관리하고 감독하여야 할 정부의 태도는 어떤가? 책임을 회피하려는 모습이 업주의 태도와 크게 다르지 않다. 혹시라도 튕겨올지 모르는 불똥을 피하기 급급한 모습이다. 그렇다보니 국민의 혈세를 써가면서 수행한 연구 결과지만 발표조차 하지 못하고 있다.

　이러한 정부를 감시하여야 할 국회는 또 어떤가? 매년 진행되는 국정감사지만 학교로 치면 성적 향상을 위해 내준 숙제 검사와 기말고사를 통해 학생들의 성적 평가와 함께 나아갈 방향을 짚어줘야 하지만 무슨 숙제를 냈는지 모르고 시험문제도 준비하지 않아 학생지도를 포기한 형국이다.

　유사한 문제를 가졌었지만 그것을 슬기롭게 극복한 선진국의 사례처럼 열린 마음과 전문지식을 갖춘 시민과 전문가의 지혜, 기업과 정부의 재정적 지원 그리고 국회의 제도적 지원을 모아 '생태지옥'을 '생태천국'으로 바꾸어야 하지 않겠습니까? 그것이 '사람과 자연이 공생하는 국토 환경'을 조성하겠다는 슬로건에 대한 최소한의 예의다.

## 3) 생태복원을 해야 하는 또 하나의 이유

　석포제련소의 오염물질 배출이 세상의 주목을 받은 덕분에 낙동강 상류의 하천을 상세히 조사할 기회를 가졌다. 조사를 해보니 이곳의 하천은 우리나라에서 거의 유일하게 자연하천의 모습을 비교적 온전하게 간직하고 있었다. 수로는 구불구불 불규칙적으로 흐르고, 그 안에 담겨 있는 바위와 돌이 그 흐름에 변화를 주면서 다양한 미지형 또한 연출하여 고도의 생태 다양성을 유지하고 있다.

　이런 자연하천 단면을 유지하고 있기에 강변식생의 배열 또한 온전함 그 자체였다. 물이 휘감기는 구간에서 물이 부딪치는 부분에는 급한 단면이 만들어져 물푸레나무, 가래나무, 신나무, 소나무 등 큰키나무가 바로 출현하고, 급경사 암반에는 돌단풍이 붙어나며 그곳에 틈이 생기면 비비추, 산철쭉, 참나리 등도 어우러지며 멋진 생태정원을 이루어낸다. 그 반대편 활주단면에는 보다 다양한 식생이 성립해 있다.

우리나라는 매년 홍수기를 경험하는 몬순기후이기에 그 영향으로 수로 변에 백사장은 필연적으로 보인다. 그 다음에는 명아자여뀌를 중심으로 한 일년생식물이 이룬 초본식생대가 보이고, 뒤이어 달뿌리풀이 이룬 다년생 초본식생대, 갯버들이 중심이 되어 이

〈사진 2-46〉 온전한 강변식생을 보유하고 있는 석포제 련소 주변의 자연하천 모습.

룬 관목식생대, 버드나무, 신나무, 오리나무 등이 이룬 교목 식생대가 이어지며 강변식생을 완벽하게 마무리하고 있다(사진 2-46).

나아가 이들은 가래나무, 귀룽나무, 층층나무, 물푸레나무, 갈참나무, 졸참나무 등으로 이루어진 산림식생과도 끊어짐 없는 연결을 이어가며 온전하고 건강한 자연 경관의 모델을 이루어내고 있다. 이처럼 귀중한 자연하천을 지켜내야 전국에 널려 있는 병든 하천을 고칠 정보라도 확보할 수 있다.

## 27. 생태계 교란 생물 종 지정 신중한 검토가 요구된다

얼마 전 환경부는 환삼덩굴을 생태계 교란 생물 종으로 지정한 바 있다. 그러나 그 결정은 환삼덩굴은 물론 그 식물이 사는 환경에 대한 깊이 있는 이해가 부족한 상태에서 이루어진 것으로서 신중한 재검토가 요구된다.

환삼덩굴은 장마철 홍수가 지나간 자리에 단골로 등장하는 식물이다. 또 하천에 가까운 장소로서 우리 인간의 간섭으로 맨땅을 드러내 놓으면 이곳에도 거의 단골로 등장하고, 농경 폐기물을 버린 쓰레기 더미에도 자주 등장한다.

생태계는 어떤 장소에 어울려 사는 식물, 동물 그리고 미생물이 어울려 이루어 낸 생물집단과 그들이 사는 서식처가 조합된 것을 말한다. 교란은 생태계, 여러 종의 생물이 조합된 군집 또는 한 종의 생물이 이룬 집합체인 개체군의 구조를 파괴하고 그 환경을 변화시키는 사건, 생태계의 구조와 기능이 일상적인 변동범위를 벗어나게 하는 것 등으로 정의된다.

앞서 언급하였듯이 환삼덩굴은 홍수로 인해 교란된 하천의 범람원에 들어와 교란된 강변 생태계를 일시적으로 안정시키는 데 이바지하고 자신의 역할이 끝나면 다른 식물에 그 자리를 물려주고 떠나는 전형적인 천이 초기 식물이다.

그러나 홍수 외에 다른 교란이 지속해서 발생하면 환삼덩굴은 그곳에 계속 머물며 그 생태계가 더 망가지는 것을 막는 데 중요한 역할을 하고 있다. 현장을 방문해보면 우리는 이처럼 환삼덩굴이 생태계를 교란하는 식물이 아니라 교란된 생태계를 회복시키는 데 이바지하는 식물 종이라는 것을 쉽게 알 수 있다.

자연을 이루는 기본단위로서 생태계에는 다양한 생물들이 각자 소임을 충실히 하고 그것을 통해 서로 도우며 살아가고 있다. 그 역할을 바르게 이해할 때 우리는 우리의 환경을 건전하게 유지할 수 있다. 그러나 그 체계를 바르게 이해하지 못하면 오늘날 우리가 경험하는 것처럼 여러 가지 환경문제로 어려움을 겪게 된다.

어떤 지역 또는 장소에서 환삼덩굴이 과도하게 번성한다는 것은 환삼덩굴이 그 생태계를 교란하는 것이 아니라 우리가 환경관리를 제대로 하지 못해 더 망가질 우려가 있으니 그들이 나서 그것을 막아주고자 번성하는 것이다. 환삼덩굴 같은 일년생식물은 수명이 짧다. 따라서 그들이 침입한다고 해도 그 환경이 제대로 된 체계만 유지하고 있다면 그보다 수명이 길고 경쟁력이 있는 다른 식물에 밀려 곧 그 장소를 떠나기 마련이다.

그러나 그 식물을 생태계 교란종으로 잘못 인식하여 그들을 인위적으로 제거하면서 그 장소를 계속 교란하면 그 식물은 그 장소에 더 오래 머물며 우리를 성가시게 할 것이다. 나아가 그보다 더 공격적이며 더 큰 문제를 일으키는 식물들로 그들과 유사한 장소에 자라는 외래식물 가시박, 단풍잎돼지풀, 돼지풀, 미국쑥부쟁이, 양미역취 등이 침입하여 돌이키기 힘들 정도로 생태계를 파괴하고 우리 인간에게도 더 큰 피해를 유발하게 될 것이다.

〈사진 2-46〉 최근 생태계교란생물종으로 지정된 환삼덩굴. 전문가의 관점에서 환삼덩굴은 생태계를 교란하기 보다는 교란된 생태계를 치유하는 식물이다.

우리는 이미 이런 경험을 한 바 있다. 아까시나무를 통해서다. 과거 과도한 이용으로 파괴된 산림을 복구하기 위해 도입된 아까시나무 조림지는 조림 후 더 간섭하지 않고 그대로 두면 우리나라에 자생하는 식물들이 이루는 숲으로 자연 천이가 된다. 대체로 50년 이내에 그러한 천이가 완성된다.

그러나 우리는 이 숲을 빨리 바꾸어 보려고 서두른 적이 있다. 그런 사업의 영향을 받지 않은 주변의 아까시나무 숲은 이미 우리나라 고유의 참나무 숲으로 바뀌어 있지만 현명하지 못한 인간의 간섭을 받은 아까시나무 숲은 여전히 유지되고 있을 뿐만 아니라 그 안에는 가중나무, 서양등골나무, 미국자리공 등까지 번성하며 그 자리를 외래종 천국으로 만들고 있다.

자연이 스스로 치유하는 능력을 갖추고 있음은 생태학자들에 의해 1세기 이상의 천이 연구를 통해 이미 밝혀진 바 있다. 자연에서 일어나는 문제는 자연의 과정에 맡기는 것이 제일 나은 방법이다. 차선책은 자연의 과정에 대한 철저한 이해에 바탕을 둔 관리가 되어야 한다. 그 답은 언제나 현장에 있다.


## 28. 인류세의 도래와 그 증거

인류가 지구상에서 살아오면서 남긴 우리 삶의 흔적이 우리가 지구상에서 사라진다고 해도 지구의 지질학적 기록으로 남아 있을 만큼 뚜렷하게 자리 잡고 있다. 이처럼 지구환경에 대한 인간의 영향이 매우 커 홀로세로부터 인류세로 지질시대의 변화가 일어나고 있다는 주장이 과학자들로부터 설득력 있게 제기되고 있다.

그 흔적으로 학자들은 다음과 같이 7가지 증거를 들고 있다. 수많은 핵실험을 통해 지구 곳곳으로 퍼진 방사성 물질을 첫 번째 증거로 들고 있다.

그 흔적은 C-14 및 plutium-239 같은 동위원소의 존재를 통해 확인할 수 있다.

두 번째 증거로는 화석연료 사용 증가에 따라 탄소 배출 속도가 증가하여 나타난 이산화탄소 농도 증가를 들고 있다. 지구상에 존재하지 않던 새로운 물질이 등장한 것도 하나의 증거가 된다. 우리가 매일 사용하는 콘크리트, 플라스틱과 알루미늄이 그들을 대표한다.

콘크리트는 로마 시대 이후 계속 사용해 와 그 양을 모두 합치면 지면 1㎡당 1kg이 쌓일 정도로 많이 사용해 왔다. 플라스틱은 1900년대에 처음 개발되어 1950년대 이후 그 사용량이 크게 늘어 오늘날은 세계 어느 곳의 퇴적물에도 존재할 정도로 인류세의 분명한 증거가 되고 있다.

알루미늄도 지하 깊숙이 자리 잡고 있어 19세기 이전에는 원소 형태로 알려지지도 않았지만 우리는 지금까지 5억 톤가량을 생산해 사용하여 그것을 지구표면에 남기고 있다. 지구표면의 50% 이상에서 진행된 토지이용전환은 지질학적 변화를 유도하였다. 삼림파괴, 농업 활동, 천공, 채광, 매립, 댐 건설 등이 이를 대표한다. 질소와 인 비료가 대표하는 비료사용량 증가도 중요한 용인으로 지표면에서 그 양을 많이 증가시키며 변화를 주도했다.

지난 세기 동안 지구의 기온은 0.6~0.9℃ 증가하였는데 이는 홀로세에 일어난 기온의 자연변동 폭을 넘어서는 것으로서 큰 변화를 가져왔다. 그것에 기인한 해수면 상승 또한 최근 1만5000년 동안 가장 빠른 것으로서 새로운 지질시대 도래의 증거로 삼을 수 있다.

오늘날 지구상에서는 생물 종이 빠르게 사라지고 있다. 이러한 대멸종의 배경에는 앞서 언급한 인류세의 증거들이 자리 잡고 있다. 지금까지 지구의 역사에서 5번의 대멸종이 있었는데 그러한 대멸종은 언제나 지질시대의 변화와 연관되었다. 그런 점에서 대멸종은 새로운 시대 도래의 가장 확실한 증거가 된다.

이상에서 살펴본 바와 같이 새로운 지질시대, 즉 인류세 도래의 증거로 핵실험으로 증가한 방사성 물질, 이산화탄소 농도 증가 및 탄소 조성 변화, 새로운 물질의 출현, 토지이용전환에 따른 지질 변화, 비료 사용량 증가로 인한 지화 학적 변화, 지구온난화 및 대멸종이 제기되고 있다.

서울은 지질시대만큼은 아니더라도 오랫동안 인간 간섭의 지배를 받아 온 대한민국의 수도이다. 중심부를 가로질러 흐르는 한강을 중심으로 그 북쪽은 화강암, 그리고 남쪽은 편마암이 모암을 이루고 강가는 충적토가 그 바탕을 이루고 있다. 지형은 주변이 높고 낮은 산들로 둘러싸인 전형적인 분지로서 인간 간섭의 영향이 증폭될 수 있는 조건을 갖추고 있다.

그 면적은 605㎢이고 인구는 1000만 명이 넘어 그 밀도는 당연히 세계 최고 수준이다. 이처럼 높은 인구밀도 때문에 토지 이용 강도가 높아 평지와 산지 저지대에 성립한 경관 요소는 대부분 주거지를 비롯한 인위적 요소로 대체되어 있다. 따라서 환경 스트레스의 발생원으로서 인위환경과 그 고정원으로서 자연환경 사이의 기능적 불균형이 매우 심한 상태에 놓여 있다.

게다가 자연요소로서의 녹지는 주로 그린벨트로 지정된 도시의 외곽에 한정되어 있고, 도심은 온통 콘크리트 및 아스팔트 포장 면으로 덮여 있다. 따라서 도심과 외곽 사이에는 기후대가 달라질 정도로 기온 차이를 보이는 극심한 열섬현상이 일상화되어 있다.

이러한 기후 차이는 식물의 생활에도 그대로 반영되어 있다. 식물이 보이는 계절 현상을 가장 오래전부터 관찰해 온 벚꽃을 대상으로 그 개화일을 도심과 외곽 사이에 비교하면, 일주일 정도의 차이를 보인다. 이러한 차

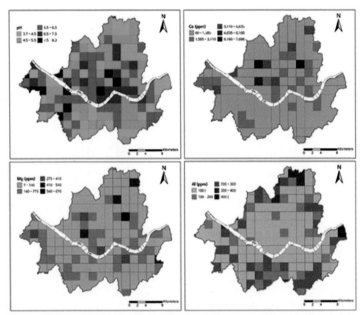

〈그림 2-7〉 서울에서 토양의 이화학적 특성의 공간 분포. 도심과 도시 외곽 사이에
토양의 pH 차이가 3 이상으로 모암이 다른 토양만큼 큰 차이를 보이고 있다. 식물의
생육에 도움이 되는 칼슘과 마그네슘 함량은 도심에서 높고 외곽에서 낮다. 반면에 식
물의 생육에 지장을 초래할 수 있는 알루미늄함량은 이와 반대로 도심에서 낮고 도시
외곽에서 높다(정성희 박사학위논문).

이를 후프켄스(Hufkens) 등이 제시한 식물 계절 현상의 위도 별 차이를 설
명하는 등식에 적용해 보면 이 또한 기후대가 달라질 정도의 큰 차이에 해
당한다.

이처럼 국지적 기온 차이가 기후대가 다를 정도로 큰 차이를 보이고 그
것이 식물의 생활사에까지 반영되어 투영되는 것은 서울에서 확인되는 첫
번째 인류세의 증거로 삼을 수 있다.

녹지의 불균등분포가 가져오는 또 하나의 영향은 환경 스트레스의 발생
원과 흡수원 사이의 기능적 불균형으로 발생한 나머지 스트레스가 그 내부

에 누적되는 것이다. 그 영향은 토양에 그대로 반영되어 도심은 알칼리화가 진행되어 있고, 도시 외곽은 산성화가 심하게 진행되어 양자 사이의 pH 차이는 모암이 다른 토양에서 보이는 차이 못지않게 큰 차이를 보인다.

토양의 다른 이화학적 특성이 보이는 차이는 pH 차이와 맥락을 같이하고 있다. 모암이 다르다는 것은 지질시대의 차이를 반영하는 것으로서 서울의 제한된 공간에서 나타난 이러한 토양의 이화학적 특성의 차이는 또 다른 인류세의 증거로 삼을 수 있다.

앞서 언급한 기후와 토양의 변화는 식생의 조성은 물론 식물 종의 변화도 끌어내고 있다. 서울의 식생은 온대 낙엽활엽수림대에 속한다. 따라서 그 식생은 참나무류를 중심으로 하는 낙엽활엽수림이 주요 식생을 이루고 있다.

그러나 오랜 인간 간섭의 영향과 소나무를 중시하는 철학적 배경이 함께 작용하여 소나무숲 또한 넓은 면적을 차지하고 있다. 아시아 몬순 기후대에 속하는 서울의 기후는 강수량의 극심한 불균등분포를 보인다.

특히 봄철의 가뭄은 극심하여 참나무류의 생육을 심하게 제한하며 소나무에 대하여 경쟁적 우위를 유지하는 데 장애 요인으로 작용하고 있다. 지형 및 토지 특성상 건조한 바위산의 능선부에서는 특히 경쟁력의 역전현상이 발생하여 소나무숲이 지속해서 유지되고 있다.

서울에서 진행된 천이는 다른 지역과 차이를 보이지 않아 초지, 관목림지 그리고 소나무가 우점하는 양수림을 거쳐 참나무가 중심이 된 천이후기림으로 이어졌다. 최근 서울에서는 자연환경과 인위 환경 사이의 기능적 불균형이 원인이 되어 발생한 대기오염, 토양오염, 미기후 변화 등이 복합적으로 작용하여 천이 후기 식생이 쇠퇴하며 퇴행 천이가 진행되고 있다.

그러나 그 경로는 진행되어 온천이 과정을 되짚어 돌아가지 않고 다른 경로를 택하고 있다. 즉 천이 후기단계의 신갈나무림이 소나무숲으로 퇴행 천이하는 대신 팥배나무림으로 돌아가고 있다. 이러한 퇴행 천이는 생태적 과정의 변화로 볼 수 있다. 생태적 과정의 변화는 기후가 달라질 정도의 변화로서 이 또한 인류세의 징후로 삼을 수 있다.

## 29. 쓰레기 문제 해결책 자연에서 찾아보자

지난 연말에는 국내 문제로, 새해 들어서는 국제문제로 쓰레기 문제가 언론에 자주 등장하며 우려를 낳고 있다. 미세먼지 문제, 수질 문제 등이 하루가 멀다고 터져 나오다 보니 상대적으로 우리의 관심에서 멀어졌던 쓰레기 문제다.

그러나 지난해 바뀐 중국의 폐기물 수입 정책 때문에 출구가 막히다 보니 벌써 수도권 지역에 수십 개의 쓰레기 산이 생겨났다는 뉴스는 우리의 관심을 끌 만했다.

우리의 환경문제를 해결하려면 자연에서는 그러한 문제를 어떻게 해결해 나가고 있는지를 살펴볼 필요가 있다. 가을에 숲에서 낙엽이 지는 모습을 보면, 키가 큰 나무들조차 낙엽에 뒤덮일 것 같은 느낌이 든다.

그러나 숲에서 낙엽층의 두께를 측정해보면, 그 두께가 매년 큰 차이가 없다. 어떻게 그것이 가능할까? 분해자의 역동적인 분해 활동 덕택이다. 낙엽이 땅에 떨어지면 그것을 먹이로 삼은 토양 소동물이 모여들어 1차로 식사를 한다. 그들이 낙엽을 먹기 위해 그것을 잘라 놓으면 그다음에 그들을 식량자원으로 삼은 미생물들이 몰려온다.

토양 동물들이 낙엽을 잘게 잘라 놓으면 낙엽의 표면적이 늘어나는 셈이

되니 미생물들이 분해 활동을 할 면적이 넓어져 분해 활동이 촉진된다. 토양 동물들은 낙엽을 먹는 과정에서 미생물들의 생리활성을 돕는 물질을 분비하거나 미생물을 적절히 먹어 주어 그들의 번식 활동을 느끼며 분해 활동에 직·간접적으로 이바지한다.

   미생물들은 낙엽의 분해단계에 따라 그 종류가 바뀌며 먹이를 나누어 먹고 분해 산물을 그 낙엽이 만들어지기 위해 물질을 공급하였던 토양, 공기 그리고 물속으로 되돌려 준다. 이러한 과정을 통해 그들이 본래 출발하였던 환경으로 물질이 돌아오면 그들은 식물이 흡수하기에 적합한 유형으로 바뀐 상태로서 식물의 뿌리와 잎을 통해 다시 흡수되며 식물이 자신을 키우고 그것을 통해 동물과 미생물의 먹이를 준비하는 과정에 참여하게 된다.

〈사진 2-48〉 의성 쓰레기산의 모습과 필리핀으로 불법 수출되었다 평택항으로 돌아온 쓰레기(인터넷 다운로드).

   이상에서 살펴본 바와 같이 자연에서는 어떤 생물이 쓰레기를 만들어내면 다른 생물들이 서로 도움을 주고받으며 그 쓰레기를 활용하여 생물의 다양성을 이루어내고 자연의 조화를 이루어낸다.

   우리가 우리의 쓰레기 문제를 해결하기 위해서는 자연을 이루어 사는 생물들이 보여주는 이러한 협력 활동과 같은 서로의 협조가 이루어져야 한다. 나무도 낙엽을 덜어낼 때 새로 만들기 위해서는 큰 비용이 뒤따르는 뿌리와 줄기는 지키고 있듯이 우선 쓰레기 발생량을 줄여야 한다.

그러기 위해서 기업은 새로운 물건을 만들어낼 때 경제적 효과와 삶의 질 향상에 더해 기존 물건의 재활용에도 신경을 써 주어야 한다. 물론 개인도 진정한 가성비가 반영된 소비를 통해 쓰레기 발생량 줄이기에 동참하여야 한다.

쓰레기를 생태학적으로 구분해 보면 우선 분해 가능한 쓰레기와 분해 불가능한 쓰레기로 구분할 수 있다. 전자의 문제를 해결하려면 분해를 촉진해야 한다. 자연에서의 분해는 동물과 미생물에 의해 이루어지지만, 우리의 환경에서 발생하는 쓰레기는 그 양이 너무 많으므로 이들에게만 의존하기는 어렵다. 그러나 가능한 그것에 의존하여야 재활용이 이루어지는 것이다. 그리고 나머지 양의 처리를 위해서도 가능한 분해의 작용을 모방할 필요가 있다. 그러나 여기서 고려하여야 할 것은 그 과정에서 발생할지도 모르는 해로운 물질에 대한 고려가 반드시 이루어져야 한다.

분해할 수 없는 물질은 재사용이 먼저 고려되어야 할 사항이다. 그것이 불가능한 경우는 문제 발생을 최소화하여 재활용할 수 있는 방법을 찾아야 한다.

자발적 처리 능력을 크게 상회하는 쓰레기를 우리 스스로가 발생시키고 있다. 이러한 문제를 해결하기 위해 새로 탄생한 학문이 생태 공학이다. 인간이 자연을 대신하여 스스로 일으킨 문제를 가능한 자연의 체계에 바탕을 두고 해결하는 방법이다. 자연에서 이루어지는 쓰레기 처리 과정을 모방한 쓰레기 분리, 수집 및 처리공정 개발을 서둘러야 할 때다.

더구나 국제문제는 강대국들에 둘러싸인 우리로서 외교적 문제가 발생할 때면 우리의 우방 역할을 해 왔고, 앞으로도 그러한 역할을 해줄 수 있는 동남아시아 국가들로서 안타까움이 더 크다.

## 30. 그릇된 환경영향 평가제도 이제 바로잡아야 한다

  환경영향 평가는 각종 개발의 진행 과정과 개발 후 탄생하는 인위시설이 운용되는 과정에서 발생하는 환경 스트레스를 지역의 환경용량(space capacity)이 수용할 수 있는지를 결정하는 과정이다.

  이 과정을 수행하기 위해서는 해당 지역의 생물과 그들의 서식지에 해당하는 미생물 환경이 조합된 생태계 현황에 대한 철저한 사전 조사가 우선 이루어져야 한다. 그다음에는 개발로 인해 달라진 환경을 가정하고, 개발 후 남겨진 자연생태계가 달라진 환경에서 견뎌낼 수 있는지를 예측 · 평가하여야 한다.

  이러한 사업을 하는 목적은 인간이 살아가는 과정에서 필요한 시설을 도입하여 생활환경을 확보하고 개선하되 자연환경이 크게 손상되지 않고 지속해서 기능을 유지하여 인간의 생명을 담보하는 생존환경을 지켜내는 데 있다. 따라서 이러한 환경영향 평가를 제대로 이

〈그림 2-8〉 환경영향평가 개념 설명 모식도(인터넷 다운로드 후 수정).

루어내기 위해서는 우선 우리가 도입하는 인위시설을 건설하는 과정에서 기존의 자연환경 훼손을 최소화할 방안을 마련하여야 한다.

그리고 어쩔 수 없이 손상되는 경우에는 남아 있는 자연에 그 영향이 미치는 것을 최소화할 수 있는 수준의 복원대책을 수립하여야 한다. 또 개발 후 도입되는 인위시설에 대해서는 그 규모, 종류, 영향 범위, 특성 등을 고려하여 그것이 운용되는 과정에서 발생하는 환경 스트레스를 예측해내야 한다.

그런 다음에는 그 정보를 지역의 환경용량과 비교하여 그 정도의 환경 스트레스를 지역의 생태계가 수용할 수 있는지를 평가하여 개발 가능 여부를 결정하여야 한다. 나아가 새로 개발된 인위시설이 일으키는 환경 스트레스가 지역의 환경용량이 수용할 수 있는 수준 이내의 것이어도 예상하지 못한 스트레스의 발생에 대비하여 개발 사업지 주변의 자연생태계에 대한 보존 및 관리대책을 마련하는 것도 소홀히 하지 말아야 한다.

다양한 생물들과 그들의 서식기반이 조합하여 이룬 생태계는 각 구성원이 이루는 조화로운 관계를 통하여 항상성을 유지하고 있다. 이러한 조화로운 관계체계에서 우리 인간이 의외의 변수로 등장하여 그 균형을 깨뜨리면서 환경문제를 낳고 있다.

환경영향 평가는 이러한 환경문제의 발생을 미리 방지하기 위해 지역의 생태계가 보유하고 있는 수용 능력을 평가하여 균형을 유지할 수 없는 수준의 개발을 제한하여 토지 이용 차원의 지속가능성을 유지하기 위한 제도적 방안이다.

그러면 우리는 지금까지 이런 환경영향 평가를 해왔을까? 전혀 그래오지 못했다. 잘못된 제도 때문이다. 현재 이러한 환경영향 평가를 수행하는 대행업체는 두 종류가 있다. 미생물 환경 그중에서도 주로 인위적 산물인 오염 분야를 맡은 대행업체(전문기술 회사)는 1종 대행업체 그리고 자연환경 분야를 맡은 대행업체는 2종으로 분류된다. 주객이 전도되어 있다.

자연환경이 입을 영향을 평가하는 사업에서 자연환경을 담당하는 분야가 2종이고, 그것에 영향을 미치는 인위적 요인을 담당하는 분야가 1종이 되는 것이다. 또 여기서 1종 업체는 독자적 사업을 수행할 수 있지만, 2종 업체는 독자적 사업이 불가능해 언제나 1종 업체에 예속되어 환경영향 평가를 수행해야 한다.

그렇다 보니 비용 배분도 큰 차이를 보인다. 당연히 부실한 환경영향 평가가 이루어질 수밖에 없다. 부실하다기보다는 참된 환경영향 평가를 거의 수행하지 못하고 있다. 이처럼 본질을 벗어난 가치 없는 환경영향 평가 제도가 계속 존속하기에 수도권 3차 신도시 개발계획 같은 그릇된 정책이 나오는 것이다. 환경 분야의 이러한 적폐가 빨리 해결되어 이 땅의 자연이 무분별한 개발로부터 바르게 보호될 필요가 있다.


## 31. 환경 분야의 개혁 시급하다

과거 과도한 산림이용과 전쟁 피해로 황폐했던 우리나라 산림은 1960년대와 1970년대 국가 차원에서 추진한 국토녹화의 영향으로 세계적으로 인정받는 성공적인 복원사례가 되고 있다.

그러나 그 후 빠른 경제 성장으로 인해 토지 이용강도가 늘어나고, 산림이 국가적 차원의 주목에서 벗어나면서 다시 산림 훼손이 심해지고 있다. 골프장을 비롯한 무분별한 산지 이용, 경제림 조성, 고랭지 채소재배지 확산, 전국적으로 산재한 중·소규모 산업시설로부터 발생하는 대기 및 토양

오염 등이 산림 훼손의 주역으로 등장하고 있다.

우리나라의 하천은 벼농사가 시작된 2500여 년 전부터 인간의 간섭을 받아 온전한 자연하천이 거의 없을 정도로 대부분 하천이 훼손되어 있다. 농경지 및 도시지역으로 이용하기 위한 공간적 범위 축소, 공사의 편의성을 중시한 복단면 구조와 직강화, 다양한 용도로 이용하기 위한 보의 축조 등이 오래전부터 진행되어 온 하천 훼손 행위이다.

또 최근에 생태적 복원이라는 이름으로 진행되는 하천복원 사업은 사업의 주체가 이전에 하천을 훼손시킨 주역이 거의 변화 없이 그대로 참여하고 있어 사업의 명칭은 변화되었지만, 그 내용은 과거의 훼손 행위와 크게 다를 바 없다. 따라서 큰 비용

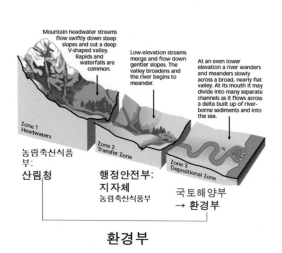

〈그림 2-9〉 하천은 산에서부터 바다까지 연속되어 있지만 구간에 따라 관리부서가 달라 제대로 관리되지 못하고 있다.

과 에너지를 투자하면서 복원사업을 진행하여도 하천의 환경은 거의 개선되지 않고 있다.

이러한 현실에서 하천 주변에서 토지 이용 강도가 늘어나면서 강우 시 빗물의 유달 속도가 빨라지고 기후변화에 따라 늘어난 이상기상 현상과 해수면 상승으로 인한 해수의 하천 유입은 하천에 또 다른 압력으로 작용하며 하천을 가장 위험한 공간 중의 하나로 부상시키고 있다.

농촌 지역은 인구 감소 및 고령화로 인해 황폐해지고, 상대적으로 감시와 관리가 소홀해지면서 무분별한 난개발, 폐기물 방치, 폐경지 방치 등으로 인해 도시 못지않게 심각한 환경문제를 겪고 있다. 경지 정리의 과정에서 농경지 주변의 하천은 그 규모가 심각하게 축소된 것은 물론 수로 수준으로 단순화되었고, 여기에 농약을 비롯한 각종 농경 폐기물이 유입되면서 그곳에 자라던 생물들을 몰아내 고향의 정취를 대표하던 작은 하천들이 사라졌다.

한때 나름 중요한 식량 공급원 역할을 하던 다랑논은 그 기능을 포기하여 둑이 무너져 내리며 산사태의 시발점 역할을 하며 그 아래에 주거지로 삼고 있는 노인들의 삶을 위협하는 요인으로 등장한 지 오래다. 어디 그뿐인가. 대부분 소규모로 운영되어 관리의 대상에서 벗어나 있는 축산농가들은 고향의 냄새를 바꾸어 놓았고 거기서 나온 폐기물과 거의 도시화한 생활에서 나오는 또 다른 폐기물들은 온 생명의 어머니와 같은 존재인 흙을 병들게 하고 있다.

도시는 과도한 토지 이용으로 인해 생태적 균형을 상실하면서 열섬현상과 기온역전 현상이 일상화되어 기후변화를 선도하고 미세먼지를 비롯해 각종 오염문제의 종합적 산실로 등장하고 있다. 그로 인해 도시 주변의 산림에서는 새로운 유형의 산림쇠퇴 징후가 감지되고 있어 향후 그 문제가 더욱 심각해질 전망

〈사진 2-49〉 산림에서 무분별한 토지이용이 이루어지며 비점오염원이 늘어나는데, 그것을 걸러 내야 할 강변 식생이 사라져 수질오염이 심화될 가능성이 높다.

이다.

우리나라는 삼면이 바다로 둘러싸여 풍요로운 생물다양성을 갖출 수 있는 천혜의 조건을 가지고 있다. 그러나 해변과 연안에서 진행된 과도한 토지 이용은 이미 오래전부터 바다를 환경오염으로 멍들게 해왔다. 따라서 적조 현상은 이미 일상화되어 있고, 물속 생물의 바탕 역할을 하던 갯녹음이 사라지는 백화현상도 자주 나타나고 있다.

또한 국지적 측면에서 높은 생물다양성의 보고이자 철새 이동통로 상의 기착지로서 지구적 차원의 생물다양성 보존에도 크게 기여하는 갯벌의 매립과 이용전환은 오염으로 멍든 바다를 더 심하게 병들게 하고 있다. 또 해변에 무분별하게 들어선 각종 인공구조물은 바람의 이동에 지장을 초래하여 해변의 모래를 상실시키며 생태적 측면에서뿐만 아니라 오락 공간으로서 해변의 질도 떨어뜨리고 있다.

이러한 국지적 차원의 생태환경 훼손 외에 토지이용계획에서 생태적 고려 없이 바둑판 모양으로 국토를 조각낸 각종 교통망의 건설, 과도한 토지 및 에너지 이용에 따른 기후변화 등은 또 다른 차원에서 국토환경의 질을 낮추는 요인으로 등장하고 있다.

그러나 우리가 축적한 국토녹화의 경험, 국지적이지만 생태적 고려를 통해 성공적인 복원을 이루어낸 공업단지 주변 산림복원, 석탄 폐광지 복원, 국립생태원 용지 내 산림 및 습지 복원사례 등은 생태적 고려가 뒷받침된 복원사업을 추구할 때 훼손된 국토를 건강하게 되돌릴 수 있다는 가능성을 확실히 보여주고 있다. 또 다양한 생태계가 우리에게 주는 다양한 혜택, 즉 생태계 서비스에 대한 국민의 의식 수준 향상 또한 이러한 가능성을 높이는 요인이 된다.

그런데도 아직 국토를 건강하게 가꾸기에는 부족한 점이 많다. 특히 제도적 측면에서 개선되어야 할 점이 많이 있다. 우선 이루어져야 할 것으로 정부의 조직 개편을 들고 싶다. 모든 자연은 서로 연결되어 있다.

따라서 자연은 통합관리가 이루어져야 비용도 절약하고, 그들로부터 얻을 수 있는 혜택, 즉 생태계 서비스 가능도 극대화할 수 있다. 아무리 하천을 건강하게 관리하고자 노력하여도 산에서 나무를 마구 베어내고, 농경지와 도시에서 폐기물을 대량으로 방출하면 하천을 건강하게 유지할 수는 없다. 산지, 농경지 및 도시에서 토지 이용이 지속할 수 있게 이루어지며 하천과 함께 통합 관리될 때 건강한 하천을 되찾을 수 있고, 아울러 바다도 건강하게 유지할 수 있다.

다른 하나의 개혁 요인으로는 국회 상임위원회 재편을 요구하고 싶다. 현재의 환경노동위원회는 오래전의 생각으로 탄생한 것으로서 환경 행정을 견제하고 그릇된 것을 바로잡기에는 방향 설정이나 전문성에서 많이 부족하다. 시대에 어울리고 학문적 체계와도 들어맞는 국토환경위원회로 재구성될 때 건강한 국토를 유지하고 나아가 지구환경위기에도 바르게 대처해 나갈 수 있다.

흔히 우리는 환경에 관한 관심을 비용을 투자하는 것으로 생각해 왔다. 그러나 그러한 관심은 나중에 발생할 더 큰 비용을 줄여주는 효과로 작용하며 오히려 경제적으로 유리한 역할을 하고 있음이 여러 선진국의 사례에서 밝혀지고 있다.

이 기회에 환경 분야도 개혁을 이루어내 환경문제로부터 자유롭고 경제적 효과도 함께 누리는 환경 선진화를 이루어내고 싶다.

## 32. 환경정책 개혁은 미래에 대한 투자

과거 황폐했던 우리나라 산림은 국가 차원에서 추진한 국토녹화로 성공적인 복원을 이루어냈다. 그러나 그 후 빠른 경제 성장으로 토지 이용이 늘어나면서 다시 산림 훼손이 심해지고 있다.

하천은 농경지 및 도시지역으로 이용하기 위한 공간 축소, 댐과 보의 축조 등으로 크게 훼손됐다. 농촌은 무분별한 난개발, 폐기물 방치 등으로 인해 심각한 환경문제를 겪고 있다. 도시는 과도한 토지 이용으로 생태적 균형을 상실했다. 해변과 연안에서 진행된 반 생태적 토지 이용은 바다를 환경오염으로 멍들게 했다.

적조 현상은 이미 일상화되어 있고, 갯벌의 매립과 이용전환은 오염으로 멍든 바다를 더 심하게 병들게 하고 있다. 또 해변에 무분별하게 들어선 각종 인공구조물은 바람의 이동에 지장을 초래하여 해변의 모래를 상실시키고 있다.

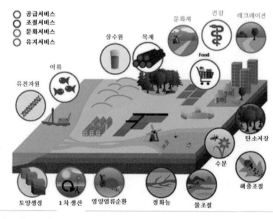

〈그림 2-10〉 우리 주변에 존재하는 자연을 건전하게 유지하면 우리는 그들로부터 이렇게 다양한 혜택, 즉 생태계서비스를 제공받을 수 있다.

이러한 국지적 환경 훼손 외에 생태적 고려 없이 바둑판 모양으로 국토를 조각낸 각종 교통망 건설, 과도한 토지 및 에너지 이용에 따른 기후 변화 등은 또 다른 차원에서 국토환경의 질을 낮추는 요인이다.

물론 몇 가지 성공적인 복원작업도 이루어지긴 했다. 하지만 아직 국토를 건강하게 가꾸기에는 부족한 점이 많으며, 특히 제도적인 부분이 그렇다. 이 때문에 정부 조직 개편의 필요성을 우선 제안하고 싶다. 모든 자연은 서로 연결되어 있다.

따라서 자연은 통합관리가 이루어질 때 비용도 절약하고, 그들로부터 얻을 수 있는 혜택도 극대화할 수 있다. 아무리 하천을 건강하게 관리해도, 산에서 나무를 마구 베어내고, 농경지와 도시에서 폐기물을 대량으로 방출하면 하천을 건강하게 유지할 수 없다. 이들을 하천과 함께 통합 관리할 때 건강한 하천을 되찾을 수 있고, 아울러 바다도 건강하게 지켜낼 수 있다.

다른 하나는 국회 상임위원회 개편이다. 현재의 환경노동위원회는 환경 행정을 견제하고 그릇된 것을 바로잡기에는 방향 설정이나 전문성에서 많이 부족하다. 시대에 어울리고 학문적 체계와도 어울리는 국토환경위원회로 재구성될 때 건강한 국토를 유지하고 나아가 지구환경위기에도 바르게 대처해 나갈 수 있다.

당장 이득이 없다 해도 장기적으로 환경에 투자하는 것은 나중에 발생할 더 큰 비용을 줄여준다. 이는 미래에 경제적 혜택이 되고 있음이 선진국의 사례에서 밝혀지고 있다. 나라는 어수선하지만 어렵더라도 환경 분야 개혁을 통해 환경선진국이 됐으면 한다.


## 33. 집만 있으면 미세먼지도 괜찮다는 말인가?

지난주 수도권 신도시 개발계획이 발표되었다. 일반인의 수입과 비교해 너무 높은 집값과 전셋값을 고려하면 한편 이해가 가지 않는 것은 아니다. 하지만 포화상태의 수도권 지역에서 이러한 개발을 계속한다는 것은 환경 문제를 비롯해 삶의 질은 포기한다는 의미로 볼 수밖에 없어 안타깝다.

요즘 돋아난 신록의 오염물질 흡수 덕에 잠시 잊고 있지만 우리는 한 달 전만 해도 정말 끔찍한 미세먼지로 신음했었다. 요즘은 가시적으로는 문제가 없어 보이지만 야외활동을 하다 보면 거의 매일 정오쯤부터는 눈이 따가워짐을 느끼게 된다. 오존 피해 때문이다. 올해만 해도 벌써 여러 번 오존 경보가 울린 수도권이다.

수도권에 존재하는 숲의 산소발생량과 수도권 인구 약 2500만 명이 호흡하는데 필요한 산소량을 대비시키면 그 양은 턱없이 부족하다. 상대적으로 숲이 풍부한 지역으로부터 불어오는 산소 덕에 수도권 주민은 호흡하며 생명을 부지하고 있다.

장기적으로는 기후변화 그리고 단기적으로는 호흡하는 공기의 질을 결정하는 이산화탄소 발생량과 흡수량 사이에서도 그 차이는 엄청나게 커 지속해서 그 농도가 높아지며 공기 질이 나빠지고 있다.

토양은 인구가 집중된 도심에서는 인간 활동의 부산물이 쌓여 강원도 영월이나 충청북도 단양의 석회암지대만큼이나 pH가 상승해 있고, 오염된 공기가 주로 날아가는 도시 외곽은 정상토양과 비교해 수소이온 농도가 10배 이상 높아질 만큼 심하게 산성화되어 있다. 그로 인해 토양이 간직하고 있던 양분들은 사라져 수도권 지역 식물들은 그 잎을 푸르게 유지하는 데 필수적으로 요구되는 마그네슘의 극심한 결핍으로 신음하고 있다.

그 과정에서 토양에서는 독성이온인 알루미늄이온이 유리되어 식물의 뿌리 생장을 억제하며 물과 영양분 흡수를 크게 방해하고 있다. 기온은 세계 평균치의 3배 가까이 빠르게 증가하며 위도가 3℃ 이상 차이나는 남부지방과 유사한 수준으로 높아져 있다. 따라서 벚꽃은 언제나 충청권보다 일찍 피는 수도권이다.

그뿐만이 아니다. 벌써 낮 기온은 30℃에 가까울 정도로 높아져 작년 여름에 겪은 끔찍한 폭염이 작년 한 해에 국한된 특별한 현상만은 아니었음을 인식하게 하고 있다. 강수량은 해에 따라 다르지만 기온은 계속 상승하여 증발량이 강수량을 넘어서는 달이 늘어나고 있다. 때로 그 강수량은 800mm 수준까지 낮아지며 숲의 존속 자체를 위협하고 있다.

Legend
개발지역 습지
농경지역 나지
산림지역 수역
초지

0 4.5 9 18
Kilometers

〈그림 2-11〉 수도권이 과도한 토지이용으로 이미 포화 상태임을 보여주는 생태지도.

실제로 최근 몇 년 동안 수도권 주변 숲에서는 수많은 나무가 죽어가는 모습이 관찰되고 있다. 그 원인을 찾기 위해 토양 수분함량을 측정해보니 식물이 수분부족으로 고사하는 임계치인 10% 이하로 떨어지는 기간이 길어 그들의 고사 원인이 수분부족에 기인함을 입증해주고 있다. 같은 기간 자연이 풍부한 지역에서 측정한 토양 수분함량은 수도권 지역과 큰 차이를 보여 이러한 수분 결핍이 수도권 지역의 과도한 도시화가 가져온 기온 상승에 기인함을 입증해주고 있다.

이처럼 수도권 지역 환경은 전혀 지속할 수 있지 않게 계속 악화하여 가고 있다. 이런 점에서 이번에 발표된 수도권 신도시 개발계획은 이러한 환경조건이 전혀 고려되지 않은 하책으로 볼 수밖에 없다.

지금까지 정부 관계자들은 지속 가능한 발전을 앵무새처럼 되뇌어 왔지만 이러한 여건의 수도권에서 새로운 도시 개발계획을 준비하는 것을 보니 그들은 그것의 개념조차 제대로 파악하고 있지 못했나 보다. 선진국이 되는 꿈은 점점 멀어져 가는 것 같아 안타깝다.

## 34. 세종시의 생태 읽기

세종시는 우리나라에서 가장 최근에 탄생하였고, 정부 부처의 대부분이 자리 잡은 도시로서 우리나라 도시를 대표하는 도시의 얼굴이라고 볼 수 있다.

그러면 이 도시는 어떤 모습일까? 현대도시가 추구하는 생태 도시의 모습일까? 아니면 그저 평범한 일반 도시의 모습일까?

필자는 이 도시가 탄생하기 전 환경영향 평가 차원에서 이 도시가 위치할 지역에 대한 생태조사를 수행한 적이 있다. 그리고 최근 이 도시의 생태를 점검하는 차원에서 이 도시를 다시 찾았다. 여기 그 모습을 담고 간단한 설명과 함께 개선방안을 추가해 보았다.

세종시는 도시 중심에 금강을 두고 그 주변의 평지 내지는 산지 저지대에 자리를 잡고 있다. 따라서 그 바탕에는 풍요롭고 다양한 생태계가 성립할 수 있는 공간이다. 물흐름이 이루어 낸 다양한 지형의 공간에 다양한 식생이 성립한 금강의 모습에서 우리는 그러한 사실을 확인할 수 있다.

그러나 우리 인간이 이루어 낸 공간은 아직 이 도시의 바탕이 기본적으로 가지고 있는 환경의 잠재력만큼 풍요롭고 다양한 환경을 이루어내지 못하고 있다. 오늘날의 선진 도시는 지속할 수 있고 쾌적한 생태 도시를 추구한다.

지속 가능한 도시란 도시 내에서 인간 활동으로 발생하는 환경 스트레스를 도시 내에 보유하고 있는 자연의 생태적 기능을 통해 스스로 정화해 낼 수 있는 도시를 의미한다. 새로 탄생한 세종시는 빠른 속도로 인구가 불어나고 있다. 또 이 도시가 갖추고 있는 문명 인프라는 현존 최고 수준에 있다. 이는 이 도시가 배출해 낼 환경 스트레스가 그만큼 크다는 것을 의미한다.

이 도시로부터 멀지 않은 당진의 화력발전소나 지구 자전의 영향으로 중국으로부터 날아오는 환경 스트레스까지 더해지면 이 도시는 국내 최고 수준의 환경압력을 받고 있다고 해도 과언이 아니다. 실제로 기록되고 있는 미세먼지 농도가 이러한 결과를 대변해주고 있다. 그렇다면 우리는 어떻게 이 문제를 풀어야 할까? 이 지역이 기본적으로 갖추고 태어난 자연의 잠재 역량을 빌리는 방향을 제안하고 싶다.

한반도 중부에 있는 이 지역은 기후특성 상 전형적인 낙엽활엽수림대에 해당한다. 지형적으로는 평지와 산지 저지대에 속한다. 지리적으로 가까우면서 자연을 잘 보존하고 있는 계룡산 국립공원이나 속리산 국립공원에 성립한 식생의 공간 분포를 참고해 본다.

현재 세종시를 생태적으로 건전하게 유지하기 위해 도입 가능한 식생 유형으로는 오리나무군락, 느티나무군락, 팽나무군락, 갈참나무군락, 서어나무군락, 졸참나무군락 정도를 들 수 있고, 직·간접적 인간 간섭이 지속하는 도시지역임을 고려할 때 상수리나무군락 정도를 추가할 수 있다.

따라서 아파트 정원이나 가로공원같이 자연의 도입해야 하는 공간에서는 이러한 식물군락의 계층구조와 종 조성을 모델로 삼아 식생을 도입할 것을 권하고 싶다. 역시 가까운 거리의 서천에 자리 잡은 국립생태원을 방문해 보면 그러한 모델이 조성되어 있다(사진 2-59).

　호수공원의 경우는 우선 바닥 저질의 교체를 권하고 싶다. 호수는 물이 고여 오랫동안 머무는 장소가 된다. 따라서 물과 함께 들어온 작은 부유물들이 가라앉을 기회를 얻어 바닥의 저질은 입자가 고운 점토가 된다. 맑은 물 확보에 초점을 맞추어 지금 바닥에 깔아 놓은 쇄석은 호수와는 거리가 멀다.

　따라서 이곳에서 자라고 살아가야 할 많은 호수의 생물들은 이러한 환경에 적응하지 못하고 있다. 도입한 식생도 어색하다. 호수에는 깊은 곳으로부터 얕은 곳을 향해가면서 부유식물, 부엽식물, 침수식물, 정수식물, 습생대식물 그리고 수변 완충식생대식물이 성립한다.

　그리고 그들은 각자 처한 위치에서 다양한 생태적 기능을 발휘하여 수질 정화는 물론 다양한 생물들을 끌어모아 우리 인간에게 더욱 질 높은 휴식의 공간을 제공하게 된다. 이 또한 가까운 거리의 국립생태원을 방문해 보면 나저어못, 금구리못, 용화실못과 습지생태원에서 필요한 정보를 얻을 수 있다(사진 2-60).

　하천의 경우는 극단적인 대조를 이루고 있다. 금강의 경우는 인위적으로 처리한 제방 사면과 상단을 제외하면 다른 하천이 복원의 모델로 삼을 수 있을 정도로 양호하다. 그러나 제방은 사정이 다르다. 그 질을 높이기 위한 변화가 요구된다. 우선 제방 사면과 상단을 더 이상의 인위적 간섭없이 자연의 과정에 맡기는 방법을 생각할 수 있다.

　그러나 빠른 변화를 추구하고 싶다면, 제방의 식생을 앞서 언급한 식생

유형과 주변 지역에서 수 해방 지림으로 유지되고 있는 왕버들군락을 모델로 삼아 교체하는 방법을 제안하고 싶다. 도시 중심을 흐르고 있는 하천은 하천이라고 부르기 어색할 정도로 너무 인공적이다.

그러나 세종시가 건설되기 전 이 지역의 소하천들은 인위적 간섭을 받지 않은 것은 아니지만 비교적 양호한 모습을 간직하고 있었다. 그들의 모습이 여기에 도입되었으면 한다. 그 모습에는 굽이쳐 흐르는 유로의 사이사이에 모래톱이 보였고 여울과 소가 이어졌다.

수변의 식생은 수로로부터 제방을 향해 달뿌리풀, 고마리, 속속이풀, 물쑥 등으로 이루어진 초지, 개키버들과 갯버들이 주축이 된 작은 키 나무숲, 그리고 선버들, 버드나무, 왕버들, 능수버들 등이 이룬 큰키나무숲이 이어지는 모습이었다.

〈사진 2-50〉 아파트 정원의 모습이다. 외래 식물 스트로브잣나무와 화살나무가 도입되어 있고 그 옆과 뒤에는 벚나무와 회화나무가 보인다.

〈사진 2-51〉 도로와 아파트 사이에 조성된 가로 공원의 모습이다. 상수리나무가 주로 도입되어 있다. 그 밑에는 스트로브잣나무, 전나무, 이팝나무, 산철쭉 등이 도입되어 있고 바닥에는 잔디가 깔려 있다. 가로수로는 침엽수가 심어져 있다.

지속 가능한 생태 도시는 시민의 편의를 최대한 고려하되 생태계에 미치는 부담을 최소화할 수 있는 건축 · 교통 · 폐기물 처리 체계를 추구한다.

아울러 나머지 공간은 다양한 생물이 서식하는 환경을 추구함으로써 긍정적인 지역 이미지를 형성하고, 지역의 생태적·문화적 다양성과 경쟁력을 향상한다. 바야흐로 새롭게 조성되는 도시는 생태적 원리가 반영된 시민들의 휴식처, 여가와 문화 활동의 공간, 자연과 인간 사이의 관계를 교육하고 사색하는 터로서 자리 잡은 모습이라야 한다.

〈사진 2-52〉 아파트단지 내 하천의 모습이다. 고마리, 갈대, 버드나무가 보이고, 화살나무, 반송, 소나무, 단풍나무 등이 보인다. 산책로 변으로 잔디가 깔려 있고 품종 개량된 수크령도 도입되어 있다. 하천 변에는 산책로가 잘 조성되어 왼편의 하천보다 산책로가 주인공으로 보인다. 하천변 공원에는 소나무, 벚나무, 단풍나무, 화살나무, 조팝나무 등이 바닥에 깔린 잔디 위에 도입되어 있다.

〈사진 2-53〉 세종시 중심을 가로질러 흐르는 아름다운 금강의 모습이다. 하천에서는 물의 흐름이 이렇게 다양한 미지형을 만들어내며 다양한 서식처를 일구어 높은 생물다양성을 이루어낸다. 그러나 인간 간섭이 그것을 조절하면 미지형의 다양성이 소실되어 서식처 다양성이 줄어들면서 생물다양성이 낮아진다. 높은 생물다양성은 안정성을 의미하여 어떤 생태적 공간의 생물다양성이 높다는 것은 그만큼 안정성이 높다는 의미이다. 그리고 높은 생물다양성은 생태계 서비스를 이루어내는 주체로서 인간에게 주는 혜택도 그만큼 커진다.

하천의 중앙에 잘 발달한 하중도의 모습이 보인다. 금강의 이 구간은 모래하천으로서 홍수 시 부유사가 하류 방향으로 이동해 하중도가 그 방향으로 커진다. 정착한 식생이 그런 설명을 해주고 있다. 하중도의 맨 앞에는 아직 식생이 정착하지 못해 나지 상태이고 상류를 향해 그다음에는 1년생 식물 명아자여뀌가 자라며, 그다음으로 다년생 초본 달뿌리풀, 관목인 갯버들과 개키버들, 교목과 아교 목성 식물인 선버들, 버드나무 등이 이어지고 있다.

〈사진 2-54〉 금강의 다른 구간에서는 자갈 하중도의 모습도 보인다. 홍수 시 부유사가 발생하는 모래하천 구간과 달이 자갈하천 구간에서는 무게 때문에 자갈은 부유하지 않고 굴러서 상류 방향으로 하중도가 커진다. 따라서 상류 방향으로 이동함에 따라 새로 형성되는 식물군락이 나타난다. 즉 하류에서 상류 방향으로 버드나무군락, 갯버들군락, 달뿌리풀군락, 명아자여뀌군락, 나지가 이어져 나타나고 있다

〈사진 2-55〉 금강에는 배후습지도 잘 발달해 있다. 배후습지의 수역에는 마름, 주변에는 줄, 개키버들, 버드나무, 왕버들 등이 성립해 전형적인 모습, 홍수터는 홍수의 영향으로 환삼덩굴이 많고 버드나무, 선버들, 왕버들 등이 자라고 부분적으로 가시박이 침입해 있다. 그러나 최근 생태계 교란 식물로 지정된 환삼덩굴이 자라는 곳에는 외래종 가시박이 침입하지 않고 있음을 주목할 필요가 있다. 하천의 수로, 모래톱, 홍수터 그리고 배후습지가 자연 그대로의 모습을 담은 것과 달리 제방 사면과 그 상단은 철저히 인공적이다. 제방 사면은 비수리와 금불초로 덮었고 부분적으로 품종 개량한 수크령이 도입되어 있다(상). 제방 상단에서 비포장도로의 가로수는 벚나무와 개나리가 식재되어 있고(하), 제방 상에는 이팝나무를 주로 심고 바닥에는 잔디를 깔아 놓았다.
 제방 상단에는 소나무가 주로 도입되어 있지만, 이 장소에 생태적으로 가장 근접한 팽나무도 보여 반가웠다.

〈사진 2-56〉 세종시민의 휴식공간으로 자리 잡은 호수공원의 모습이다. 수면에는 노랑어리 연꽃이 떠 있다. 그 가장자리에는 부들과 갈대가 보인다. 주변에는 잔디가 깔려 있고 회양목이 도입되어 있다. 회양목은 충북 단양과 강원도 영월지역과 같은 석회암지대에 주로 자라고 서울의 관악산에 특이하게 자생하고 있는 식물이다. 멀리 도입된 식물로 소나무, 양버즘나무, 은행나무 등이 보인다. 기후변화로 인해 태풍의 빈도와 강도와 늘어나고 있는 요즘 고립된 상태로 노출된 나무들의 모습이 위태로워 보인다. 아울러 그 밑을 거닐 사람들의 안전도 염려가 된다. 몇 년 전 태풍 곤파스가 지나간 자리를 조사해보니 이렇게 고립되어 노출된 나무들은 대부분 강한 바람을 견디지 못하고 넘어진 모습을 확인할 수 있었다. 그러나 그 밑에 작은 키 나무들을 심어 보호 식재를 해준 곳에서는 넘어지는 나무가 크게 줄었다.

〈사진 2-57〉 갈대, 부들, 큰고랭이, 갯버들 그리고 칠엽수의 조합이다(위). 다소 어색한 느낌은 칠엽수 때문일 것이다. 갯버들도 조금 어색하다. 개키버들이 나아 보인다. 그래서인지 그들 사이로 왕버들이 파고들었다(아래).

〈사진 2-58〉 물속의 모습이다. 호수나 연못의 바닥은 물이 오래 머무는 곳이기 때문에 그 바닥의 물질은 입자가 고운 점토가 일반적이다. 그러나 이 호수 바닥에는 입자 크기가 크고 각이 심하게 진 쇄석이 깔려 있다. 부들은 그런대로 정착해 있지만 노랑어리연꽃은 활력이 크게 떨어지거나 삶을 포기하였다. 바닥에 깔린 물질이 그들의 생육지와 크게 다르기 때문일 것이다.

〈사진 2-59〉 다른 방향에서 바라본 호수의 전경이다. 호수 가장자리에 많은 작은 구릉을 돌출시켜 미지형의 다양성을 추구하였다. 도입된 식생은 갈대, 줄, 큰고랭이, 노랑꽃창포, 노랑어리연꽃으로 큰 변화가 없다.

〈사진 2-60〉 국립생태원에 조성된 나저어못(좌), 금구리못(중) 및 용화실못(우)의 모습이다. 세종시의 호수를 이런 모습을 모방하여 정비하면 어떨까?

〈사진 2-61〉 국립생태원에 자연 숲을 모델로 삼아 조성한 소나무 숲. 세종시의 아파트 정원과 가로공원을 이런 모습을 모방하여 정비하면 어떨까?

# 35. 4대강 보 개방의 득과 실

4대강에 설치된 보가 물의 자연적 흐름을 억제하여 수질을 악화시키고 생태계를 본래 모습에서 벗어나게 하여 문제가 된다고 지적됐다. 또 그 사업이 토목공사 중심으로 반 생태적이고 성과 위주로 너무 빠르게 진행되어 하천생태계에 충격을 가하고 있다는 지적도 있었다. 그 외에도 과도한 준설이 하천생태계의 바닥을 교란해 그 생태계가 파괴된다는 지적 등이 이어지며 이를 본래 모습으로 복원하기 위한 첫 단추로 4대강 보 개방이 이루어지고 있다.

보가 개방된 지역에서 모래톱이 살아나고 수질도 향상되는 긍정적인 효과가 나타나고 있다는 보고가 언론을 통해 전해지고 있다. 반가운 소식이다.

물은 생명의 기원이고, 그것을 담고 있는 하천은 곤충을 비롯해 많은 생물이 번식하는 공간으로서 생태계가 성립하는 핵심공간이다. 우리 인간에게도 하천은 4대 인류문명 모두가 그 주변에서 발생했을 정도로 의미 깊은 공간이다. 특히 우리처럼 쌀을 주식으로 삼고 있는 경우 그것의 주산지가 하천을 끼고 있으니 하천은 더할 나위 없이 중요한 공간이기 때문이다.

그러나 이처럼 반가운 변화가 일어나고 있지만, 그 변화에 대한 정보가 제대로 구축되지 않아 안타깝다는 의견이 많이 제시되고 있다. 필자가 연구한 바에 따르면 정상의 하천에는 여울과 소를 비롯해 십여 개나 되는 미소 서식처가 존재하고, 각각 미소 서식처에는 그곳에 적합한 생물들이 살고 있다.

서식처가 다양한 만큼 다양한 생물들이 살고 있고 그 다양성이 높을 때 생태계는 안정성이 높아진다. 보가 설치되었을 때 보이지 않던 다양한 서식처가 보 개방으로 드러나면 서식처 다양성이 늘어나고 그것에 대한 반응으로 생물다양성이 늘어날 것이다.

식물의 경우 물의 깊이에 따라 다른 식물이 출현하고, 또 모래톱의 높이가 높으면 지하수위의 높고 낮음에 따른 출현 식물의 차이도 관찰할 수 있을 것이다. 곤충의 경우는 수서곤충에 더해 육상 곤충이 추가될 것이고, 물속에서 번식한 곤충이 생활사 단계에 따라 요구되는 다양한 환경을 제대로 확보하여 그 수와 종류를 늘릴 수도 있을 것이다.

포식자가 다가왔을 때 숨을 공간으로 삼은 모래톱이 사라져 자취를 감추었던 멸종위기종 표범장지뱀도 돌아올 수 있고, 모래톱의 자갈밭에서 효과적으로 알을 감출 수 있어 그곳을 번식의 공간으로 삼던 또 다른 멸종위기종 흰목물떼새도 돌아올 수 있다.

부정적인 소식도 들려온다. 보를 건설할 때와 마찬가지로 보 개방 또한 속도전으로 진행한 결과 많은 어패류가 폐사하였다는 전문가 정보가 있고, 갑작스러운 변화에 대한 반응으로 외래식물이 급증하였다는 정보도 있다.

그러나 그처럼 다양한 정보가 체계적으로 확보되었다는 소식은 들리지 않고 있다. 보 개방으로 서식처 다양성이 얼마나 늘어났고 또 그것에 대한 반응으로 생물다양성이 얼마나 늘어났으며 어떤 생물들은 사라지고 어떤 생물들은 늘어났는지 등에 관한 정보가 구축된다면 이는 향후 하천생태계를 관리

〈사진 2-62〉 극심한 가뭄으로 바닥을 드러낸 보령댐
(Premium Chosun 2015. 10. 24.).

하는데 중요한 정보로 활용될 수 있는데도 말이다.

짧은 시간에 나타난 변화를 두고 긍정적인 효과나 부정적 효과 또는 득이나 실로 평가하는 것은 바람직하지 않다. 그러나 그것이 가져온 변화에 대한 정보를 그것도 학문적 체계를 두고 바르게 수집하여 체계화하지 않은 것은 실이라 평가하지 않을 수 없다.

4대강 자연성 회복 조사·평가단의 역할에 의문이 가는 대목이다. 더구나 언론에 비친 그 단체의 대표 인물들이 하천생태계 전문가인지도 확인해 볼 필요가 있다는 지적도 있다. 전문가가 아니면서 전문가를 자칭하는 것은 전문가 사칭이 될 수 있다. 더구나 국가의 중요사업에서 이런 일이 발생하면 예산 낭비로 인해 국민부담을 가중할 수 있어 더욱 문제가 된다.


## 36. 진정한 4대강 재자연화 사업의 길

하천은 그 주체인 물이 겉으로 드러나지 않고 흐르는 부적지 하천, 암반 하천, 폭포형 하천, 계단상 하천, 거석하천, 호박돌 하천, 모래하천, 점토 하천, 망상 하천 등 그 이름만큼이나 다양한 모습을 가지고 있다.

또 횡단 면상에서 보면 수로, 백사장, 1년생 초본 식생대, 다년생 초본 식생대, 관목 식생대, 연목대와 경목대로 이어지고, 그 사이사이에는 다양한 모습의 부수로와 배후습지가 산재하고 있다. 수로 내에도 여울, 소, 평수로, 거석소, 거석여울, 하중도 등 다양한 미소 서식처가 존재한다.

이처럼 하천의 다양한 모습은 주로 그곳을 흐르는 물의 흐름과 식생이 주도하여 이루어낸다. 즉 하천의 자연적 모습은 물이라는 자연의 요소가 만들어내는 다양한 모습을 갖춘 하천을 의미한다. 그런 점에서 하천의 재

자연화란 이러한 자연스러운 모습을 상실한 하천에서 그 모습을 되찾는 것이 바람직한 방법이다.

그러나 지금 가시화되고 있는 4대강 재자연화 사업의 내용을 보면 보 철거에 초점이 맞추어지고 이러한 재자연화와 관련된 내용은 찾아보기 어렵다. 어렵게 찾아도 그 내용은 두루뭉술하고 재자연화를 이루어내기 위한 구체적인 계획이 없다. 이런 정도라면 재자연화라는 이름을 붙여 다시 한 번 국민을 속이고 국제적으로까지 웃음거리가 되지 말고 '보 일부 철거 작업'이라는 솔직한 사업명이 나아 보인다.

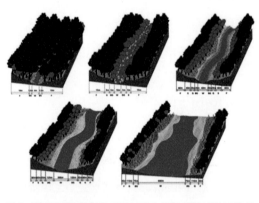

〈그림 2-12〉 건전한 하천을 이루어내기 위한 강변식생 복원 모델. 위 왼쪽부터 시계방향으로 급경사 계류하천, 완경사 계류 하천, 상류, 중류 및 하류의 복원모델.

필자가 이런 말을 하면 일부 사람들은 나를 4대강 사업 찬동자로 몰아붙일 것이다. 그러나 단연코 말하건대 나는 4대강 사업을 찬동한 적이 없다. 4대강 사업이 치열하게 진행될 때 그것이 토목공사 중심으로 진행되어 너무 자연의 모습을 벗어나는 것을 막기 위해 강변 식생 도입방법을 조언했을 뿐이다.

그러나 이것을 내가 주목받는 인물로 등장하는 것으로 해석한 나와 유사한 분야를 전공하는 몇 사람이 그런 나를 4대강 찬동자로 규정했을 뿐이다. 그런 사람 중 일부가 현재 4대강 재자연화 사업에 동참하고 있다.

그러나 예나 지금이나 여전히 하천이라는 생태적 공간에 대한 전문 정보가 없는 그들이기에 재자연화란 이름만 빌려 질 낮은 사업을 추구하는 것이 아닌가 염려스럽다.

하천의 진정한 재자연화란 4대강 일부 보 외에 모든 보를 철거하고 기능을 다 한 댐도 철거하며 전국에 걸쳐 산재한 3만 개로 넘는 보도 철거하여 하천을 하구에서 산지 계곡의 부적지 하천에 이르기까지 소위 하천 연속체(river continuum)를 이루어내야 한다.

나아가 우리가 필요로 하는 토지를 얻기 위해 하천의 폭을 좁히고 확보한 토지로 홍수 시 물이 넘쳐나는 것을 막기 위해 전국 하천의 거의 모든 구간에 걸쳐 설치된 제방도 제거하고 우리가 빌린 하천의 공간도 되돌려 주어야 한다.

실제로 선진국에서는 '하천을 위한 공간 확보(room for the river)'라는 제목으로 그러한 수준의 하천복원을 실천에 옮기고 있다. 하천의 내부에서도 우리는 하천의 토지를 무단으로 점유하고 있다. 소위 고수부지다.

하천의 단면은 본래 물이 흘러가며 깎아내기에 물이 휘어 감기는 수충부를 제외하면 급경사가 없고 완만한 경사의 단면을 이루어낸다. 그런 하천의 단면을 공사의 편의를 추구하고 그 후 이용 편의를 도모하기 위해 계단상 복단면으로 만들어 왔는데 이 또한 본래의 모습으로 돌려주어야 한다.

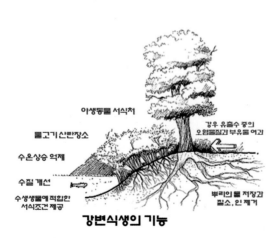

야생동물 서식처
물고기 산란장소
강우 유출수 중의 오염물질과 부유물 여과
수온상승 억제
수질 개선
수생생물에 적합한 서식조건 제공
뿌리의 물 저장과 질소, 인 제거

**강변식생의 기능**

〈그림 2-13〉 강변식생은 이와 같이 다양한 기능을 가지고 있다.

사업의 절차 또한 중요하다. 우선 하천의 손상 정도가 어느 정도인지를 평가하여야 한다. 그런 다음 그 정도에 근거하여 재자연화, 즉 복원의 수준과 방법을 결정하여야 한다. 그런 내용을 포괄적으로 담은 것이 복원계획이다. 나아가 복원계획에는 목표로 하는 복원의 모델이 담겨야 한다. 그리고 그 모델은 가능한 복원대상에 가까운 하천으로서 훼손되지 않은 온전하고 건강한 모습을 갖춘 하천이 된다.

이러한 복원계획을 갖추지 않고 수행하는 재자연화 사업은 이름만 바꾸었을 뿐 그들이 문제로 삼은 이전의 사업으로부터 한 발짝도 나아가지 못한 하급 사업이 된다. 이러한 수준의 하급 사업에 천문학적 비용을 투자하는 것은 혈세 낭비다. 더구나 그것을 재자연화 사업이라고 홍보하는 것은 국민을 속이는 범죄행위다.

지금이라도 사업명칭을 바꾸어 '정치적 이슈'라고 솔직하게 고백하든지 아니면 진정한 전문가의 의견으로 사업명에 어울리는 올바른 재자연화를 이루어내길 권하고 싶다.


## 37. 농부들의 생태 유량 확보, 사람이 먼저인 정부가 할 일

비가 우기에 집중되는 몬순 기후대에 속한 우리나라에서 매년 겪고 있는 현상이지만 올해 봄 가뭄도 예사롭지 않다. 게다가 기후변화의 영향이 더해지면서 증발량까지 늘어나고 있으니 수분수지는 더욱 악화하고 있다. 기후도가 정상의 모습을 벗어나는 수준이다.

이미 시작된 농사일에서도 물 부족이 염려되지만, 곧 다가올 모내기 철에 우리의 주식인 수생식물 벼를 재배할 일로 농민들의 걱정이 매우 크다.

특히 보에 담긴 물을 농업용으로 써 왔던 농민 중 보를 철거하는 세종과 공주 지역 주민들의 걱정은 이만저만이 아니다.

벼를 재배하는 논은 대부분 하천 변에 위치한다. 사실 논이 하천의 홍수터 일부를 빌려 조성되었기 때문이다. 따라서 쌀을 주식으로 삼고 있는 나라들에서 온전한 자연하천은 존재하지 않는다. 그렇게 폭이 크게 좁혀지고 인공제방으로 제한되어 있음에도 불구하고 하천은 흘러가며 스스로 주수로 외에 부수로를 창조했다. 때로는 그것이 더 깊은 웅덩이 형태를 이루어 배후습지도 창조해냈다. 대형 댐이 만들어지기 전에 농부들은 이런 곳에 고인 물을 끌어쓰며 수생식물 벼를 재배하여 우리에게 주식인 쌀을 공급해 왔다.

그러나 대형 댐이 만들어져 유량공급이 줄어들면서 그 하류에서는 부수로가 사라지고 시간이 더 지나면서 배후습지까지 사라지며, 그곳은 물 대신 버드나무로 뒤덮이거나 가시박을 비롯한 외래식물로 뒤덮이게 되었다.

〈사진 2-63〉 자연하천(망상하천)의 모습. 하천은 본래 물이 흘러가며 이처럼 다양한 미지형을 만들어낸다. 그러나 우리나라의 하천은 대부분 그 폭이 크게 좁혀지고 복단면으로 정비하여 하천이기 보다는 수로에 가깝다. 따라서 하천에서 자연이 이루어내는 이처럼 다양한 미지형을 보기 어렵다(인터넷 다운로드).

필자는 이번에 헐리게 되는 세종보와 공주보가 위치한 금강에서 대청댐이 건설된 후 일어나는 그러한 변화를 눈으로 보고 연구자료로도 확보해 왔다.

이러한 변화를 몸으로 겪은 농부들이기에 4대강 사업이 하천생태계를 파괴하는 토건 사업이라는 비판이 그렇게 거세게 일었어도 그들은 4대강 사업으로 보가 만들어지는 것을 찬성을 넘어 환영까지 해왔다.

4대강의 보를 헐어내고 재자연화를 이루어내는 것은 바르게 진행된다면 바람직한 방향이다. 그러나 하천의 본 모습은 종적으로 그 발원지에서부터 하구에 이르는 구간이 하나로 연결된 연속체이다. 따라서 그것을 지금의 계획처럼 부분적으로 시행하는 것은 의미가 적다. 연속체인 하천의 물줄기 전체를 재자연화의 대상으로 삼아야 한다.

그리고 그 공간적 범위도 본래의 모습에 가깝도록 넓혀주고 단면의 미지형도 급경사 복단면에서 완만한 경사의 웅덩이 형으로 되돌려 주어야 한다. 그렇게 되면 부수로와 배후습지가 되살아나 농부들은 예전처럼 그 물을 사용하며 보에 기대지 않고도 농사를 지을 수 있을 것이다.

농사일이 이미 시작된 지금의 시점에서 무엇보다 먼저 하여야 할 일은 보보다 더 큰 댐을 열어 그곳에 물이 막혀 보의 물에 의지해 농사를 지어온 농부들에게 예전의 물을 되찾게 해주어야 한다.

환경부에서는 오래전부터 물고기 서식을 위한 생태 유량을 확보하기 위해 메마른 하천에 인공적으로 물을 공급하는 사업을 해왔다. 농사일이 삶 자체인 농부들에게 생태 유량은 농사에 필요한 물을 확보하는 것이다. 아무런 대안도 없이 갑작스럽게 보를 철거하면 농부들은 생태 유량을 잃게 되는 것이다.

보를 철거하려면 우선 댐에 갇힌 물을 메말라가는 그 하류하천으로 내려보내 농부들의 생태 유량도 확보해주는 것이 사람이 먼저인 정부가 해야 할 일이다.

## 38. 그릇된 행정, 유일한 자연하천 낙동강 상류 구간 멍들게 한다

소의 오염물질 배출이 세상의 주목을 받은 덕분에 낙동강 상류의 하천을 상세히 조사할 기회를 얻었다. 조사를 해보니 이곳의 하천은 우리나라에서 거의 유일하게 자연하천의 모습을 비교적 온전하게 간직하고 있었다. 수로는 구불구불 불규칙적으로 흐르고, 그 안에 담겨 있는 바위와 돌이 그 흐름에 변화를 주면서 다양한 미지형 또한 연출하여 고도의 생태 다양성을 유지하고 있다.

⟨사진 2-64⟩ 굽이쳐 흐르는 하천의 수충부에는 급경사 단면이 만들어져(오른쪽) 건조한 곳에서 자라는 소나무가 정착해 있고, 왼편의 활주단면에는 범람주기에 반응하여 달뿌리풀이 주가 되는 초본식생대, 갯버들이 중심이 된 관목식생대가 성립하며 그 옆의 산림식생과 조금의 단절도 없이 연속성을 유지하고 있다.

이런 자연하천 단면을 유지하고 있기에 강변 식생의 배열 또한 온전함 그 자체였다. 물이 휘감기는 구간에서 물이 부딪치는 부분에는 급한 단면이 만들어져 물푸레나무, 가래나무, 신나무, 소나무 등 큰키나무가 바로 출현한다. 급경사 암반에는 돌단풍이 붙어 나며 그곳에 틈이 생기면 비비추, 산철쭉, 참나리 등도 어우러지며 멋진 생태 정원을 이루어 낸다. 그 반대편 활주 단면에는 더욱 다양한 식생이 성립해 있다.

우리나라는 매년 홍수기를 경험하는 몬순기후이기에 그 영향으로 수로변에 백사장은 필연적으로 보인다. 그다음에는 명아자여뀌를 중심으로 한 일년생식물이 이룬 초본 식생대가 보인다. 뒤이어 달뿌리풀이 이룬 다년생 초본 식생대, 갯버들이 중심이 되어 이룬 관목 식생대, 버드나무, 신나무,

〈사진 2-65〉 물의 흐름과 하천에 담긴 바위와 돌이 다양한 미지형을 만들어 내고 있다. 이들 미지형이 만들어내는 서로 다른 공간에는 서로 다른 생물이 정착하며 생태적 다양성을 이루어낸다.

〈사진 2-66〉 수로 바로 옆에는 갯버들이 정착해 있고 그곳으로부터 멀어짐에 따라 키가 큰 버드나무가 나타나고 산으로 접근하면 물푸레나무와 소나무가 이어져 나타나고 있다.

오리나무 등이 이룬 교목 식생대가 이어지며 강변 식생을 완벽하게 마무리하고 있다.

나아가 이들은 가래나무, 귀룽나무, 층층나무, 물푸레나무, 갈참나무, 졸참나무 등으로 이루어진 산림 식생과도 끊어짐 없는 연결을 이어가며 온전하고 건강한 자연경관의 모델을 이루어내고 있다.

그러나 최근 여기에 문제가 발생하기 시작하였다. 낙동강의 발원지로 알려진 황지못 하류 구간에서 시작된 환경부 지원 하천복원사업이 한 예다. 사업 구간 바로 밑의 하천들이 위에 언급한 것처럼 국내에서 거의 유일하게 온전하고 건강한 생태 모습을 갖추고 있건만 큰 비용을 들여 추진하는 이곳의 복원사업은 훼손된 자연을 되살린다는 본래의 사업 취지를 크게 벗어나 이런 자연의 모습과는 정반대로 획일적이고 유연성이 모자란 인공하천 단면을 구축하여 자연 특유의 다양성을 찾아볼 수 없다. 또 도입하는 식물은 외래종은 물론 하천과 거리가 먼 산지 식물들이 주로 도입되고 있다. 국적과 주소지가 불분명한 인공수로가 만들어지고 있다.

하천을 비롯해 모든 생태계는 개방계로서 서로 연결되어 있기에 그들이 벌인 사업의 영향은 해당 지역에만 머물지 않고 하류 구간으로 퍼지기 마련이다. 실제로 최근 이 귀중한 하천에 주변에서 유입된 외래 식물들이 나타나기 시작했다.

생태계 안정을 책임질 뿐만 아니라 우리 인간에게 막대한 생태계 서비스를 제공하고 있는 생물다양성을 위협하는 가장 심각한 요인 중의 하나인 외래종 문제가 이 하천에 발생하기 시작한 것이다.

〈사진 2-67〉 수로에서부터 산을 향해 이동함에 따라 거리별로 다년생 초본식물 달뿌리풀, 작은키나무 갯버들 그리고 큰키나무 버드나무가 군락을 이루고, 하천의 횡단면 끝부분에서는 오리나무가 정착해 군락을 이룰 준비를 하고 있다. 이러한 식생의 배열은 그들의 수명과 비례하는데, 홍수가 오는 주기에 따라 그것이 자주 오는 수로에 가까운 곳에는 수명이 짧은 식물이 그리고 그 주기가 긴 수로에서 먼 곳에는 수명이 긴 식물이 자란다. 따라서 이처럼 식물들이 수명의 길이 순서로 일정하게 배열되어 있다는 것은 이 하천이 인위적 간섭이 없이 자연적으로 유지되고 있다는 증거가 된다.

더구나 그들은 대부분 중앙정부나 지방정부가 큰 비용을 투자하며 벌인 사업장에서 출발한 것들이다. 그릇된 행정이 전국적으로 거의 유일하게 남은 자연하천 낙동강 상류 구간을 멍들게 하고 있다.

〈사진 2-68〉 환경부 지원 하에 진행 중인 "황지천 생태하천 복원사업". 복원사업은 온전한 자연의 체계를 모방하여 훼손된 자연을 되살리는 사업이다. 이 모습은 〈사진 2-64~67〉에 제시된 자연하천의 모습과 거리가 멀다. 그 폭이 일정하고 단면은 조금의 유연성도 발휘할 수 없이 고정되어 있으며 심지어 바닥의 자갈까지 고정시켜 놓고 있다. 게다가 도입한 식물은 하천변 식물보다는 산에 자라는 식물이 더 많으며, 심지어 자연환경을 유지하는데 가장 큰 위협요인으로 고려되는 외래식물이 다수 도입되어 있다. 훼손된 자연을 치유하는 사업이라는 이름이 붙었는데 오히려 자연을 훼손하는 사업을 진행하고 있다. 생태복원 전문가를 통한 철저한 심의와 수정이 요구된다.

〈사진 2-69〉 무분별하게 도입된 외래종 금계국이 하천으로 이입되어 확산되고 있다.

 이처럼 우리가 무분별하게 도입하는 외래종은 도입된 공간에만 머물지 않고 주변으로 확산되며 자생종이 자라는 공간을 잠식하며 환경에 해를 끼치고 있다. 따라서 전문가들은 외래종 문제를 가장 심각한 환경문제 중 하나로 보고 있다.

# 제3부
# 생태적인 삶과 지혜

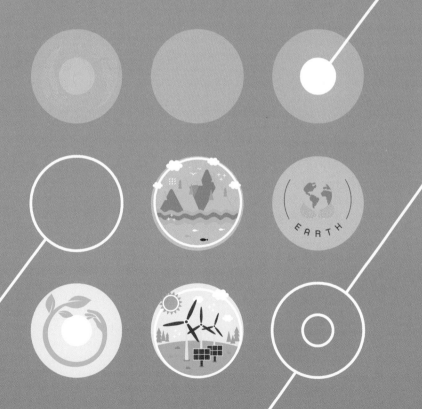

# 1. 광우병 파동을 보며

몇 년 전에도 영국을 중심으로 일었던 광우병 파동이 이제 그 영역을 유럽 전역과 아시아로 확장하고 그 영향의 정도 또한 심각한 상태를 보이며 우리를 위협하고 있다.

필자는 그 영향의 무시무시함을 보면서 우리 인류가 또다시 이런 엄청난 피해를 마주하지 않기를 바라는 마음에서 다음과 같은 생각을 적어 본다.

현재 광우병은 동물체를 포함한 사료를 소에게 먹여 발생한 것으로 그 발병원인을 밝히고 있다. 인간의 필요에 의해서라고 보기에는 너무도 어처구니없는 일이다. 소는 우리가 모두 잘 알고 있듯이 대표적인 초식동물, 즉 식물을 주식으로 삼고 있는 동물이다.

따라서 질긴 성분으로 이루어져 분해가 잘 안 되는 식물체로부터 필요한 에너지를 끌어내기 위해 4개의 위를 갖추고 자신이 취한 음식물을 소화하려고 노력한다. 이처럼 평범한 자연의 진리를 무시한 결과가 이 엄청난 결과를 낳고 있다는 사실을 우리는 깨달아야 한다. 그런데도 우리는 너무도 자주 자연의 이치를 무시하고 어기며 살아왔고 여전히 그러한 생활을 이어가고 있다.

본래의 환경인 자연환경의 원리를 무시하고 인간의 편의 중심으로 진행되는 여러 가지 개발사업이 이러한 재앙을 몰고 올 첫 번째 후보로 꼽히고 있다. 그릇된 환경관리로 야기된 홍수 피해, 바다를 병들게 한 시화호 사건, 산림을 비롯한 각종 자연을 병들게 하여 온 도시를 오염물질의 도가니로 탈바꿈시킨 수도권 중심 개발 등 이루 헤아릴 수 없이 많은 환경문제가 그러한 예에 해당한다.

이에 더하여 인간은 또 다른 분야에서 우려할 만한 재앙을 몰고 올 가능성이 짙은 행위를 진행하고 있다. 수만 년의 진화과정을 거치며 준비하여 대대로 유성생식을 유지해 온 동물들을 인간 마음대로 조작하여 그 생식의 형태를 바꾸고 있다.

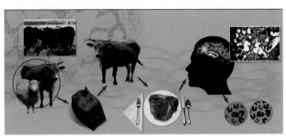

또 자연의 섭리에 맞추어 그 형질을 결정하던 여러 동·식물을 인간의 마음대로 조작하려 들고 있다. 이러한 생명공학기술 또한 인간에게 큰 재

〈그림 3-1〉 광우병의 원인, 감염경로 및 이상증상을 보여주는 모식도(인터넷 다운로드).

앙을 몰고 올 후보 순위에서 어느 것에도 밀리고 싶지 않은 추세로 자연의 섭리를 무시하며 그 영역을 확장하고 있다.

이제 그것이 몰고 올 여파를 우려해서라도 우리의 행위를 스스로 조절할 필요가 있겠다.


## 2. 소나무를 가로수로 심겠다는 서울시 중구의 생각은 ?

서울을 비롯하여 전국적으로 소나무는 대체로 두 종류의 생육지를 하고 있다. 하나는 자연에서 그들 본래의 위치인 산지 정상부나 능선부의 노암지이고, 다른 하나는 인가에서 가까운 산지 저지대이다. 양지바른 곳을 선호하고 수분이나 양분이 부족한 곳에서 잘 자라지만 다른 나무들과의 경쟁력에서 뒤지는 그들의 속성이 전자와 같은 장소를 그들의 생육지로 만들었다.

한편, 종자 생산량이 많고 해거름 현상이 없으며 날개를 가진 종자의 산포 거리가 먼 특성과 인간 간섭과 같은 교란이 자주 일어나는 장소를 선호하는 특성이 후자와 같은 장소에 그들이 자랄 기회를 만들었다.

서울시 중구의 거리는 평지에 가깝고, 과거의 지형을 고려하더라도 구릉지 내지는 산지 저지대로서 소나무의 자연적 생육지로는 어울리지 않는다. 그러나 서울의 도심지역으로 인간 간섭이 빈번하고 큰 건물만 비켜서면 도로의 트인 공간으로부터 비교적 풍부한 빛이 유입되므로 소나무의 두 번째 생육지 조건은 충족시킨다고 볼 수 있다.

그러나 여기에서 결론을 내리기 전에 우리는 몇 가지 생각을 더 해보아야 한다.

첫째, 서울은 환경이 많이 개선되었다고 해도 여전히 한국 최대의 도시로서 여기에서 배출되는 오염물질은 상당하다. 도시지역에 자라고 있는 소나무들을 한번 자세히 보면, 그들 본래의 모습처럼 침엽이 곧게 펼쳐져 있기보다는 힘이 없어 처져 있는 모습이다.

그 잎들을 휴지로 닦아내 보면 검은 때가 묻어난다. 그것을 다시 현미경으로 보면 그 잎의 숨구멍에 해당하는 기공이 망가져 메워지고 있는 모습을 보인다. 소나무는 우리나라 나무 중 대기오염에 가장 약한 종류에 속한다. 우리나라 국민 70% 이상이 선호하는 나무가 이렇게 고통받고 있다.

둘째, 지금 강원도와 경북 일대의 우리나라의 대표적 우량 소나무림 지역의 대부분 소나무는 정부가 우려하는 재선충 외에 솔잎혹파리 피해로 죽어가고 있다. 1990년대 중반까지 솔잎혹파리 피해가 없던 강원도 지역으로 솔잎혹파리 피해가 퍼진 경로를 영동고속도로 확장공사 중 외부로부터 도입한 나무와 잔디를 비롯한 도로 공사용 물품수송으로 보는 전문가들이 많다.

지금까지의 사례로 보아 서울시 중구의 소나무 도입도 묘목을 생산하여 도입하기보다는 성목을 도입할 가능성이 크다. 그 수송 작업이 또 다른 병충해의 확산 경로가 되지 않을까 염려스럽다.

셋째, 현재 소나무의 유통경로는 불분명한 경우가 많다. 거래하는 사람들의 말을 빌려보면, 흔히 개발되는 지역에서 버려지는 나무를 가져온다고 한다. 그러나 그렇지 않고 불법 굴취가 이루어진다는 주장도 있다.

후자의 경우가 사실이라면 이는 어느 한 지역을 '명품구'로 만들기 위해 다른 지역의 자연이 망가지고 있다. 국토의 균형발전이라는 핑계로 성행하는 난개발이 국토 전체를 상처투성이로 만들어 다가오는 온난화를 부추기고 있는 현실이다. 더욱 신중한 결정을 하였으면 한다.

넷째, 다른 방식으로 아름다운 거리를 만들 수도 있다. 서울에서 저지대의 자연이 남아 있는 대표적 지역으로 태릉, 청계산 주변, 그리고 비원 지역을 꼽고 싶다. 이러한 곳에 가서 보면 중구의 가로수로 도입할 만한 자연수종을 발견할 수 있다. 갈참나무, 졸참나무, 때죽나무, 쪽동백나무, 화살나무, 작살나무, 조팝나무, 찔레꽃 등이 그들이다.

〈사진 3-1〉 가로수로 식재된 소나무.

이들을 조합하여 가로수로 도입하면 소나무 못지않은 명품 가로공원을 창조할 수 있을 것이다. 이들은 오염에도 강하여 스트레스도 적게 받을 것이고, 그 경우 활발한 생장을 통해 공기정화에도 기여할 것이다.

## 3. 참된 선을 실천하는 방생이 되어야 한다

요즘은 수시로 하지만 방생은 원래 음력 3월 3일과 8월 15일에 행해졌다. 전통적 방생일 중 하나가 며칠 앞으로 다가오고 있다. 외래종 문제가 자연보전을 위협하는 핵심 요소 중의 하나로 자리 잡은 오늘의 시점에서 방생이 갖는 참 의미와 그것이 가져올 문제점을 검토하는 것은 의미 있다.

방생의 사전적 의미는 '사람에게 잡힌 물고기나 새, 짐승 따위를 산이나 물에 놓아서 살려 주는 일'로 되어 있다. 이는 살아있는 생물을 함부로 죽이지 말고 괴로움에서 벗어나도록 풀어주라는 불교의 가르침에서 비롯된 행위로서 모든 생명을 사랑하고 존중하라는 의미로 해석된다.

생태학적으로는 인간 간섭을 배제하여 생태계를 이루어 사는 모든 생물이 그들 본래의 모습대로 자연스럽게 살아가게 하는 것이라고 볼 수 있다. 그런 점에서 방생은 자연과 조화를 이룬 삶을 유지하는 것이 선을 실천하는 것임을 일깨운 앞서가는 생태교육이었다.

〈사진 3-2〉 방생하는 모습(인터넷 다운로드).

방생할 동물들을 상점에서 사 그들의 본래 서식처와 상관없이 사람들 마음대로 놓아주고 있으니 애초의 방생과는 그 의미가 크게 달라진 요즘이다. 더구나 요즘 이뤄지는 방생에서 사용되는 생물들은 외국에서 수입된 것이거나 다른 지역에서 가져온 것이 대부분이다.

하지만 그런 행위가 본래의 의미와 너무 다르게 그 생물을 죽게 하거나 아니면 놓아 준 생물들이 다른 생물들을 죽게 만들 수도 있으니 이는 참된 방생은 아닐 것이다.

그러면 이처럼 행해지는 무분별한 방생은 어떤 문제를 가져오고, 오늘의 시점에서 참된 방생은 무엇일까?

그들이 본래 살고 있던 곳이 아닌 지역에 우연히 정착하거나 의도적으로 도입되어 살아가는 생물들을 우리는 외래종이라고 부른다. 이들이 주로 다른 나라에서 들어왔기 때문에 일반적으로 이들을 외국의 생물들로 인식하는 경향이 있지만, 자연의 경계와 정치적 경계는 다르므로 그것이 꼭 옳은 것은 아니다. 가령 국내의 어느 한 지역에 제한적으로 분포하는 생물이 다른 지역으로 옮겨지면 그것은 옮겨진 지역에서 생태적으로 외래종과 같은 위치에 있게 된다.

외래종이 새로운 서식처를 쉽게 침입하여 지배하고 자생종을 대체할 수 있는 이유는 새로운 서식처에서 이질적인 존재로서 그들의 포식자, 병원균과 기생자 같은 천적이 없기 때문이다. 인간의 활동은 자연생태계를 손상해 평상시와 다른 환경조건을 만들어내는데, 외래종은 자생종보다 이처럼 변화된 환경에 더 쉽게 적응할 수 있다.

오늘날 인간 활동으로 훼손된 생태계가 점점 늘어나고 있다. 아울러 외래종도 빠른 속도로 그 영역을 확장하고 있다. 한때 온 나라를 떠들썩하게 했던 황소개구리, 배스, 뉴트리아 등이 가져온 피해나 지금도 강원도와 경상북도 북부의 우량 소나무림을 초토화하고 있는 솔잎혹파리 피해를 되돌아볼 필요가 있다.

지구적 차원에서도 몇몇 외래종이 생태적 공간을 독점하는 현상이 점점 늘어나 높은 생물다양성과 지역 특이성을 가진 세계보다는 단순한 지구생태계를 낳을 위험이 있다. 단순한 생태계는 안정성이 떨어지니 무분별하게 도입하는 외래종이 실로 지구생태계 전체의 안정성을 위협하고 있다.

그러면 참된 방생은 무엇일까? 『금광명경』에서 방생은 살생을 금하고 나아가 어려운 환경에 처한 생물들을 적극적으로 살게 해주는 선행으로 가르치고 있다.

오늘의 시점에서 이러한 방생은 무엇일까? 야생생물 불법 포획이 여전히 진행되고 있다. 덫을 놓거나 독약을 살포하는 야만적인 행위도 여전하다.

현대식 방생 사례는 덫에 걸린 생물을 풀어주거나 덫을 제거하는 행위, 이러한 행동을 하지 않게 설득하는 교육, 나아가 삶의 현장에서 자연훼손을 최소화하거나 훼손된 자연을 치유하여 서식처를 잃고 떠나야 했던 야생생물들이 다시 돌아와 살 수 있는 환경으로 되돌려 놓는 생태적 복원이다.

또한 에너지 절약을 실천하여 기후변화를 완화하고 기후변화에 따른 생물의 이동이 원만하게 이루어지도록 생태적 단절을 최소화하는 생태 축 복원 등이다. 자연을 소중히 다루고 지켜 야생의 생물들이 제 모습대로 살게 하는 것이 진정한 방생이 아닐까?


## 4. 일본 대지진과 태풍 곤파스 피해로부터 얻은 나무 심기 교훈

지난겨울은 유난히 춥고도 긴 겨울이었다. 막바지에는 큰 눈이 내려 며칠 동안이나 동해안 지역 주민은 물론 그곳을 찾은 사람들까지 발길을 묶어 노숙하게 만들기도 하였다.

그렇게 힘들었던 겨울의 고통이 끝나는가 싶더니 이번에는 이웃 나라 일본을 초토화하는 대지진이 일어나 다가오는 봄을 느낄 여유조차 갖지 못하게 하고 있다. 그래도 봄은 우리에게 다가와 바야흐로 식목의 계절을 맞이하고 있다. 필자는 여러 해 전부터 가르치는 학생이나 시민들과 함께 "생각하며 나무를 심자"라는 신조 아래 식목 행사를 해왔는데, 올해 식목 행사에는 그것을 더 강조하고 싶다.

이번 일본의 지진이 이루 형용할 수 없을 정도로 큰 피해를 주어 암울하기 그지없지만 여러 사람이 그랬듯이 나는 그 속에서 희망의 빛을 보았다. 일본인들이 침착하고도 의연한 대처가 인간이 보여준 희망의 빛이라면, 그 엄청난 지진해일에도 굳건히 자리를 지킨 나무들은 자연이 보여준 희망의 빛이다. 이 나무들이 지진해일의 피해를 완전히 막을 수는 없었지만, 해일의 이동속도를 늦춰 그 피해를 줄였다는 평가가 일반적으로 받아들여지고 있다.

이번 기회 외에도 나무와 숲을 비롯한 자연이 재해방지 기능을 발휘한 사례는 많다. 2004년 인도네시아에서 지진해일이 발생하였을 때도 해변에 자라는 야자수에 의지해 생명을 구한 사람이 있었는가 하면, 보존된 습지가 그 피해를 줄여준 사례도 보고되고 있다.

1997년 발생한 고베 지진 때에도 신사 주변과 같이 나무가 무성하게 자라 자연생태계가 잘 보존된 지역에서는 피해가 거의 발생하지 않아 생태계가 발휘하는 재해방지기능을 확인할 수 있었다.

지난해 한반도 내륙을 강타한 태풍 곤파스 피해지역에서는 내용이 좀 다른 사례가 눈에 띈다. 태풍으로 쓰러진 나무 중에는 아까시나무와 같은 외래종이 가장 많았다. 은백양 나무와 수원사시나무의 교잡종으로 생장이 빨라 여러 지역에 넓은 면적으로 조림된 은사시나무 조림지의 피해도 컸다. 이 나무들이 태풍피해를 심하게 입은 것은 자신의 의지와 관계없이 사람들에 의해 선택된 장소에서 그들이 제대로 뿌리를 내리지 못한 것이 큰 원인이 된다.

산림을 잘라낸 절개사면 전면에 서 있는 나무들은 수종과 관계없이 피해가 컸고, 등산로 주변의 나무들도 수종과 관계없이 많이 넘어졌다. 전자의 결과는 인위적 간섭이 나무들을 강한 바람에 직접 노출되게 한 데서 비롯되었고, 후자의 결과는 넓어진 등산로가 수관의 이음새에 틈을 내어 그곳에서 강한 회오리바람을 일으켰기 때문이다.

자연의 재해를 견딘 나무들과 자연의 재해로 넘어진 나무들의 사례를 보며 얻은 교훈으로 올해 나무 심기에서 고려하여야 할 사항을 정리해 본다.

첫째, 나무는 그 종류에 따라 선호하는 장소가 다르다. 적합한 장소에 심어지면 생육상태가 좋아 그것이 발휘할 수 있는 최대의 기능을 발휘하여 우리 인간에게도 최대의 서비스 기능을 제공한다. 그러나 적합하지 않은 장소에 심어지면 생육상태가 불량하여 그것이 발휘하는 기능이 부족하고, 우리에게 주는 혜택 또한 크지 않다. 심하면 피해를 주는 사례까지 있다. 태풍 곤파스의 피해를 크게 입었던 나무들이 이러한 상황에 해당한다.

〈사진 3-3〉 동일본 지진해일 피해 모습. 지진해일로 인해 대부분의 건물들이 사라졌음에도 불구하고 나무들은 제 자리를 지키고 있는 모습에서 자연의 힘을 느낄 수 있다(인터넷 다운로드).

그중에서도 특히 외래종은 자생생물 서식지를 변화시키고 생물군집의 다양성을 낮춰 생태적 안정성을 훼손하며, 더 다양한 악영향을 미치고 있다. 이런 점에서 나무 심기에서 외래종은 철저히 배제되어야 한다. 하천에서는 그러한 사례를 더 흔하게 볼 수 있다. 하천 주변에 자라는 나무들은 흔히 뿌리가 발달하고, 조직이 유연하여 홍수에 잘 견디고 적응한다.

그러나 산에 자라는 나무들은 상대적으로 뿌리가 덜 발달하고, 조직 또한 유연하지 않기 때문에 홍수에 민감하고, 이들이 넘어지면 홍수 소통에 지장을 초래하며 그 피해를 확대할 수 있다. 그런데도 지금 하천에서 진행 중인 나무심기행사는 산에 나는 나무는 물론 외래종이면서 산에 나는 나무까지도 마구 도입되고 있어 그 미래가 염려된다.

둘째, 나무의 역할을 생각하며 나무를 심자. 나무를 비롯한 여러 종류의 생물들과 그들이 서식하는 환경이 조합된 생태계가 발휘하는 생명 부양기능으로서 생태계 서비스 기능은 우리 인간에게 이로운 물질(식량, 물, 섬유와 목재), 에너지(생물량) 및 새로운 정보(특히 농업 및 제약 산업)를 지속해서 제공한다. 나아가 생태계 서비스 기능은 토양비옥도 유지, 수리조절, 탄소 고정(기후 안정화 유도), 산소공급, 작물의 수정 및 자연적 해충 조절기능을 통해 우리에게 간접적 혜택을 준다.

그 밖에 생태계 서비스 기능은 심미, 휴양 또는 문화적 가치와 같은 편익도 제공한다. 이러한 생태계 서비스 기능은 화폐로 계산할 수 있는 상품 가치를 갖는 것은 아니지만 생태계 서비스 기능이 발휘하는 생명 부양기능은 무엇보다 중요하며, 인간은 이러한 기능의 지속해서 유지되지 않으면 생존 자체가 불가능하다. 몇 년 뒤에 우리에게 의무 부과될 탄소 배출량 감축에서 경제적 충격을 완화하여 녹색성장을 이루기 위해서도 생태계 서비스 기능의 향상은 절실히 요구되는 시점이다.

셋째, 장래에 숲을 가정하여 나무를 심자. 나무는 여럿이 모여 숲을 이루며 안정성을 추구한다. 따라서 나무를 홀로 심기보다는 모아서 심어 숲을 이룰 때 더 안정되고 큰 기능을 발휘한다. 또, 숲은 큰키나무, 중간키나무, 작은키나무, 그리고 풀들이 모여서 이루어진다. 이러한 다양한 식물들이 모여 이루어진 다층구조의 숲에는 다양한 생물들이 서식한다.

그러나 식물의 종류가 단순하고 계층구조 또한 단순하게 조성된 조경식재지가 주를 이루는 도시지역에서는 흔한 새 중의 하나인 참새의 수까지도 줄어들고 있다. 생물들이 우리 곁을 떠나고 있다. 우리 인간도 생물의 한 종류이기에 다른 생물들이 살기에 부적합하여 떠나는 장소는 우리 인간이 살기에도 부적합한 장소가 된다. 환경선진국들이 추구하는 것처럼 다양한 생물들과 어울려 살 수 있는 인간 환경 창조가 나무 심기에서 시작된다.

끝으로 자연과 상생하여 녹색성장 선도국가로서 어울리는 수준으로 나무를 심자. 우리가 살아가는 환경, 즉 생태계는 다양한 생물들과 그들의 서식기반이 조화로운 관계를 통하여 조합된 실체를 말한다. 이들의 조합은 특이하여 조합된 구성원 간의 관계는 서로 불가분의 관계에 있다.

생물들 사이의 관계나 생물군집과 그들의 서식기반 사이의 관계는 서로 영향을 주고받는 불가분의 관계를 맺고 있다. 이러한 관계는 우리 속담의 "가는 말이 고와야 오는 말이 곱다"는 말처럼 좋은 영향을 주었을 때는 상대방으로부터 좋은 반응을 얻을 수 있지만 나쁜 영향을 주었을 때는 좋은 반응을 기대할 수 없다.

가령 우리가 숲을 잘 보존하고 가꾸면, 그 숲은 무성하게 자라 우리에게 그늘을 주고, 맑은 공기를 주며, 맑은 물도 간직하였다가 우리가 필요로 할 때 공급한다. 그러나 우리가 그것을 훼손하면, 그러한 효과를 기대할 수 없는 것은 물론이고, 산사태, 가뭄, 홍수 등을 유발하며 우리에게 피해를 주기도 한다.

인간이 자연과 함께 이룬 환경에서 인간 환경은 오염을 비롯하여 각종 환경 스트레스의 발생원(source)이 되고, 자연환경은 그것을 제거하는 흡수원(sink)으로 작용한다. 어떤 지역에서 후자의 기능이 전자의 기능보다 크면 쾌적한 환경이 유지되고, 그 반대의 경우이면 환경문제로 발전할 수 있을 것이다.

지금까지 이러한 환경문제를 해결하기 위한 우리의 노력은 주로 발생원을 줄이는 데 초점을 맞추어 왔지만, 흡수원을 늘리기 위한 노력 또한 중요한 환경문제 해결책이 될 수 있다. 이러한 생태계 서비스 기능을 활용하는 사례가 선진국을 중심으로 늘어나고 있다. 나아가 그 가치를 경제적 가치로 계상하기 위한 국제기구까지 조만간 탄생할 전망이다.

기후변화는 각종 기상이변을 나으며 계속 진행 중이고, 자연재해의 빈도와 강도도 늘어나는 추세이다. 이런 점에서 어느 때보다도 생존환경으로서의 자연이 커 보이고 절실히 요구되는 시점이다. 올해의 나무 심기가 더욱 의미 있고 수준 높은 자연보강으로 이어지길 기원해본다.


## 5. 식목일에 즈음하여 나무 심기 행사에 대한 제언

새봄을 재촉하는 단비에 고마움이라도 표시하려는 듯 여기저기서 새싹들이 자신의 존재를 알리기에 바쁜 요즘이다. 해마다 이쯤이면 산림청에서는 나무 심기 주간을 설정하여 나무 심기를 장려해 왔다. 그 밖에 여러 민간단체도 나무 심기를 권장하고 있다.

그러면 우리는 이러한 나무 심기 행사에 어떤 마음으로 참가하여야 할까? 지금까지도 이 행사를 주관하는 기관과 단체는 물론이고 참여하는 사람들도 이 땅의 자연, 즉 우리의 환경을 보다 건강하게 가꾸고자 하는 마음으로 참여하였을 것이다. 그런데도 아직도 우리 주변에서는 건강하지 못한 자연을 흔히 볼 수 있고, 잘못 다듬어진 자연 역시 흔히 볼 수 있으니 안타까운 일이다. 이에 이제부터라도 나무 심기 행사에서는 "생각하며 나무를 심자"라고 권하고 싶다.

첫째, 나무는 그 종류에 따라 좋아하는 장소가 있고 싫어하는 장소가 있다. 따라서 우리는 나무를 심으려고 하는 어떤 장소가 정해지면 그곳에 적합한 나무를 선택하여 심어야 한다. 우리가 자연이 잘 보존된 산에 가보면 계곡, 산자락, 산허리, 산등성이, 산꼭대기 등 각기 다른 환경에는 각각 다른 나무들이 자라고 있음을 볼 수 있다.

그리고 그와 비슷한 다른 산에 가보면 다른 산임에도 불구하고 비슷한 환경에는 비슷한 종류의 나무들이 자라고 있음을 볼 수 있다. 이것은 누가 선택해준 장소가 아니라 나무 스스로가 선택한 장소이다. 이들이 자라는 모습은 힘이 있어 보인다. 그것은 나무들이 각자 좋아하는 장소를 선택했기 때문일 것이다. 따라서 우리가 나무를 심을 때는 이러한 나무의 습성을 고려하여 나무가 좋아하는 장소에 심어야 한다.

그러나 지금까지 우리는 이러한 나무의 습성을 무시하고 외국에서 들여온 나무, 높은 산에서 자라는 나무, 건조한 곳에서 자라는 나무, 습한 곳에서 자라는 나무 등을 가리지 않고 우리 마음대로 아무 곳에나, 그리고 아무렇게나 섞어 심어 왔다.

따라서 우리 주변의 산에서 국적이 불분명한 숲, 주소가 불분명한 숲이 자주 나타나는가 하면, 한편에서는 물이 부족하여 목이 타는 나무가 있고, 한편에서는 물에 잠겨 숨이 가쁜 나무들도 보인다. 그리고 어떤 나무는 서로 서먹서먹한 관계를 유지하고 있는 것도 같다. 특히 가로수로 심어졌다고 신문에 보도되었던 소나무 같은 경우는 총체적 위기를 맞고 있다고 할 수 있겠다.

산지 능선부의 건조하고 척박한 산성토양에 살며 오염에도 약한 습성을 가진 소나무가 배수가 불량하고, 알칼리성 토양이며, 대기오염도 심한 도로변에 심어졌으니 말이다. 심어진 나무도 편안하고, 그들이 최대로 기능을 발휘하여 우리가 그들로부터 혜택을 받기 위해서라도 나무를 그들이 좋아하는 장소에 심어주자고 부탁하고 싶다.

둘째, 나무의 역할을 생각하며 심자. 나무는 뿌리를 통하여 물과 영양분을 흡수하고 잎을 통하여 이산화탄소를 흡수한 다음 태양으로부터 받은 에너지를 이용하여 뿌리와 잎을 통하여 흡수한 것들을 분리하고 재조합한다. 여기에서 재조합된 물질은 나무 자신과 자연계에 존재하는 다른 생물들을 위해 쓰인다.

이것만으로도 나무의 역할은 엄청나다고 할 수 있겠다. '지구생태계'라는 집에서 가장의 역할을 하고 있으니 말이다. 그밖에 이것과 관련하여 나무가 하는 역할은 매우 다양하다. 특히 인간이 만들어 놓은 환경문제를 해결하는 데 그 역할은 우리가 반드시 생각하여야 할 문제일 것이다.

우선 물과 영양분을 토양으로부터 흡수하는 과정에서 나무는 인간이 그곳에 버려온 오염물질을 흡수하여 토양을 깨끗하게 하고 물도 깨끗하게 한다. 잎에서 이산화탄소를 흡수하는 과정에서도 마찬가지 역할을 한다. 즉, 인간이 대기 중으로 버려온 대기오염물질을 흡수하여 제거해 주는 것이다.

그뿐만이 아니다. 최근에 우리는 극심한 가뭄, 극심한 더위 등 이상기상 현상을 자주 접하고 있다. 지난겨울만 해도 겨울 가뭄으로 극심한 고통을 겪은 지역이 많았다. 이러한 일이 있을 때 물관리 대책으로 거론되는 것은 오직 댐의 조성에 관한 것이다. 너무 근시안적인 사고인 듯하다.

보이지 않는 댐의 역할을 하는 나무, 즉 삼림의 역할에 대해서는 전혀 언급이 없으니 말이다. 댐은 물을 관리하는데 효율적인 듯해 보이지만 실은 그렇지도 않다. 수면이 대기 중에 노출된 관계로 증발량이 커 물의 소실량이 많기 때문이다.

그러나 숲에 가두어진 물은 그렇지가 않다. 산지가 울창한 숲으로 가꾸어지고 버려진 땅으로 그 기능을 멈추고 있는 하천변이 본래의 모습대로 숲으로 가꾸어질 때 물 부족으로부터 우리의 고통은 훨씬 줄어들게 될 것이다. 혹자는 홍수 피해를 우려하여 하천변에 나무를 심을 수 없다고 하지만 하천변에 자라는 나무들이 홍수조절 효과를 가진다는 것이 외국의 연구 사례에서 밝혀지고 있다.

그런데 나무의 이처럼 다양한 기능은 그것이 모여서 숲을 이루었을 때 발휘된다. 우리는 주위에서 "무슨 무슨 나무가 무슨 오염물질을 잘 흡수하는 정화수다"라는 말을 듣곤 한다. 그러나 이 말은 너무 과장된 말이 아닌가 싶다. '정화수'라는 개체가 감당하기에는 너무 많은 오염물질이 존재하는 현실이기 때문이다. 따라서 장래에 숲을 가정한 나무 심기를 생각하자고 권하고 싶다.

〈사진 3-4〉 식목행사 모습(인터넷 다운로드).

마지막으로, 그동안 착취해 온 자연에 대해 보상하는 마음으로 나무를 심자. 우리가 사는 인간 환경은 물리적 환경, 생물적 환경, 그리고 문화적 환경으로 이루어진다. 그러나 인간 환경은 소비중심인 자신을 유지하기 위하여 생산적인 자연환경에 의존하고 있다. 따라서 우리 인간은 인간 환경의 일부이고, 아울러 자연환경의 일부라고 할 수 있다.

그러나 그동안 우리는 너무도 많은 자연을 훼손시켜 왔다. 나무가 자라고 있는 땅을 송두리째 빼앗았는가 하면, 죽은 나뭇가지에 의존하여 사는 곤충의 보금자리를 나무를 가꾼다는 핑계로 빼앗았고, 그들을 먹이로 하여 살아가던 새들을 먼 곳으로 내몰고, 어떤 곳에는 사람과 친하다는 이유만으로 다른 새들이 자유롭게 사는 공간을 빼앗아 인간이 좋아하는 새들에게 그 땅을 넘겨주기까지 해왔다. 그것의 결과는 여러 가지 환경문제로 우리에게 다가오고 있다.

이제 우리는 자연에 대해 지금까지 해온 착취에 대해 보상을 할 때라고 생각한다. 우리 자신의 생존환경을 지키기 위해서라도 말이다. 그러나 그 보상은 자연이 원하는 바대로 이루어져야 한다. 즉, 자연의 원리를 바탕으로 한 보상이 이루어져야 한다.

이러한 자연에 대한 보상의 의미가 담긴 나무 심기가 되기 위해서 우리는 우리 마음대로가 아니라 자연이 원하는 종류를 선택하여야 한다. 즉, 나무가 원하는 장소에 심어야 하고, 그것이 원하는 방법으로 가꾸어야 한다.

우리의 자연이 원하는 종류는 인간을 포함하여 다른 생물에게도 친근감을 주는 토박이 종이 될 것이고, 심는 방법은 홀로 심기보다는 모여 심기가 될 것이며, 어울려 사는 종들은 본래의 환경에서 어울려 살았던 것들을 바랄 것이다. 이국의 것들이 심어졌을 때 사람들이 먼 나라의 음식에 거부감을 느끼듯이 그것이 부양하는 다른 생물들은 이국의 나무가 만들어주는 음식에 거부감을 느끼게 될 것이다.

그리고 고립되어 심어지기보다는 모여서 심어질 때 나무 자신도 서로 의지가 될 수 있고, 다른 생물들이 먹을 것을 찾고, 숨기도 하고, 사랑을 나눌 공간도 제공하기 때문이다.

# 6. DMZ의 생태적 가치

한국전쟁이 일어난 지 60년 이상의 세월이 흘렀다. 그동안 DMZ와 그 주변의 민통선 북방지역은 전쟁 당시 폭발되지 않고 남아 있는 폭발물, 적의 침투를 막기 위해 매설된 지뢰 등이 사람들의 출입을 극도로 제한해 왔다.

그 덕분에 이 지역은 전쟁 당시는 물론 전쟁 전에 사람들이 입힌 상처마저도 말끔히 치유하여 자연 그대로의 모습을 거의 되찾았다. 잦은 땔감 채취로 어린 소나무 숲으로 덮여 있던 산림은 울창한 활엽수림으로 변하였다. 더구나 골짜기와 산자락 숲까지 되살려 골짜기를 따라 올라가면 가래나무숲, 거제수나무숲, 들메나무숲, 물푸레나무숲, 느릅나무숲, 신갈나무숲 등이 이어지며 다양성을 보인다.

경작지들은 자연으로 돌아왔다. 특히 논들의 일부는 강변 식생으로 일부는 습지로 장소에 따라 제 위치를 되찾았다. 따라서 국내의 다른 지역에서는 왕릉 앞에서나 겨우 볼 수 있는 넓은 오리나무숲도 이곳에서는 흔히 보인다.

특히 비가 올 때면 집수역의 모든 물질을 쓸어 모으는 하천 주변은 위험지역으로 분류되어 자연의 보존상태가 더욱 좋다. 그곳이 아니면 제대로 된 하천의 모습을 거의 볼 수 없는 것이 우리나라의 현실이다 보니 그 중요성은 이루 말할 수 없다.

이 지역을 세계적인 생태보고로 표현한 데는 그만한 이유가 있다. 우선 한국전쟁은 지금까지의 전쟁 역사 중 가장 치열한 전쟁 중의 하나로 기록되어 있다. 그처럼 치열한 전쟁을 치른 현장이었지만 50여 년에 걸쳐 진행된 자연의 노력 덕분에 그곳은 전쟁 이전의 모습을 넘어 자연 본래의 모습을 되찾고 있다.

이 처절한 전쟁의 상흔에서 자연이 스스로 이루어 낸 이런 자발적 복원(passive restoration)의 모습은 세계적으로 드문 현상으로서 그런 이름으로 부를 만하다. 복원은 본래 자연이 자신의 상처를 치유하는 모습에서 기원하였으니 세계적인 습지 복원모델과 하천 복원모델이 여기에 있다고 할수 있다.

이 지역은 흔히 생물다양성의 보고로 알려져 있다. 이처럼 높은 생물다양성은 하천을 비롯한 저지대가 대부분 개발지로 전환된 다른 지역과 달리이 지역은 앞서 언급한 바와 같이 위험지역으로 분류되어 인간의 간섭에서 벗어나 자연에 가까운 모습을 되찾아 자연의 연속성을 회복한 데 기인한다.

즉 다른 지역은 개발요구도가 높은 저지대가 대부분 개발되어 고지대의자연이 잘 보존되어도 서식처 단절로 인해 생물의 종류가 줄어들고, 남아있는 생물들도 자연보전의 측면에서 가치가 떨어지는 생물, 예를 들면 안정된 서식처가 있어야 하는 정주 종보다는 방랑 종들로 바뀌는 것이 현실이다.

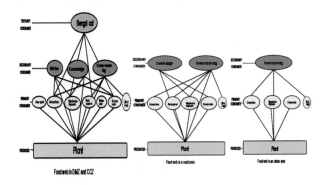

〈그림 3-2〉 DMZ의 먹이망(왼쪽)은 도시(오른쪽)는 물론 농촌지역(중앙)과 비교해 복잡하고 길이가길어 생물다양성이 높음을 보여주고 있다.

그러나 DMZ와 민통선 북방지역은 저지대의 자연이 회복되어 생태적 공간이 거의 단절되지 않고 연속성을 유지한다. 그 결과 두 지역을 합쳐야 남한 면적의 1% 수준에 지나지 않지만, 그곳에 사는 식물, 새, 포유동물, 어류, 양서류, 파충류와 곤충은 각각 남한 전체에 출현하는 각 분류군의 39, 52, 68, 62, 80, 55 및 11%를 차지할 정도로 생물다양성이 높다. 지구상에서 생물다양성이 특별히 높은 열대지역에 붙여지는 이름을 모방하면 가히 온대의 핵심지역(hot spot)이라 부를만하다.

그러나 사람들은 이러한 생물다양성의 중요성을 피부로 느끼지 못하고 있다. 그 중요성을 한번 비유해보자. 우리는 온갖 첨단소재로 중무장을 하여야만 안전하게 우주에 갈 수 있다. 우리 지구가 그러한 준비 없이도 사람들이 안전하게 살 수 있는 공간으로 변한 것은 생물다양성을 이루는 다양한 생물들이 살아가면서 그 환경을 개척해 놓은 덕분이다

지금 기후변화를 비롯한 각종 환경문제로 지구환경이 위기를 맞고 있다. 과거의 열악했던 지구환경을 지금처럼 온화한 모습으로 되돌렸듯이 생물다양성은 오늘 우리가 맞고 있는 지구환경위기를 해결할 유일한 수단이다. 우리의 미래 환경에서 이처럼 중요한 역할을 담당할 높은 생물다양성이 우리의 DMZ와 민통선 북방지역에 자리 잡고 있다. 더구나 이처럼 높은 가치가 있는 생물다양성은 우리 민족이 한국전쟁 중 흘린 피의 대가로 얻은 선물이기에 더욱 가치 있다.

이곳의 높은 가치는 다른 요인에서도 찾을 수 있다. 필자를 포함하여 몇몇 전문가가 함께 연구한 결과에 의하면, 이 지역의 생태계는 다른 지역과 비교해 먹이사슬의 길이가 길고, 먹이사슬은 복잡하다. 생태적으로 안정되어 있다는 의미이다.

이 지역의 이처럼 안정된 생태계는 그 자체로 생태관광의 중요한 소재가

된다. 이들은 개발로 얻어지는 근시안적 경제도구 보다 훨씬 더 오랫동안 별도의 투자 없이도 우리 곁에서 경제적 수단으로 기능할 수 있다. 또 이곳은 한반도의 중앙에 위치하여 남방계 생물의 북한계와 북방계 생물의 남한계가 되는 경우가 많다.

이러한 지리적 특성은 이 지역을 우리나라의 다른 어떤 지역보다도 기후변화실태를 진단하기에 적합한 장소로 삼을 수 있게 한다. 그런 점에서 이지역은 또 다른 환경 가치를 지니고 있다고 할 수 있다.

환경부가 기획재정부, 국방부 등 관계부처와 협의하여 수립한 '한반도 생태 축 구축방안'이 제 역할을 하여 이 지역이 지속해서 세계적인 생태보고로 남을 수 있기를 기대해 본다.


## 7. DMZ 생태 읽기

지난달 DMZ 특집을 읽으며 많은 분이 DMZ의 생태에 관심이 있고 그것을 지켜내기 위해 노력하고 있음을 다시 확인하게 되었다. 모두의 노력에 이 지면을 빌어 감사와 존경을 표하고 싶다. 아울러 생태학을 전공한 사람으로서 필자도 DMZ의 생태를 위해 무언가 기여해 보고 싶다는 생각에 컴퓨터 자판을 두드리기 시작했다.

우리는 흔히 이 지역을 세계적인 생태보고로 표현하고 있다. 그러면 우리는 왜 이곳을 생태보고로 부르는 것일까? 우선 다른 곳에서는 볼 수 없거나 보기 힘든 생물들을 볼 수 있고, 그들이 모여 높은 생물다양성을 이루어냈기 때문이다. 그러면 이곳은 어떻게 그렇게 높은 생물다양성을 보유하게 되었을까?

한반도는 동쪽은 고도가 높고 경사가 급하며 서쪽은 고도가 낮고 경사가 완만한 동고서저의 지형을 유지하고 있다(그림 3-3). 이러한 지형조건의 영향으로 고도가 낮고 경사가 완만한 서부는 개발이 쉬워 과거에는 농경지로 그리고 오늘날은 다양한 도시로 개발됐다.

따라서 저지대를 삶의 근거지로 삼고 있는 대부분 숲은 사라지거나 질이 크게 저하되어 있다. 그렇다 보니 그것에 의존해 살아가던 곤충을 비롯한 작은 동물, 새 등이 사라지고, 나아가 그들을 먹이로 삼던 큰 동물들도 자취를 감추며 생물다양성이 빈약해졌다.

그러나 한국전쟁 종료 후 출입 금지(DMZ) 또는 제한 지역(CCZ)으로 지정된 이 지역은 다른 지역과 달리 인간의 간섭에서 벗어나 자연에 가까운 모습을 되찾아 자연의 연속성을 회복하고 있다.

즉 다른 지역은 개발요구도가 높은 저지대가 대부분 개발되어 고지대의 자연이 잘 보존되어도 서식처 단절로 생물의 종류가 줄어들고 있다. 남아 있는 생물들도 자연보전의 측면에서 가치가 떨어지는 생물, 예를 들면 안정된 서식처가 있어야 하는 정주 종보다는 방랑 종들로 바뀌는 것이 현실이다.

그러나 DMZ와 민통선 북방지역(CCZ, Civilian Control Zone)은 저지대의 자연이 회복되어 생태적 공간이 거의 단절되지 않고 연속성을 유지하며 생물다양성을 확보하는 데 중요한 기여를 하고 있다.

생물다양성을 논할 때 우리는 흔히 종 다양성을 염두에 둔다. 하지만 그들이 감소한 주요 배경이 서식처 파괴와 파편화로 인한 서식처 질의 저하라는 사실을 생각해 보면 생물다양성을 지켜내기 위해서는 반드시 서식처 다양성과 질에 대한 고려가 중요하게 다루어질 필요가 있다.

나아가 생물다양성의 미래를 대비하는 유전적 다양성을 보장하기 위해서도 서식처 다양성의 확보는 필수적 요구사항이다. DMZ 벨트는 한반도의 중앙을 동서로 가로질러 설정되었으니 한반도에 성립할 수 있는 모든 서식처를 담고 있다. 그러한 잠재적 서식처가 자연의 과정에 맡겨진 60여 년의 세월 동안 실제 서식처로 복원되었으니 서식처 다양성이 높고, 그것은 DMZ의 높은 생물다양성을 이루어 낸 첫 번째 요인으로 꼽을 수 있다.

DMZ를 원시 상태의 자연을 보전하고 있다고 표현하는 사람들도 있다. 그러나 생태학이라는 학문의 기준으로 볼 때 그러한 표현은 다소 어색하다. 엄격한 의미로 원시 상태는 인간의 영향을 전혀 받지 않은 상태를 의미한다. 조금 느슨한 기준을 적용해도 인간의 직접적 간섭을 받고 오랜 세월이 흘러 천이 후기단계 정도의 생태를 유지하고 있는 곳 정도가 된다.

한국전쟁이 종료되고 이제 66년이 흘렀다. 사람으로 치면 환갑이 넘은 시간이니 오랜 세월로 볼 수 있지만, 자연의 기준으로 보면 아직 생태계가 안정상태를 이룰 만큼 긴 시간으로 보기는 어렵다. 더구나 사람들이 사는 보통의 환경과는 차원이 다르긴 해도 이곳에서도 인간의 간섭이 지속하여 온 것은 사실이다.

그러나 여기서도 다른 곳이 있다. 하천과 그 주변의 습지다. 하천과 그 주변은 비가 올 때면 물이 모여드는 모든 지역, 즉 유역(watershed)으로부터 온갖 물질이 몰려드는 곳이기 때문에 땅이 기름지다. 그 덕에 식물들이 잘 자란다. 먹이가 풍부하니 동물들이 몰려오는 것도 당연하다. 따라서 강변 생태계는 주변의 다른 생태계보다 생물다양성이 크게 높다.

또 하나 차이가 있다. 몬순기후 체제에서 이곳은 매년 장마철 홍수라는 교란을 경험하기 때문에 매우 역동적이다. 따라서 여기서만큼은 앞서 언급한 자연의 기준으로 본 세월이 인간의 기준으로 본 세월보다 짧게 인식될 수 있다.

하천의 수로에 가까울수록 생태계 구성원의 수명이 짧고 홍수체제에 따라 다양한 수명을 가진 생태계가 성립하다 보니 이곳은 서식처 다양성도 높다. 따라서 강변 생태계의 생물다양성이 높은 것이다. 그동안 많은 사람이 DMZ를 원시 상태로 표현한 것은 이 강변 구역을 대상으로 표현한 것으로 믿고 싶다.

이에 더하여 강변의 습지는 곤충, 양서류, 파충류, 조류 등 많은 생물이 번식하는 공간이다. 본래 먹이가 풍부한 곳이기도 하지만 여러 생물이 모여 번식을 하는 공간이다 보니 생물들이 번식하여 새끼를 키울 때 필수적으로 요구되는 단백질 공급원을 얻기도 상대적으로 쉬운 공간이기도 하다.

게다가 도시나 농촌과 비교해 수역에서 번식해 육지구역으로 이동하는 통로도 제약을 받는 경우가 드물다 보니 야생의 생물들이 살기에는 더없이 좋은 공간이다. 과도한 토지 이용으로 강변 생태계가 사라진 우리나라의 다른 지역과 DMZ가 가장 대비되는 공간이 바로 이 강변 생태계이다.

이곳이 DMZ 내에서도 그만큼 중요한 생태적 공간이라는 의미다. 4대강 사업 시 이처럼 중요한 의미를 담은 강변 생태계를 살리자고 주장한 필자를 그 중요성을 전혀 인식조차 못 하는 몇몇 얼치기 생태학자가 필자에게 4대강 찬동 자라는 주홍글씨를 뒤집어씌우고 있으니 한심할 따름이다.

이 강변 구역은 철새들의 삶에도 중요한 기여를 하고 있다. 생태적으로 가치 있는 수많은 철새가 이곳을 찾고 있는데, 그들이 이곳을 찾고 있는 주요 원인은 먹이가 풍부하기 때문이다. 그럼 풍부한 먹이는 어디에서 제공되는 것일까?

일차적으로 새들은 농경지의 떨어진 낱알에서 먹이를 얻고 있다. 그다음은 강변 구역이 중요한 먹이 공급원이다. 앞서 언급했듯이 강변 구역은 교란이 빈번하게 발생하는 곳이다. 이처럼 빈번한 교란은 강변 구역에 다양한 천이 초기 종이 자리 잡을 수 있게 하고 있다.

그리고 이들 천이 초기 종은 불안정한 환경에서 종족을 보존하기 위해 번식에 가능한 많은 에너지를 투자한다. 따라서 그러한 식물들은 많은 열매를 맺게 되는데, 그것이 겨울철 이곳을 찾는 철새들의 중요한 식량자원이 되고 있다.

다음은 이 지역의 생물 지리적 특성에서 높은 생물다양성의 배경을 찾을 수 있다. 생태이론에서 추이대(ecotone)는 서로 다른 성격의 생태적 공간이 만나는 장소가 된다. 이곳에는 서로 만나는 각 공간의 생물들도 살고, 추이대 고유의 생물들도 살기 때문에 흔히 생물다양성이 높다. DMZ는 북방계 생물의 남방한계선과 남방계 생물의 북방한계선이 만나는 거대한 추이대가 되어 이것 또한 생물다양성을 높이는 중요한 배경이 된다.

정리하면, DMZ는 한반도의 중앙을 동서로 가로질러 위치하고 60년 이상 비교적 자연에 가까운 상태로 유지된 관계로 한반도에 성립 가능한 모든 서식처가 단절되거나 사라지지 않고 온전하게 연결되어 생태적 다양성이 높고 건전하다.

또 60년 이상 자연의 과정에 맡겨져 그 밖의 지역에서 사라진 강변 생태계라는 풍요로운 생태적 공간을 회복하고 번식을 위한 공간을 확보하였으며 홍수라는 교란체제가 또 다른 다양성과 함께 먹이 공급원을 제공하며 다양한 종류의 생물들을 끌어들였다.

이에 더하여 이 지역은 생물 지리구가 마주하는 거대한 추이 대로서 다양한 생물들을 추가하고 있다. 그 결과 두 지역을 합쳐야 남한 면적의 1% 수준에 지나지 않지만, 그곳에 사는 식물, 새, 포유동물, 어류, 양서류, 파충류와 곤충은 각각 남한 전체에 출현하는 각 분류군의 약 40, 50, 70, 60, 80, 60 및 10%를 차지할 정도로 생물다양성이 높다. 지구상에서 생물다양성이 특별히 높은 열대지역에 붙여지는 이름을 모방하면 가히 온대의 핵심지역(hot spot)이라 부를 만하다.

그러나 사람들은 이러한 생물다양성의 중요성을 피부로 느끼지 못하고 있다. 그 중요성을 한번 비유해보자. 우리는 온갖 첨단소재로 중무장을 하여야만 안전하게 우주에 갈 수 있다. 우리 지구가 그러한 준비 없이도 사람들이 안전하게 살 수 있는 공간으로 변한 것은 생물다양성을 이루는 다양한 생물들이 살아가면서 그 환경을 개선해 놓은 덕분이다.

지금 기후변화를 비롯한 각종 환경문제로 지구환경이 위기를 맞고 있다. 과거의 열악했던 지구환경을 지금처럼 온화한 모습으로 되돌렸듯이 생물다양성은 오늘 우리가 맞고 있는 지구환경위기를 해결할 유일한 수단이다.

우리의 미래 환경에서 이처럼 중요한 역할을 담당할 높은 생물다양성이 우리의 DMZ와 민통선 북방지역에 자리 잡고 있다. 더구나 이처럼 높은 가치가 있는 생물다양성은 우리 민족이 한국전쟁 중 흘린 피의 대가로 얻은 선물이기에 더욱 가치 있다.

앞의 내용과 다소 중복되지만, DMZ가 중요한 또 한 가지 이유가 있다. 한국전쟁은 지금까지의 전쟁 역사 중 가장 치열한 전쟁 중의 하나로 기록되어 있다. 그처럼 치열한 전쟁을 치른 현장이었지만 60여 년에 걸쳐 진행된 자연의 노력 덕분에 그곳은 전쟁 이전의 모습을 넘어 자연 본래의 모습을 되찾고 있다.

이 처절한 전쟁의 상흔에서 자연이 스스로 이루어 낸 이런 자발적 복원(passive restoration)의 모습은 세계적으로 드문 현상이다. 복원은 본래 자연이 자신의 상처를 치유하는 모습에서 기원하였으니 세계적인 습지복원모델과 하천 복원모델이 여기에 있다고 할 수 있다.

이곳의 높은 가치는 다른 요인에서도 찾을 수 있다. 휴전 협정에 따른 출입 제한에 더해 전쟁 당시 폭발되지 않고 남아 있는 폭발물, 적의 침투를 막기 위해 매설된 지뢰 등이 사람들의 출입을 극도로 제한해 이 지역은 전쟁 당시는 물론 전쟁 전에 사람들이 입힌 상처마저도 말끔히 치유하여 자연 그대로의 모습을 거의 되찾았다.

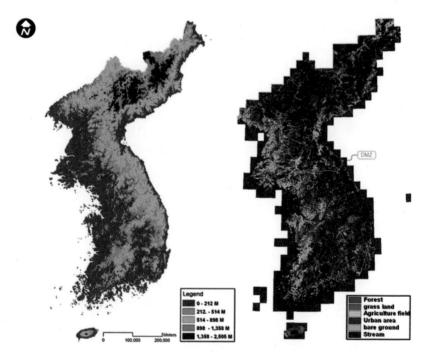

〈그림 3-3〉 한반도의 지형(왼쪽)과 토지이용유형(오른쪽)을 표현한 지도. 지형도에서 동고서저의 한반도 지형을 확인할 수 있고, 토지 이용 유형도에서는 토지 이용 강도가 동부와 비교해 서부에서 높아 그것이 지형조건에 의존하고 있음을 확인할 수 있다.

잦은 땔감 채취로 어린 소나무 숲으로 덮여 있던 산림은 울창한 활엽수림으로 변하였다. 더구나 골짜기와 산자락 숲까지 되살려 골짜기를 따라 올라가면 가래나무숲, 거제수나무숲, 들메나무숲, 물푸레나무숲, 느릅나무

자연하천:CCZ          농촌하천:여주          도시하천:서울

〈사진 3-5〉 도시하천 및 농촌 하천의 강변 구역과 비교된 민통선 북방지역 자연하천의 강변 구역. 화살표로 표시한 부분을 하천이 지나가고 양옆의 산과 산 사이를 강변 식생이 채우고 있는 모습을 주목해주기 바란다. 한국을 비롯해 논농사 중심지역의 하천은 대부분 범람원을 논으로 전환하여 하천의 폭이 많이 감소되어 있다. 오늘날은 그러한 지역이 도시화 지역으로 전환되면서 강변 식생이 크게 훼손되거나 파괴되어 그것을 거의 찾아볼 수 없을 정도로 감소하였다. 지금까지 강변 구역은 주로 이용과 재난 방지의 측면에서 관리되었다. 그러나 오늘날 생물다양성 보존과 생태계 서비스 확보 차원에서 그것의 중요성이 재평가되면서 그 복원에 관한 관심이 증가하고 있다. 가짜 복원을 업으로 삼아 이익을 챙기는 업자들과 그것을 방조하는 해당 업무 담당자들에게 자발적 복원을 성실히 이루어내고 있는 DMZ와 그 주변 지역을 그들의 스승으로 삼을 것을 강력히 추천한다.

숲, 신갈나무숲 등이 조금의 단절도 없이 이어지며 다양성을 보인다. 경작지들도 자연으로 돌아왔다.

특히 논의 일부는 강변 식생으로 일부는 습지로 장소에 따라 제 위치를 되찾았다. 따라서 국내의 다른 지역에서는 왕릉 앞에서나 겨우 볼 수 있는 넓은 오리나무숲도 이곳에서는 흔히 보인다. 특히 비가 올 때면 집수역의 모든 물질을 쓸어 모으는 하천 주변은 위험지역으로 분류되어 자연의 보존 상태가 더욱 좋다. 그곳이 아니면 제대로 된 하천의 모습을 거의 볼 수 없는 것이 우리나라의 현

〈사진 3-6〉 민통선 북방지역의 강변 식생. 하천의 상류 구간으로 신나무가 우점하고 있다.

〈사진 3-7〉 민통선 북방지역의 강변 식생. 평지하천으로 버드나무가 우점하고 있다.

〈사진 3-8〉 민통선 북방지역의 폐경 논이 자연의 과정을 거쳐 오리나무가 우점하는 원모습을 복원하고 있다. 그 둘레에는 철조망이 설치된 지뢰지대임을 표시해 놓고 있다.

실이다 보니 그 중요성은 이루 말할 수 없다.

그러한 혜택을 이 지역의 생태계 구성원들이 고스란히 수용하고 있다. 필자를 포함하여 몇몇 전문가가 함께 연구한 결과에 의하면, 이 지역의 생태계는 다른 지역과 비교해 먹이사슬의 길이가 길고, 먹이 망은 복잡하다. 생태적으로 안정되어 있다는 의미이다.

이 지역의 이처럼 안정된 생태계는 그 자체로 생태관광의 중요한 소재가 된다. 이들은 개발로 얻어지는 근시안적 경제도구 보다 훨씬 더 오랫동안 별도의 투자 없이도 우리 곁에서 경제적 수단으로 기능할 수 있다.

우리 민족의 뼈와 혼을 묻고 피와 땀으로 적셔 이루어낸 DMZ 생태보고를 온전히 지켜내고 있는지 세계의 전문가들이 우리를 주목하고 있다. 이곳을 온전하고 건강하게 지켜내는 것은 우리의 자부심이고 자존심이다. 관련 당사자들이 서로 돕고 양보하여 우리의 자존심이 걸린 DMZ 생태보고를 온전하고 건강하게 지켜주기를 간절히 소망해본다.


## 8. DMZ, 생물다양성의 보고

한국전쟁이 일어난 지 60년 이상의 세월이 흘렀다. 그동안 DMZ와 그 주변의 민통선 북방지역은 전쟁 당시 폭발하지 않고 남아 있는 폭발물, 적의 침투를 막기 위해 매설된 지뢰 등으로 사람들의 출입이 극도로 제한됐다. 그 덕분에 이 지역은 전쟁 당시는 물론 전쟁 전에 사람들이 입힌 상처마저도 말끔히 치유하여 자연 그대로의 모습을 거의 되찾았다.

특히 비가 올 때면 집수역의 모든 물질을 쓸어 모으는 하천 주변은 위험지역으로 분류되어 자연의 보존상태가 더욱 좋다. 그곳이 아니면 제대로 된 하천의 모습을 거의 볼 수 없는 것이 우리나라의 현실이다 보니 그 중요성은 이루 말할 수 없다.

생태학자들이 이 지역을 세계적인 생태보고로 표현한 데는 그만한 이유가 있다. 우선 한국전쟁은 지금까지의 전쟁 역사 중 가장 치열했던 전쟁의 하나로 기록되어 있다. 그처럼 치열한 전쟁을 치른 현장이었지만 60여 년에 걸쳐 진행된 자연의 노력 덕분에 그곳은 전쟁 이전의 모습을 넘어 자연 본래의 모습을 되찾고 있다.

이 처절한 전쟁의 상흔에서 자연이 스스로 이루어낸 복원의 모습은 세계적으로 매우 드물다. 복원은 본래 자연이 자신의 상처를 치유하는 모습에서 기원하였으니, 세계적인 습지 복원모델과 하천 복원모델이 여기에 있다.

이 지역은 흔히 생물다양성의 보고로 알려져 있다. 이처럼 높은 생물다양성은 하천을 비롯한 저지대가 대부분 개발지로 전환된 다른 지역과 달리 이 지역은 앞서 언급한 바와 같이 위험지역으로 분류되어 인간의 간섭에서 벗어나 자연에 가까운 모습을 되찾아 자연의 연속성을 회복한 데 기인한다.

즉, 다른 지역은 개발요구도가 높은 저지대가 대부분 개발되어 고지대의 자연이 잘 보존되어도 서식처 단절로 인해 생물의 종류가 줄어들고, 남아있는 생물들도 자연보전의 측면에서 가치가 떨어지는 생물, 예를 들면 안정된 서식처가 있어야 하는 정주 종보다는 방랑 종들로 바뀌는 것이 현실이다.

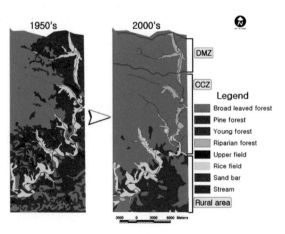

그러나 DMZ와 민통선 북방지역은 저지대의 자연이 회복되어 생태적 공간이 거의 단절되지 않고 연속성을 유지한다. 그 결과, 두 지역을 합쳐야 남한 면적의 1% 수준에 지나지 않는다. 하지만 그곳에 사는 동식물은 남한 전체에 출현하는 각 분류군 중 식물(39%), 조류(52%), 포유동물(68%), 어류(62%), 양서류(80%), 파충류(55%), 곤충(11%)이 차지할 만큼 생물다양성이 높다. 지구상에서 생물다양성이 특히 높은 열대지역에 붙여지는 이름

〈그림 3-4〉 DMZ에서 과거의 논이 자연의 과정을 거쳐 강변식생으로 변한 모습을 보여주는 지도.

을 모방하면 가히 온대의 핵심지역이라고 부를 만하다.

공원은 자연적·인위적으로 형성된 자연 공간으로서 그곳에 성립한 생태계를 통해 환경 개선, 정서 함양, 생태교육 등 공익적 기능을 한다. 과거의 공원은 주로 취미활동이나 휴양 목적으로 조성됐으나 오늘날은 생태공원이 주류를 이룬다. 평화공원도 이러한 흐름에 따라 생태공원이 되어야 한다.

DMZ와 민통선 북방지역은 자연 스스로 이루어낸, 누구도 부정할 수 없는 생태공원의 자격을 갖추고 있다. 선조들이 자연으로부터 지혜롭게 사는 모습을 배워 왔듯 남과 북이 자연을 닮은 모습으로 이 땅의 상처를 치유해 낸 이 자연 공간을 평화공원으로 지정했으면 한다.


## 9. 이제는 생태계 서비스 기능을 활용하는 지혜를 발휘할 때다

여러분이 매일 먹는 밥이 매일 아침 바람이 여러분에게 가져다준 것으로 생각해 보지 않으셨나요? 여러분이 마시는 맑은 물 한잔이 습지 또는 숲을 이루는 나무의 뿌리가 여러분을 위해 정화해 준 것으로 생각해 보지는 않으셨는지요? 여러분이 사는 집 뜰의 나무들이 먼지나 오물 그리고 여러분이 숨 쉬는 공기 중의 해로운 물질들을 제거하여 우리의 환경을 정화하고 있다. 때로 자연은 우리에게 난방 연료를 주기도 하고, 질병의 고통을 덜어주기 위해 약품을 제공하기도 한다.

자연생태계는 이처럼 인간 문명이 의존하는 생명 부양기능을 부단히 수행하고 있다. 인간의 활동이 주의 깊게 계획되고 관리되지 않으면 이처럼 소중한 생태계가 손상되거나 파괴되어 그들이 주는 혜택을 누릴 수 없다.

지난해 10월 나고야에서 열린 생물다양성 협약 제10차 당사국 총회의 결과로 도출된 '유전자원 접근 및 이익 공유(ABS) 체계' 덕분에 생물다양성에 관한 관심이 이제 일반인에게까지 이어지고 있다. 그러나 이렇게 높아진 관심만큼 이 체계에 대한 준비는 이루어지지 않고 있다.

'ABS 체계'의 골자는 생물다양성, 즉 자연이 어떤 형태로든 경제적 가치가 있다는 것이다. 그 가치는 이제 그것을 활용하여 경제 도구화한 사람들과 그것을 보유하고 있는 지역민들이 공유하여야 한다는 것이다.

그렇다면 생물다양성의 가치는 어떻게 부여할 수 있을까? 2010년 6월에 부산에서 개최된 국제회의에서도 논의된 바 있지만 이와 유사한 주제의 논의가 국제적으로 이미 활발하게 진행되고 있다.

기후변화와 생물다양성 문제의 심각성을 고려하여 기후변화 완화, 생물다양성 보호 및 생태계 훼손 방지를 위해 생물다양성과 생태계 서비스 가치를 국가 자산으로 계상하는 문제를 논의하기 위한 국제기구로 설립 준비하고 있는 IPBES(Intergovernmental Science-Policy Platform on Biodiversity and Ecosystem Services)가 그 중심에 서 있다.

이 기구는 지난 20년간 논의된 기후변화와 생물다양성 위기 같은 글로벌 이슈를 해결하기 위한 구체적인 방안을 범지구적인 차원에서 마련하는 데 설립 목표가 있다. 특히 이 기구는 생태계 서비스 기능을 중요시하여 향후 그것에 대한 평가와 활용을 국제적인 문제로 부각할 전망이다.

## 1) 생태계 서비스 기능의 의미와 종류

생태계 서비스 기능은 생태계가 발휘하는 생명 부양기능으로 그것을 통해 인간이 얻을 수 있는 유·무형의 혜택을 의미한다. 이 과정은 우리 인간에게 이로운 물질(식량, 물, 섬유와 목재), 에너지(생물량) 및 새로운 정보(특히 농업 및 제약 산업)를 지속해서 제공한다.

나아가 생태계 서비스 기능은 토양비옥도 유지, 수리조절, 탄소 고정(기후 안정화 유도), 산소공급, 작물의 수정 및 자연적 해충 조절기능을 통해 인간에게 간접적 혜택을 준다.

그 밖에 생태계 서비스 기능은 심미, 휴양 또는 문화적 가치와 같은 편익도 제공한다. 그러한 생태계 서비스 기능은 우리의 생활 수준 향상에 기여하지만 그 자체로서는 화폐로 계산할 수 있는 상품 가치를 갖는 것은 아니다. 하지만 생태계 서비스 기능이 발휘하는 생명 부양기능은 무엇보다 중요하며 인간은 이러한 기능의 지속적인 유지 없이 생존할 수 없다.

## 2) 생태계 서비스 기능은 얼마 만한 가치가 있나?

자연생태계와 그 안의 식물과 동물들은 우리가 모방하기 매우 힘든 서비스를 제공한다. 생태계 서비스 기능을 화폐가치로 정확하게 산정하는 것은 불가능하지만 어느 정도인지는 개략적으로 계산할 수 있다.

이들 서비스 기능 중 많은 것은 겉보기에 무료로 수행되는 듯해 보이지만 수조 달러의 가치가 있는 것으로 평가된다. 몇 가지 예를 들어보자.

미국 미시시피강 계곡의 자연적 홍수방어 서비스 기능 중 많은 것이 인접한 습지의 물을 빼내고 수로를 바꾸어 훼손하면서 파괴되었다. 그 결과 이 계곡은 홍수의 영향을 완화하는 기능을 발휘하지 못해 1993년 홍수 시 120억 달러에 달하는 재산피해를 가져 왔다.

농경 유출수와 하수오물로 뒤덮이기 전 캣스킬 산맥의 유역은 뉴욕시에 미국 최고 수준의 물을 공급하였다. 그 물이 상수원 수질 기준 이하로 떨어졌을 때 시 당국은 인위적 여과시설 설치를 검토하기 위해 그 비용을 조사하였다. 설치비용은 60억에서 80억 달러로 나왔고, 여기에 매년 3억 달러의 관리비용이 추가로 필요한 것으로 평가되었다.

한때 무료로 제공되던 것에 대해 인위적 간섭으로 인한 수질 악화로 고가의 비용을 지급하게 된 것이다. 뉴욕시는 인위적 수처리시설을 도입하는 대신 그 비용의 일부인 6억6000만 달러를 캣스킬 유역이 과거에 가졌던 자연자원을 복원하는 데 투자하기로 하였다. 복원사업이 완료된 후 이 유역은 다시 맑은 물이 흐르게 되었고, 뉴욕시의 상수원 역할도 회복하였다.

그 결과로 유역의 대규모 복원과 보존이 수처리시설을 건설하는 비용의 대안으로서 경제적으로도 효율적인 선택으로 평가받고 있다. 나아가 이 유역의 복원과 관리는 오락 장소 제공과 홍수조절 기능과 같은 다른 편익도 제공하고 있다.

이처럼 자연생태계가 발휘하는 기능을 그것을 대신하는 인위시설에 드는 비용으로 환산하여 계산하였을 때, 전 세계의 생태계가 발휘하는 생태적 서비스 기능의 전체 가치는 적어도 33조 달러가 될 것으로 평가되고 있다.

이 양은 전 세계 GNP의 두 배에 해당한다. 어마어마한 양이기에 그러한 서비스 기능을 대체할 수 있는 대안은 없어 보인다. 더구나 이러한 계산에서 아직은 시급하지 않은 산소생산과 같은 몇 가지 중요한 생태계 서비스 기능은 계산에 포함하지 않았다. 이런 점에서 그 가치는 더욱 늘어날 전망이다.

## 3) 우리나라 생태계의 서비스 기능

우리나라에서 수행된 생태계 서비스 기능에 대한 평가는 산림과학원에서 수행한 '산림의 공익적 기능 평가'를 하나의 사례로 들 수 있다. 그 가치는 2008년 기준으로 약 73조 원으로 나타났는데, 매년 빠른 증가세를 보인다.

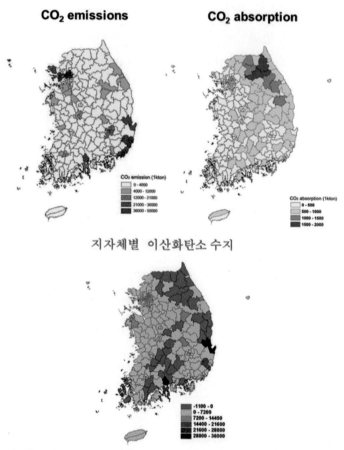

**CO₂ emissions**

**CO₂ absorption**

CO₂ emission (1kton)
- 0 - 4000
- 4000 - 12000
- 12000 - 21000
- 21000 - 36000
- 36000 - 50000

CO₂ absorption (1kton)
- 0 - 500
- 500 - 1000
- 1000 - 1500
- 1500 - 2000

지자체별 이산화탄소 수지

- -1100 - 0
- 0 - 7200
- 7200 - 14400
- 14400 - 21600
- 21600 - 28800
- 28800 - 36000

〈그림 3-5〉 지자체별 이산화탄소 수지.

그런데도 그 가치가 전 세계 평가액의 0.2% 수준에 머무는 것을 보면, 산림 외의 지역에서 발휘되는 기능에 대한 평가를 추가하는 것은 물론이고 평가방법도 개선할 필요가 있다.

아직 화폐가치로 환산하지는 않았지만 경제적 가치로 인식할 수 있는 몇 가지 사례를 들어보자. 지자체의 에너지사용에 근거한 이산화탄소 배출량과 그 지자체가 보유하고 있는 자연의 이산화탄소 흡수량 사이의 차이로 지자체별 이산화탄소 수치를 계산해 보았다. 대부분의 지자체가 흡수량보다 배출량이 많지만 30개의 지자체는 흡수량이 배출량보다 많은 것으로 나타났다(그림 3-5).

현재 환경부에서 준비하고 있는 탄소배출권 거래제가 정착되면 향후 이러한 지자체는 탄소흡수원이 소득원으로 자리 잡을 수 있을 것이다. 강변 식생의 이산화탄소 흡수기능도 주목할 필요가 있다. 강변에 많이 자라는 버드나무군락의 탄소흡수기능을 조사해보니 소나무 숲의 3.7배에 달하는 것으로 나타났다(그림 3-6).

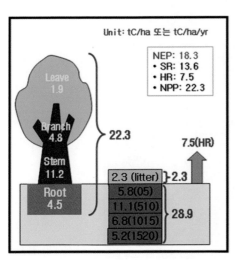

〈그림 3-6〉 강변에 우점하는 버드나무군락의 탄소 흡수 기능(18.3 탄소 t, 이산화탄소는 67.1 t : 소나무림의 3.7배)

우리나라 하천은 그 주변에서 이루어진 과도한 토지 이용으로 강변 식생의 대부분을 상실한 상태에 있다. 최근 선진국의 하천복원 추세를 수용하여 우리나라 하천 전체를 대상으로 이러한 강변 식생을 복원할 경우 805만2000t의 이산화탄소를 흡수하는 것으로 평가되었다. 이는 우리나라 전 국토의 65%를 차지하고 있는 산림의 전체 이산화탄소 흡수량의

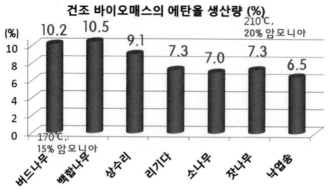

**건조 바이오매스의 에탄올 생산량 (%)**

〈그림 3-7〉 바이오 에탄올 생산을 위해 검토된 산림 수종과 비교된 강변 식생 우점종 버드나무의 에탄올 생산량.

10% 이상을 차지하는 것이어서 주목된다. 더구나 강변 식생은 종전에 없던 것을 복원하는 것이어서 관리되는 숲을 대상으로 하는 탄소흡수원으로 확실한 인정을 받을 수 있다. 이들은 에탄올 생산량도 뛰어난 것으로 평가되었다. 그 생산량(10.2%)은 산림청이 에탄올생산을 목적으로 도입하고자 하

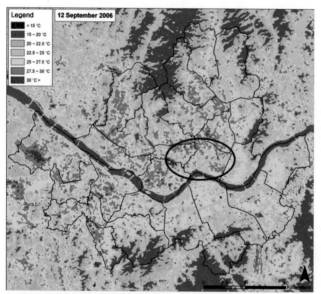

〈그림 3-8〉 인공위성 사진 분석으로 얻은 서울과 그 주변 온도의 공간 분포. 숲과 물이 있는 곳은 온도가 낮은 반면 도시화가 심한 곳은 온도가 높다.

는 외래종인 백합나무(10.5%)와 유사한 수준이었다.

그러나 에탄올 생산 시 전처리에 필요한 암모니아수 농도와 가열 온도가 낮아(암모니아 20% : 15%, 가열 온도 210℃ : 170℃) 전처리 비용을 절약할 수 있었다(그림 3-7).

하천복원이 이루어내는 또 다른 효과도 있다. 청계천의 경우에서 밝혀졌듯이 기후 완화 기능을 발휘하여 냉방을 위한 에너지사용을 줄이며 경제적 효과를 발휘하고 있다(그림 3-8).

나아가 온난화로 인해 야기된 소나무의 비정상적 생장 비율을 낮추며 벚나무의 이른 개화도 조절하여 기후변화에 대한 생태적 적응을 가능케 하고 있다(그림 1-2).

이처럼 생태계가 발휘하는 서비스 기능은 다양하고 큰 가치가 있다. 더구나 그러한 기능은 내구성이 길어 반영구적이며 관리를 위한 비용도 거의 필요 없다. 또 아직 밝혀지지 않은 기능도 많다. 이들을 밝혀 활용하는 지혜를 발휘하면 자연과 인간의 건강은 물론 필요한 기능을 얻기 위해 투자하는 비용을 줄여 경제의 건강도 회복할 수 있을 것이다.

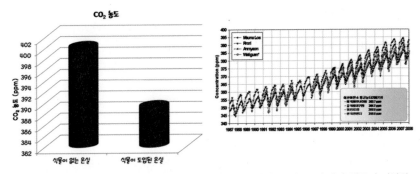

〈그림 3-9〉 식물이 도입된 온실은 식물이 없는 온실과 비교해서 $CO_2$ 농도가 낮아 식물이 이산화탄소를 흡수하고 있음을 보여주고 있다(위). 또한 이산화탄소 농도는 겨울에 높고 여름에 낮은 계절 변동을 보여주는데 이러한 결과는 식물의 이산화탄소 흡수능과 관련된다(아래. NOAA 자료)

# 생태계 서비스 기능의 가치 산정 사례

사례 1. 전 세계 생태계의 생태적 서비스 기능 가치
 - 약 33조 달러, 전 세계 GNP의 두 배

사례 2. 뉴욕의 상수원 캣스킬 유역
 - 상수원 수질 저하로 인위적 여과시설 설치비용 평가: 60억에서 80억 달러 및 관리
   비용 연 3억 달러로 평가
 - 6억 6,000만 달러를 투자한 유역 복원 후 수질 회복
 - 수질 회복은 물론 레크리에이션 장소 제공 및 홍수조절 기능도 제공

사례 3. 교토협약에 서명하지 않은 미국의 $CO_2$ 배출 감축 전략
 - 한계 농지(300만 ha) 복원으로 1990년 배출량의 5% 저감
 - 2050년까지 생태적 복원을 통해 대기 중 $CO_2$ 농도 50ppm 저감

사례 4. 일본의 $CO_2$ 배출 감축 전략
 - 의무감축량 1990년 대비 6% 감축
 - 그중 65%에 해당하는 3.9%를 조림지의 이산화탄소 흡수능으로 대체

사례 5. 미국 미시시피강 계곡의 자연적 홍수방어 서비스 기능
 습지 훼손 후 1993년 발생한 홍수: 120억 달러에 달하는 재산피해 유발

사례 6. 수분 매개체
 - 박쥐, 벌, 파리, 나방, 딱정벌레, 새와 나비를 비롯한 10만 종의 동물들이 무료로
   식물의 수정 보조
 - 우리가 먹는 식품의 1/3이 이러한 야생 수분 매개체에 의해 수정된 식물
 - 수정 서비스 기능의 가치: 연간 40~60억 달러(미국)

사례 7. 의약품
 - 세계 인구의 80%가 자연적 의약품에 의존
 - 시판되고 있는 상위 10개 약 중 9개가 자연산 식물에 기원
 - 미국에서 사용된 상위 150개 처방 약 중 118개가 자연소재에 기원
   · 74%: 식물
   · 18%: 균류
   · 5%: 박테리아
   · 3%: 동물(뱀)

사례 8. 바이러스 내성 옥수수 유전인자 공급원
 - 3억3000만 달러
 - 내성 유전자 보유 식물(Euchlaea mexicana)의 유일한 자생지인 멕시코의 질리스코
   지역 구매

〈사진 3-7〉지진해일 피해지역에서 나무의 역할이 중요한 것을 보여주었다. 주택을 비롯해 대부분 인공구조물이 지진해일로 사라졌지만, 바닷가에서 흔히 보이는 곰솔들은 그 자리를 지키며 지진해일의 확산속도를 늦춰 사람들이 피할 수 있는 시간을 벌어준 것으로 알려져 있다. 이는 자연이 발휘하는 재해 방지기능, 즉 또 다른 유형의 생태계 서비스로 인식할 수 있다. (로이터통신자료, 인터넷 다운로드).

## 10. 국제회의를 통해 본 생물다양성의 중요성과 보존 대책

일본 나고야에서는 생물다양성과 관련하여 가장 중요한 국제회의 중 하나라고 할 수 있는 생물다양성 협약 제10차 당사국 총회(CBD/COP10)가 193개 당사국의 관계자 1만4천여 명이 참가한 가운데 'life in harmony, into the future(미래세대를 위한 인간과 자연의 상생)'을 주제로 개최되었다.

특히, 이번 제10차 총회에서는 지난 10년간의 생물다양성 보존 목표 달성을 평가하고 새로운 10년을 대비한 목표와 전략계획의 수립, 생물다양성 3대 목적 중 하나인 유전자원 접근 및 이익 공유(ABS) 국제규약을 채택하기 위한 협상 등 생물다양성과 관련하여 가장 중요한 의제들이 논의되었다.

이 회의는 10월 18일 개최된 개막식에서 Ahmed Djoghlaf CBD 사무총장이 언급한 바와 같이 생물다양성과 관련한 UN 역사상 가장 중요한 회의가 될 것으로 전망되었다.

우리나라에서는 정부 대표, 해당 전문가, 시민단체 회원 등 40여 명이 참석하여 국가 생물다양성 정책을 알리고, ABS 협상 등 주요 논의에서 국민과 국가에 도움이 되는 결과를 도출하기 위해 다각적 활동을 펼치고 있다. 또한 27일부터 개최되는 고위급회담(High-level Ministerial Segment)에는 환경부 장관이 참석하여 본격적인 논의에 참여할 예정이다.

그렇다면 세계 각국은 왜 이처럼 생물다양성에 높은 관심을 보이는 것일까? 그 물음에 대한 답을 도출해내기 위해서는 다음과 같은 몇 가지 설명이 필요하다. 생물다양성은 모든 생명체의 풍부한 정도, 즉 생물의 종류가 얼마나 다양한가를 의미한다.

그 종류는 생물을 구분하는 기본단위가 되는 종(species)이 될 수도 있고, 같은 종에서 나타나는 차이를 식별할 수 있는 유전자(gene) 또는 그 종들을 담고 있는 그릇인 생태계(ecosystem)가 될 수도 있다. 다양한 생태계가 존재할 때 다양한 종이 있을 수 있고, 다양한 종이 여러 환경에 자랄 때 유전자의 다양성이 높아져 높은 생물다양성을 갖추게 된다.

이러한 생물다양성이 사람들의 주목을 받게 된 데는 그들이 빠른 속도로 사라지는 점이 크게 기여했다. 그러면 그들은 왜 빠른 속도로 사라지고 있을까? 우리 사람들도 생물의 한 종류가 틀림없지만 사람들은 자신이 살아가는 데 필요한 공간을 확보하며 생물다양성을 이루는 다른 생물들이 사는 공간을 빼앗았고, 그 공간을 조각내 환경의 질을 낮췄다.

이에 더하여 상품 가치가 있는 생물들을 마구 잡아 이용하고, 오염물질을 배출하여 그들의 생육환경을 손상하거나 자연의 체계를 무시하고 그들을 이동시키면서도 생물다양성을 감소시켜 왔다. 그리고 최근에는 기후변화를 유발하여 지금까지와는 차원이 다른 총체적 위협을 가하고 있다.

그러면 생물다양성은 우리에게 어떤 존재일까? 우선 우리의 식량자원이 생물다양성에 기원한다. 지금 우리가 주식으로 삼고 있는 벼나 밀도 먼 옛날에는 야생의 상태로 존재했었다. 인류는 오랜 세월에 걸쳐 여러 야생종 중에서 적당한 종을 고르고 개량하여 지금은 없어서는 안 될 주식으로 개발하였다.

빠르게 진행되고 있는 환경 변화가 이러한 인류의 주식이 살기에 부적합한 환경을 초래하여 그들이 이 땅에서 사라지게 할지도 모른다. 그 경우 우리는 야생의 다양한 생물 중에서 또 다른 식량자원을 발굴해내야 한다.

식량뿐만이 아니다. 인간의 질병을 고쳐 건강한 삶을 유지하는데 요구되는 다양한 의약품을 우리는 생물다양성에서 찾아내고 있다. 이것은 동·서양을 막론하고 그렇다. 산업적 이용도 다양하게 이루어지고 있다. 사실 지금 나고야에서 개최되고 있는 회의도 생물다양성의 이용을 통해 얻는 이익을 그 소재를 제공한 저개발 국가와 그것을 이용해 경제적 가치를 창출해낸 선진국 간에 이익을 어떻게 분배할 것인가에 초점이 맞히어지고 있다. 그 이익이 상상할 수 없을 만큼 크기에 이처럼 첨예한 대립을 하는 것이다.

그러나 다른 무엇보다도 중요한 것은 생물다양성이 발휘하는 생태적 서비스 기능을 통해 이루어내는 생태적 안정이 될 것이다. 이러한 기능이 있기에 지구가 다른 별과 달리 우리 인간을 비롯하여 생물이 살 수 있는 온화한 환경을 갖추고 있다. 생물다양성이 발휘하는 이러한 생태적 안정화 기능은 국지적으로도 작용하여 생물다양성이 풍부한 공간이 쾌적한 환경이 되고, 우리가 살기에 적합한 환경이 된다.

이처럼 중요한 의미와 가치를 갖는 생물다양성을 어떻게 보존하여야 할까? 생물다양성의 감소를 가져오는 주요인이 서식처 감소 및 그 질의 저하임을 고려하면, 서식처 보존과 복원을 생물다양성 보존의 주요 대책으로 삼을 수 있다.

여기서 이루어지는 복원은 생태적 복원이 되어야 하고, 규모 측면에서는 대상 생물의 생활사 과정에서 요구되는 제반 환경요소가 포함될 수 있도록 생태계 복합체로서의 경관 수준 이상을 추구하여 생태적 단절을 극복하고 참복원(true restoration)을 이루어내야 한다.

〈사진 3-10〉 인간이 우주에 가려면 이와 같이 중무장을 해야 한다. 지구도 우주 공간에 존재하는 하나의 별이지만 우리가 이러한 중무장을 하지 않고도 살 수 있는 것은 약 40억 년에 걸쳐 생물다양성을 이루는 다양한 생물들이 지구의 환경을 개선해주었기 때문이다.

생물다양성을 직접 손상하는 불법 채취 및 포획에 대한 대책이나 외래종에 대한 대책도 수립되어야 한다. 물론 기후변화로 인해 생물다양성이 받는 영향을 모니터링하고, 그 영향을 줄이기 위한 대책도 준비하여야 한다. 이에 더하여 생물다양성에 대한 국제적 관심을 고려할 때 그 가치에 대한 평가와 함께 그것을 경제적 도구로 개발하기 위한 연구도 게을리 하지 말아야 한다.

환경부에서는 최근 생물자원관을 설립하여 생물다양성에 대한 정보 수집 및 체계화를 준비해 왔다. 나아가 보다 적극적으로 생물다양성을 보존하고 필요한 경우 복원을 추구하기 위해 국립생태원 건립을 추진하고 있다.

특히 국립생태원은 생물다양성이 발휘하는 기후변화 완화 효과, 온실가스 흡수기능, 대체에너지의 기능 등을 탐구하여 새로운 녹색성장 도구를 발굴하기 위한 준비를 하고 있다. 사라져 가는 생물다양성을 지키기 위한 환경부의 이러한 노력이 관련 부처의 협력으로 이어질 때 생물다양성은 새로운 경제도구로 발돋움하여 녹색성장의 견인차 구실을 할 수 있을 것으로 믿어 의심치 않는다.


## 11. 우면산 산사태는 천재인가, 인재인가?

우면산 산사태를 두고 천재인가 아니면 인재인가로 논란이 뜨거웠다. 재해가 발생할 당시 해당 지역의 3시간 최대 강우량은 164mm로 100년 빈도인 156.1mm을 넘어섰다고 알려져 있다. 이 자료를 가지고 우면산 산사태를 평가하면 천재로 보는 것이 옳다.

그러면 이처럼 엄청난 강우량을 가져온 것은 단순히 자연현상일까? 평균적으로 지구의 기온이 점차 상승하고 있는 것은 이미 알려진 사실이다. 강수량은 지역에 따라 편차가 크지만 우리나라의 경우로 보면 조금 증가하는 추세이다. 반면에 강우 빈도는 감소 추세이다. 이처럼 양 지수의 추세가 대비된다는 것은 폭우가 증가하였음을 의미한다. 실제로 하루 400mm 이상의 폭우가 내린 연도를 정리해 보니 최근으로 올수록 늘어나는 추세이다.

이러한 경향은 주로 기후변화의 영향으로 알려져 있고, 기후변화는 어느 정도 이론이 있긴 하지만 인간의 과도한 토지 이용과 화석연료 사용증가에 기인한 것으로 보는 것이 정설이다. 이러한 측면에서 보면, 우면산 산사태는 인재로 볼 수도 있다.

　다음은 우면산의 자연으로 접근하여 그 원인을 분석해 보자. 산은 보통 시작 부분에서는 경사가 급하지 않다. 이 부분을 우리는 산자락이라 부른다. 우리의 몸으로 치면 발등과 같은 부분이다. 산을 더 올라가 중턱으로 가면 경사가 급해지고 능선이나 정상에 가까워지면 경사는 다시 완만해지는 경향이다. 경사가 급하면 개발하기가 그만큼 어려워지고 부대비용도 많이 들기 때문에 산지에서 토지 이용은 주로 산자락에서 이루어진다.

　산자락을 정하는 정확한 경사 기준은 없지만 이번에 큰 피해를 본 방배동 일대를 거쳐 남부순환도로에 접근해보면 경사가 만만치 않아 산자락을 넘어선 느낌이다. 경사가 급할 때 산사태로 밀려오는 토석류는 더 빠르고 더 큰 힘으로 밀려와 피해를 키울 것이다.

　그러나 그것이 경사가 완만한 부분에 이르면 속도가 줄고 흩어지며 힘이 약해져 피해도 줄일 수 있을 것이다. 그러기에 우리의 토지 이용을 적합한 장소로 제한할 필요가 있다.

〈그림 3-9〉 계곡에 자라는 식물의 원모습(왼쪽)과 현재 모습(오른쪽). 왼쪽: 계곡의 원모습으로 뿌리가 발달한 식물이 자라 재해방지기능 발휘, 오른쪽: 계곡의 현재 모습으로 뿌리가 잘 발달하지 않은 식물이 자라 재해에 취약.

　산속의 토지 이용도 검토해 보자. 우리가 산에 올라갈 때 산의 아랫부분에서는 흔히 골짜기를 이용한다. 그러다 보니 골짜기가 많이 손상된다. 인구 1000만 이상이 모여 사는 서울에 있는 우면산의 골짜기도 마찬가지로 크게 손상되어 있다.

따라서 그 골짜기에 자연적으로 성립할 수 있는 뿌리가 발달한 버드나무나 오리나무는 찾아볼 수 없고, 인위적으로 도입한 아까시나무, 은사시나무, 잣나무 등이 그 대부분을 채우고, 산벚나무나 물박달나무가 드물게 나타나고 있다. 그렇기에 식생이 발휘하는 재해방지기능이 크게 약화하였고, 그것 또한 산사태 피해를 키운 요인 중의 하나로 볼 수 있다(그림 3-9).

골짜기에서 우리는 또 한 가지 하지 말아야 할 일을 하였다. 골짜기에 널려 있던 돌들을 말끔히 치운 것이다. 이들이 그냥 남아 있었다면 그곳의 거칠기를 증가시켜 흐르는 물이 거기에 부딪히며 흐름의 속도와 힘을 줄일 수 있었을 것이다. 그러나 그들이 말끔히 치워진 계곡은 마치 봅슬레이 코스처럼 물의 속도를 올리고 힘을 배가시키며 산사태 피해를 키우고 말았다(그림 3-10).

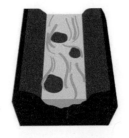 

〈그림 3-10〉 계곡에 돌이 남아 있을 경우(왼쪽)와 남아 있지 않은 경우(오른쪽) 물흐름의 속도와 강도 비교. 왼쪽: 계곡에 돌이 있을 경우 거칠기 증가로 물흐름의 속도와 강도 저하, 오른쪽: 계곡에 돌이 없을 경우 물흐름의 속도와 강도 증가.

문제를 뜯어볼수록 이번 사태를 인재로 평가할 만한 요소들이 늘어나고 있다. 그러나 그것을 누구의 책임이라고 규정하기는 또 대단히 어려워 보인다. 기후변화의 원인은 인구증가와 에너지를 많이 사용하는 문명화에 기인한다. 과도한 토지 이용 또한 급속한 인구증가와 도시 인구집중에 기인한다.

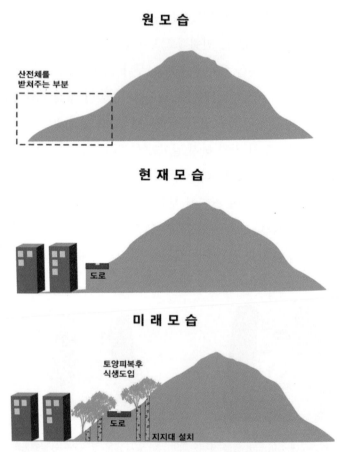

**원 모 습**

산전체를
받쳐주는 부분

**현 재 모 습**

도로

**미 래 모 습**

토양피복후
식생도입

도로

지지대 설치

〈그림 3-11〉 산의 원모습, 현재 모습 그리고 안정화 공사를 통해 보강된 미래 모습.

따라서 이번 산사태의 원인을 인재로 규정해도 그 책임은 제한된 누구누구에게 전가할 수 없고 우리 모두의 책임인 것이다. 그런 점에서 이번 산사태의 책임소재를 따지기보다는 그 원인을 보다 분명하게 밝히고, 다시 그런 끔찍한 사태가 재발하지 않도록 대안을 마련하는 것이 지금 우리가 할 수 있는 최선의 대책이 아닐까 싶다.

이에 필자는 다음과 같은 대안을 제시하고자 한다. 우선 산자락이 잘린 산에 잘려나간 산자락을 대신하여 힘을 보태줄 수 있도록 파일 등으로 산을 보강할 필요가 있다(그림 3-11). 다음은 도시 숲에 대한 생태적 복원하는 것이다.

복원은 지금 우리가 하고 있듯이 사람들 마음대로 행하는 것이 아니라 온전한 자연을 모방하여 실행하는 것이다. 원래 그곳에 성립할 수 있는 환경을 조성하고, 그곳에 자라는 생물들을 도입 또는 도입을 유도하여 그들이 발휘하는 재해방지기능을 활용하자는 것이다.

〈그림 3-12〉 재해 대비형 토지 이용.

셋째, 토지이용계획에서 자연의 체계와 흐름을 반영하여 재해를 예방할 필요가 있다. 기후변화로 인해 폭우빈도가 높아질 것이라는 예측이 많다. 또 산사태는 물이 모이는 계곡을 중심으로 발생하고 있다. 개발 이전의 지형에 토대를 두고 산사태가 주로 발생하는 계곡부의 토지 이용을 피하고, 그곳을 자연으로 남겨두면 재해 예방은 물론 그들이 발휘하는 생태적 서비스 기능을 통해 기후변화 완화를 비롯하여 환경 개선에도 기여할 수 있을 것이다(그림 3-12).

넷째, 환경계획과 정책에서 생태적 원리가 중심적 역할을 하여 지역의

특징이 반영된 토지이용
계획을 수립하는 것이다.
아주 가까이에 위치하여
같은 양의 비가 내렸지만
우면산 주변은 피해가 컸
고, 관악산 주변에서는 피
해가 작았다. 모암이 화강
암이어서 얕고 거친 토양
입자를 가진 관악산의 토
양이 모암이 편마암 계통

〈사진 3-11〉 습지가 있던 자리. 복구작업을 진행하는 과정에서 습지는 보존을 위한 고려대상에 포함되지 않았다. 그러나 습지는 홍수 피해를 줄이는 데 크게 기여하는 것으로 평가된다.

이어서 흙 깊이가 깊고 고운 우면산의 토양보다 수분 보유 기능에서 차이를 보였기 때문이다.

〈사진 3-12〉 복구작업에서 생태적 고려는 거의 이루어지지 않고 있다. 산속에 대규모 인공수로가 건설되고 있다.

〈사진 3-13〉 복구작업으로 건설된 수로를 따라 내려가는 물은 어디로 갈까?

끝으로, 앞으로 다가올 환경 변화를 대비하여 토지이용계획을 전면 재검토할 필요가 있다. 100년 또는 200년 주기로 오던 극단기후 사상이 아주 짧은 주기로 단축되고 있다는 모델예측이 이어지고 있다. 더구나 우리나라의 기후변화 지수들을 보면, 대부분 지수가 세계 평균치를 웃돌고 있다. 이에 대비한 전면적 국토환경 재점검이 필요한 시점이다.

〈사진 3-14〉 산사태 발원지 중 한 곳의 모습. 산사태로 인해 토양이 쓸려나갔지만 자생종인 신갈나무들은 대부분 제자리를 지키고 있어 토양과 함께 쓸려나간 외래종(아까시나무와 일본잎갈나무)이나 교잡종(은사시나무)과 차이를 보인다.

〈사진 3-15〉 바닥의 거칠기를 증가시켜 홍수 시 물의 흐름 속도와 강도를 줄여줄 수 있는 돌을 캐내 쌓아두고 있다.

〈사진 3-16〉 그 돌로 이렇게 소망 탑을 쌓으면 우리와 자연의 안전이 지켜질까? 그보다는 그 돌을 원래 있던 곳으로 되돌려 재해 예방 기능을 발휘하게 하여야 한다.

## 12. 삶의 지혜를 주는 자연 체계

몇 년 전 수많은 인명을 앗아가고 엄청난 재산피해를 가져왔던 우면산은 서울의 산 가운데 드물게 땅이 깊고 물이 많아 생태적 수용 능력이 큰 산이다. 그러나 주변이 도시화해 잠재된 생태 능력을 충분히 발휘하지 못하고 있는 안타까운 산이다. 산자락에서 드물게 보이는 오리나무숲, 갈참나무숲으로 변화 중인 아까시나무숲, 중턱 이상을 덮고 있는 신갈나무숲 정도가 그나마 내세울 수 있는 자연의 요소다.

그 밖에 대부분 지역은 외래식물 아까시나무, 잡종 식물 은사시나무, 우리 영토에 자생하지만 제 땅이 아닌 곳으로 옮겨져 목숨만 부지하고 있는 잣나무 등으로 덮여 있다. 게다가 최근에는 교란된 장소를 선호하는 팥배나무와 담쟁이덩굴이 무더기로 나타나며 다양한 식물들을 몰아내고 숲과 숲 바닥을 온통 자신들만의 세상으로 바꾸어 가고 있다.

명품으로 태어난 우면산을 이처럼 한낱 보잘것없는 도시공원으로 전락시킨 것은 우리들의 무지 탓이다. 산사태 피해 발생 직후 직접 현지답사를 해 보았다. 홍수로 넘어진 나무들은 아까시나무, 잣나무, 은사시나무, 일본잎갈나무 등이었고 졸참나무, 갈참나무, 물박달나무, 신갈나무 등은 그곳에 함께 자라고 있었지만 거의 넘어지지 않고 제자리를 지키고 있었다. 전자의 나무들은 우리가 심은 나무들이고 후자는 그곳에 자연적으로 자라는 나무들이다.

그러면 왜 우리가 심은 나무들만 넘어진 것일까? 나무는 물론 모든 생물은 그들이 사는 생태적 위치가 있다. 기후, 토양, 지형, 다른 생물과의 관계 등이 그 위치를 결정한다. 생태학자들은 다양한 생물들 사이의 관계와 그 생물들과 그들의 환경 사이의 관계를 분석해 자연의 체계를 읽어내 왔다. 그리하여 어떤 환경에는 어떤 생물들이 살고, 어떤 생물들이 사는 장소는 어떤 조건을 가진 환경인가를 알 수 있다.

그리고 최근에는 이들이 조화로운 관계를 이뤘을 때는 우리 인간에게 주는 혜택, 즉 생태계 서비스 기능도 크다는 것을 밝혀 이를 기후변화를 비롯한 다양한 환경문제 해결은 물론 재해방지 수단으로까지 삼는 단계에 와 있다.

그러나 우면산은 어떠한가? 이러한 자연의 체계를 무시하고 사람들 마음 대로 식물을 심다 보니 그들은 그곳에서 목숨은 유지하지만 깊이 뿌리내리지 못하고 겉돌고 있었다. 그렇기에 홍수로 자신들의 생명 터를 지켜내지 못하고 속절없이 넘어져 쓸려 내려가며 자신들의 의도와는 상관없이 우리에게 엄청난 피해를 주고 갔다.

나는 최근 우면산 피해 복구현장을 다시 돌아보았다. 그 현장을 보며 피해 현장을 볼 때만큼은 아니더라도 다시 한번 매우 놀라지 않을 수 없었다. 더구나 지금은 수백 명의 젊은 생명을 일시에 잃고 온 나라가 슬픔에 잠겨 안전만큼은 지켜내자고 다짐에 다짐을 한 후가 아닌가.

그런 엄청난 피해를 겪고서도 우면산의 관리 수준은 전혀 나아지지 않았다. 오히려 악화됐다고 할 수 있는 수준이다. 골짜기에서 물흐름을 조절하며 홍수 피해를 줄여주던 돌들은 모두 걷어 내 석탑으로 쌓아놓고, 골짜기는 마치 동계올림픽 경기장의 봅슬레이 코스가 연상될 정도로 출처를 알 수 없는 돌과 콘크리트로 발라놓았다.

이 거대한 인공배수로 주변에 도입된 식물들을 보면 더욱 한심하다. 일제 강점기 철로 변에 심던 족제비싸리가 주를 이루고, 어떤 곳은 목초로 도입된 오리새로 겉만 살짝 덮어 놓은 곳도 보인다. 이들이 이 땅의 주인인가를 따져보는 것은 사치에 가깝다(사진 3-13).

그러나 안전 불감증에 만성 중독돼 안타까운 생명을 계속 잃어가고 있는 이 시점에서 이들이 언제 다시 올지 모르는 대홍수 시 그들의 뿌리로 이 땅을 움켜잡고 지켜줄 것인가는 물어야 할 것 같다. 인공배수로가 아무리 튼튼해도 자연과 달리 수명이 정해져 있다.

더구나 그 주변이 깎여 나가면 그들의 역할은 거기서 바로 마무리될 수 있음도 기억해야 할 것이다. 우리 삶의 지혜 공급원인 자연의 체계를 다시 한번 살펴볼 필요가 있다.

〈사진 3-17〉 산사태 발생지를 복구한 모습. 외래종 오리새(좌)와 족제비싸리(우)를 도입하여 자연환경에 교란을 초래하고, 과도한 인공시설을 도입하여 자연의 정착과정을 방해하며 생태적 복원의 원칙과 거리가 있는 방법을 적용하고 있다.

## 13. 종합학문으로서 생태학도 융합으로 창발을 이루어낸다

필자가 전공하는 생태학이라는 학문은 주어진 생태적 공간을 이루는 구성원들의 상호관계를 연구하는 종합학문이다. 생태학적 연구를 통해 구성원 간의 상호관계를 보면, 각 구성원이 발휘하는 기능에 더해 구성원 간의 상호작용으로 이루어내는 기능이 더해지면서 각 구성원의 기능의 합 이상의 기능이 발휘된다.

나무들이 흩어져 있으면 살 수 없는 열악한 환경에서도 그들이 모여 이루는 숲은 서로 도움을 주면서 강한 바람이나 건조와 같은 환경 스트레스를 견디며 살아남는다. 숲을 이루는 나무 각각이 발휘하는 기능의 합보다 그들이 모여 이루어내는 숲의 기능이 더 크다는 얘기다. 생태학에서는 이러한 기능을 창발 기능, 즉 창조적 기능이라고 한다.

이처럼 종합학문을 대표하는 학문인 생태학도 시대적 흐름을 반영하여 다른 학문과 활발한 융합을 시도하는 요즘이다. 생태학은 오랫동안 생태학과는 아주 다른, 어떤 면에서 정반대의 길을 걸어온 토목공학과 융합을 시도하여 생태 공학을 이루어냈다.

그리고 이렇게 이루어낸 생태 공학은 오늘날 각종 파괴된 생태계 복원사업을 성공으로 이끌면서 우리 인간의 과도한 욕심으로 인해 병든 지구환경을 되살리는 데 선봉 역할을 하고 있다. 학문 간의 융합으로 탄생한 하나의 창조과학이 지구의 미래 환경을 지켜내고 있다.

유사한 예가 또 하나 있다. 생태학은 본래 박물학과 지리학이 결합하여 이루어진 종합학문이다. 그러나 생태학과 지리학은 각각 전자는 종적 깊이를 추구하고, 후자는 횡적 확장에 주력하면서 한동안 서로 다른 길을 걸어왔다.

그러다가 두 학문이 다시 만나 현대 생태학의 또 다른 한 축을 이루는 경관생태학이라는 새 분야를 이루어냈다. 이렇게 창조된 경관생태학은 생태학의 시야를 넓혀 생태학자들에게 공간을 이해할 기회를 제공하여 오늘날 환경의 건강관리를 책임지는 학문으로 자리 잡았다. 또 하나의 창조를 이루어낸 학문적 융합이다.

더 이질적이고 다양한 융합의 사례도 최근 많이 탄생하고 있다. 필자는 최근 몇 년 동안 연구의 초점을 기후변화에 기인한 생태계 변화에 맞춰오고 있다. 그 변화를 진단하고 예측하여 그러한 변화에 대한 적응 전략을 마련하기 위함이다. 모든 연구에서 그렇듯이 내가 진행 중인 연구에서도 진단을 위한 관찰은 연구의 중요한 출발이다.

기후변화에 따른 생태계 변화를 관찰하는 중요한 수단으로 생물이 보이는 계절 현상이 아주 중요하게 활용된다. 꽃이 피는 시기, 새잎이 나오는 시기, 곤충이 우화하는 시기, 개구리와 뱀이 동면에서 깨어나는 시기, 새들이 산란하는 시기 등이 이러한 계절 현상으로 생태계 차원에서 기후변화를 진단하는 중요한 수단이 된다. 부지불식간에, 그것도 관찰하기 힘든 공간에 숨어 진행되는 이러한 현상의 관찰을 사람의 눈에만 의존할 때 우리는 그 시기를 놓치거나 관찰한 반복수가 모자라 질 높은 자료를 얻지 못하는 경우가 많았다.

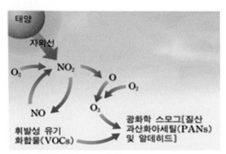

▲ 지상 오존과 광화학 스모그의 형성

〈그림 3-13〉 전체가 부분의 합보다 크다는 창발의 의미가 담긴 스모그 피해. 그 피해는 그것이 형성되는 과정에 존재하는 다른 대기오염물질이 미치는 영향의 합보다 크다(인터넷 다운로드).

따라서 기후변화로 인한 생태계 피해를 예상하면서도 충분한 자료를 확보하지 못해 그 적응 전략을 마련하는 데 어려움을 겪곤 하였다. 그러나 최근 생태학자와 전자공학자 그리고 정보통신 전문가가 힘을 합쳐 생물들이 보이는 세세한 움직임까지 감지해낼 수 있는 연구가 가능하게 되었다. 환경부가 새로 추진하는 생태-혁신과제를 통해서다. 또 하나의 창조과학이 탄생하여 기후변화가 가져오는 혼란스러운 생태계 변화의 의문도 조만간 풀릴 전망이다.

이상의 예에서 볼 수 있듯이 서로 다른 길을 걸어온 학문이 만나 조화로운 융합을 이루어낼 때 그 조합은 그들의 합 이상의 어떤 것, 즉 시너지효과를 만들어낸다. 이러한 시너지는 분명 새로운 것으로서 창조라는 말과 어울린다.

따라서 이렇게 융합된 학문이 이루어내는 새로운 학문을 창조과학이라

불러도 무방해 보인다. 자연과학을 공부하는 사람으로서 경제 분야는 문외한이지만 과학과 경제가 그렇게 멀리 있지 않은 요즘이기에 이러한 융합을 통해 창조경제도 충분히 가능할 것이라 희망 섞인 예상을 해본다.

## 14. 한국의 하천 실태와 생태학적 복원

### 1) 우리 하천의 모습

하천은 땅, 공기, 물과 동·식물, 그리고 마지막으로 그것을 이용하는 인간의 문화권이 조합된 생태계 복합체, 즉 경관(landscape)이다. 하천은 여러 생물이 생활하고 번식하는 공간이고, 생태계의 존속 기반이 된다. 실제로 많은 물고기와 양서·파충류, 조류, 곤충류 등이 성장과 종족 유지의 장 등 대부분을 하천에 의존하고 있는 경우가 많아서 하천생태계는 생물들에게 매우 중요한 장소가 된다.

그런가 하면 하천은 해마다 계절마다 물길이 변하기도 한다. 하천이 그대로 유지되는 것은 길어 봐야 수십 년, 백 년이 되지 않으며, 하천 부지 내의 대부분은 오히려 1년 내지는 수년 내의 짧은 간격으로 변한다.

그렇다면 우리 하천의 특징은 어떨까? 우리나라는 선캄브리아기로부터 중생대에 이르기까지 변성 퇴적암류를 비롯하여 화강편마암과 화강암 등의 지층을 바탕으로 안정된 지괴의 상태에서 오랫동안 침식과 습곡 및 단층운동을 거쳐 현재의 지형 상태가 이루어졌다.

또한 국토의 대부분이 산지로 이루어져 하천 유역도 산지가 차지하는 비중이 크며, 경사가 급해 산지에 내린 강우가 단기간(1~3일)에 바다로 흘러

들어 이용 가능한 물이 빠르게 소실된다. 따라서 하천에서 평수량 및 갈수량의 크기는 대단히 작지만 홍수량은 대단히 커서 연간 하천 유량의 변동이 매우 심하다(표 3-1). 따라서 이수 측면에서는 홍수기에 집중되는 빗물을 모아 갈수기 동안 사용할 수 있는 대책의 필요성을 강조하고 있다.

〈표 3-1〉 국내 · 외 주요 하천의 하상계수.

| 하천명 | 하상계수 | 하천명 | 하상계수 |
|---|---|---|---|
| 한강 | 90 | 템스강 | 8 |
| 낙동강 | 260 | 센강 | 34 |
| 금강 | 190 | 라인강 | 18 |
| 섬진강 | 270 | 나일강 | 30 |
| 영산강 | 130 | 미시시피강 | 3 |
| 양쯔강 | 22 | 요도강 | 114 |

하상계수: 하천의 어떤 지점에서 1년 또는 여러 해 동안의 최대 유량을 최소 유량으로 나눈 비율

## 2) 하천에서 식생이 갖는 의미와 역할

하천의 생태계는 흐르는 물의 작용으로 그 구조가 만들어지고, 그곳에 성립한 식생이 다시 물의 흐름을 조절하면서 하천생태계의 구조를 이루는데 동참하게 되는 순환의 구조다. 우리의 자연하천은 다양한 생물의 다양한 서식환경을 갖추고 있다. 그 조건의 대부분은 하천의 형태와 식생에 의해 만들어진다고 할 수 있을 정도로 하천 생태계에서 식생의 역할은 매우 중요하다. 따라서 하천 형태의 다양함과 본래 식생의 회복이 하천생태계 복원의 원점이라고 할 수 있다.

식생은 우선 초식동물의 먹이가 되고, 산란장소와 피난처의 역할도 중

요하다. 수중이나 물가의 식생은 유속을 느리게 하고 대형 어류나 새 등으로부터 몸을 숨길 장소로서, 특히 어린 물고기나 소형 어류에게 중요한 존재다. 물가나 하안(河岸)지역의 식생은 곤충이나 조류의 생활 장소가 될 뿐만 아니라 홍수 시에는 유속을 약화시키고, 쓰러져서 하천 바닥이나 하안에서 토사의 유출을 막거나 물고기의 피난처의 역할도 하고 있다.

이처럼 하천 식생은 하천의 형태처럼 생물의 서식환경으로서 중요하다. 그러므로 하천 식생을 제거하는 것은 생물의 서식 장소를 빼앗는 행위이며, 식생의 여러 가지 효용 가치를 잃게 한다. 따라서 인간의 입장에서의 일방적인 관리가 아니라 생물 편에 선 식생 관리가 필요하다.

그런데 문제는 우리 하천의 상태다. 하천에 성립한 식생의 다양성, 교란이 빈번한 지소의 특성을 반영하는 외래종이나 일년생식물과 하천에 적합하지 않은 절대 육상식물이 차지하는 면적과 비율, 식생의 구조 및 종 다양성에 근거하여 우리나라 5대 하천의 자연도를 평가했더니 한강, 낙동강, 금강, 영산강과 섬진강의 구간별 자연도 등급은 각각 2~4등급, 1~5등급, 2~5등급, 1~5등급 및 2~5등급으로 나타났다(1등급: 매우 불량, 2등급: 불량, 3등급: 보통, 4등급: 양호, 5등급: 매우 양호).

〈표 3-2〉 우리나라 주요 하천의 식생에 근거한 자연도 평가 결과.

| 식생 요소 / 하천명 | 식생 다양성 | 외래식물 점유면적 | 1년생 식물 점유면적 | 식생 구조 | 종다양성 | 종합평가 |
|---|---|---|---|---|---|---|
| 한강 | 2 | 4 | 3 | 2 | 2 | 53.3/100 |
| 낙동강 | 2 | 5 | 4 | 3 | 1 | 56.0/100 |
| 섬진강 | 2 | 5 | 5 | 2 | 2 | 55.3/100 |
| 영산강 | 2 | 5 | 4 | 2 | 1 | 54.0/100 |
| 금강 | 3 | 5 | 4 | 2 | 2 | 58.3/100 |

이들을 정량화하여 우리나라 5대 하천의 자연성을 종합적으로 평가하면, 한강, 낙동강, 금강, 영산강과 섬진강의 평가점수는 각각 53.3점/100, 56.0점/100, 58.3점/100, 54.0점/100 및 55.3점/100으로 나타났다(표 3-2).

즉 우리나라 하천은 식생의 종류가 단순하고 종 다양성이 낮으며, 외래식물이나 1년생 식물 그리고 하천환경에 적합하지 않은 절대 육상식물이 차지하는 면적이 넓지만 하천에 어울리는 목본식물과 초본식물이 함께 어우러진 안정된 구조의 식생이 차지하는 비중은 크지 않아 전반적으로 자연성이 매우 낮은 것으로 평가되었다.

생태적 복원이란 근본적으로 훼손된 자연의 체계를 복원하여 그들이 제공하는 생태적 서비스 기능을 활용해 쾌적한 생활환경을 확보하는 것이 목표다. 하천은 인간을 포함하여 다양한 생물들에게 생활환경이자 생존환경이다. 그러나 앞서 언급한 바와 같이 현재 우리나라 하천의 자연성은 매우 낮은 것으로 평가되었다. 이런 점에서 우리나라 하천복원의 필요성은 매우 높다고 볼 수 있다.

## 3) 하천복원의 방향

이미 언급한 바처럼 우리나라 대부분 하천에는 중요한 생태적 기능을 담당하는 강변 식생이 거의 남아 있지 않다. 그러나 강변 식생이 발휘하는 다양한 생태적 기능을 고려하면 그것의 복원은 당면한 수질 개선은 물론 생태통로의 역할을 비롯해 다양한 생태적 기능을 통해 생물다양성 보전에도 크게 기여할 수 있을 것으로 기대된다. 또 홍수터를 포함하여 수역도 다양한 습지를 갖춘 생태하천으로 조성하면 이 또한 수질 개선에 크게 기여하는 요소가 될 수 있다.

물의 흐름이 느린 소(pool) 부분을 중심으로 지소의 생태적 특성을 반영하여 갈대, 줄, 물피, 부들 등 수질 정화기능이 뛰어난 식물을 도입하면 수질 정화기능을 높일 수 있다. 이때 도입되는 대형 수생식물들은 그 자체가 수질 정화에 기여할 뿐만 아니라 그들의 광합성을 통해 만들어낸 산소를 수체에 공급하고, 또 호기성 미생물에 서식처를 제공해 간접적으로도 수질 개선에 기여할 수 있다.

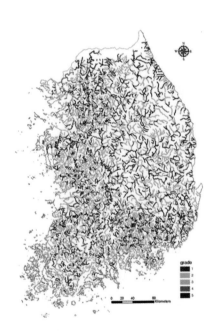

**〈그림 3-14〉** 우리나라 하천의 건전성 평가 결과를 보여주는 지도.

앞서 언급한 바와 같이 국내 대부분 하천은 과도하게 이용되고 관리되어 그 자연성이 크게 훼손되어 있다. 선진국의 영향을 받아 국내에서도 1990년대 이후 이처럼 구조가 단순해지고 기능이 떨어진 하천의 자연성을 회복하고자 하는 움직임이 활발하게 전개되고 있다. 특히 청계천 복원사업이 성공적으로 마무리된 2005년 이후 이러한 움직임은 전국적으로 퍼지고 있다.

지금까지 국내에서 진행된 하천 복원사업은 소하천 중심이고, 수로, 강턱, 홍수터 및 제방이 조합된 하천에서 수로 변에 한정해 추진됐다.

즉, 하천의 종류나 틀의 측면에서 부분적인 복원만 진행된 셈이다. 복원의 방법 또한 완전한 것(restoration)이기보다는 부분적이고 기능적이어서 자연복원보다는 친수공간 조성에 주력해 왔다.

그러나 선진국에서 진행된 하천복원방법의 발달사를 보면, 초기에는 수변에 한정된 복원이 부분적으로 진행되다가 오늘날은 그 전 범위가 복원대상으로 고려되는 방향으로 발전했다.

따라서 앞서 언급한 바와 같이 다양한 미지형을 확보하기 위한 복원, 생태하천 복원, 그리고 나아가 강변 구역의 생태계까지 복원된다면 이는 가장 이상적인 복원이 될 것이다. 또한 나아가 그것이 발휘하는 생태적 기능이 우리 인간에게도 쾌적한 생활환경을 제공하게 될 것이다.

## 15. 생태적 복원 절실한 구미 불산 사고 현장

인간의 생존조건인 자연환경이 파괴되면 인간은 여지없이 공격을 받는다. 이른바 '환경의 역습'이다. 올해도 '녹조 라떼'를 비롯해 적지 않은 사건들이 있었다. 특히 작년에 발생한 경북 구미 불산 누출사고는 지금까지도 자연생태계와 인간에게 심각한 후유증을 남기고 있다.

사고 현장이 안정상태를 찾아가는 모습만 부각한 채 아무런 일도 없었다는 듯이 외면하는 건 유감이다. 생태학자의 눈으로 본 사고 현장 주변의 자연생태계는 아직 많이 아파 보였고 우리의 도움도 필요해 보였다. 자연은 인간의 생존환경으로서 생활환경의 모태이다. 자연의 아픔을 읽어 사람들에게 알리는 것은 생태학자의 책무다. 현지를 방문한 것도 이런 이유에서다.

이번 사고의 원인 물질인 불화수소(HF)의 수용액인 불화수소산(일명 불산)은 무색의 자극성 액체로 공기 중에서 발연한다. 침투성이 강해 금과 백금을 제외한 대부분 금속과 유리를 침해하여 깎아낼 수 있다. 또한 동물의 피부나 점막, 식물의 잎 표면에 침투하여 강한 피해를 일으킬 수 있다. 그 발생원은 다르지만 같은 종류의 대기오염물질이 구미 공단 주변의 생태계에도 영향을 미쳤기 때문에 유사한 피해가 우려되는 것이다.

대기오염에 강한 식물로 알려져 도시의 가로수로 많이 심어진 은행나무이지만, 이를 비웃기라도 하듯 이곳의 은행나무들은 피해가 아주 컸다. 한 가정에서 생울타리로 도입한 스트로브잣나무는 침엽 대부분이 피해를 보아 고사 직전이었다.

전형적으로 마을 가까이에서 숲을 이루는 상수리나무는 잎의 색이 변하였을 뿐만 아니라 그 모양도 심하게 일그러져 있었다. 대기오염에 강한 특성이 있는 갈참나무는 이곳에서도 잎의 모양이 다소 일그러지기는 하였지만 변색이나 괴사는 심하지 않아 내성이 강한 종임을 재확인할 수 있었다.

키가 작아 큰 나무에 가려 대기오염물질의 직접적인 영향을 더 적게 받았겠지만, 참싸리와 청미래덩굴의 잎이 괴사 현상을 보였다. 강한 대기오염으로 인해 식생이 심하게 파괴된 울산과 여천 공단 주변의 산지를 온통 뒤덮고 있는 억새 잎도 심하게 변색하여 이 지역에서 불소 피해가 매우 컸음을 입증했다.

산을 떠나 마을로 내려와서도 식물의 피해 모습은 계속 이어졌다. 마을 주변에 자라고 있는 오동나무는 잎이 심하게 일그러졌다. 오랫동안 이 마을을 지켜 온 왕버들의 잎도 심하게 괴사되어 있다. 마을 단장을 위해 화목으로 도입된 무궁화와 배롱나무는 피해를 보아 그 절반이 고사상태다. 외래종으로서 세계적으로 악명 높은 가중나무도 불소 피해를 피해가지 못하고 잎이 변색되어 있었다.

사고지역과 가까운 곳만 아니라 먼 산의 소나무 숲에서도 갈색이 진해지고 있었다. 실제로 불소가스는 공기보다 가벼워 발생원으로부터 30km 나 떨어진 식물에게도 피해를 입히는 것으로 알려져 있다. 정밀한 재조사와 그 결과에 토대를 둔 신중한 대책 마련을 요구하고 싶다.

〈사진 3-18〉 구미불산 유출 사고 현장 주변에서 나타나는 식물 피해.

최근의 연구 결과는 식물이 함유한 칼슘 및 마그네슘 함량이 많으면 불소를 불활성화시켜 식물의 피해를 막을 수 있지만, 그렇지 않으면 유리된 불소가 식물 잎의 괴사를 유발한다고 설명한다. 인(P)도 마찬가지로 불소 피해를 줄이는데 기여하는 것으로 알려져 있다.

이런 결과를 적용하여 지난해 사고로 피해를 본 산림생태계에 칼슘과 마그네슘이 함유된 돌로마이트와 인산 비료를 공급하면 피해를 줄일 수 있을 것이다. 또 내성종인 갈참나무나 떡갈나무를 도입하여 고사목이 발생한 공간을 채우고, 피해 입은 숲 가장자리 역시 때죽나무, 보리수나무, 청미래덩굴, 새 등 내성종을 도입하여 보호 식재를 하면 피해 입은 숲이 안정된 모습을 되찾는 데 도움이 될 것이다. 이렇게 하면 자연은 생태계 서비스 기능을 발휘하여 우리에게 혜택을 돌려줄 것이다. 적은 노력으로 큰 성과를 거두는 생태적 복원이 절실한 현장이다.

## 16. 조류독감의 주범(?) 철새에 대한 재고

지난겨울도 조류독감 문제가 온 나라를 떠들썩하게 했고, 그 혼란은 아직도 이어지고 있다. 이런 소란이 겨울철의 연례행사처럼 된 지도 이미 여러 해가 지났다. 올해도 변함없이 피해를 가져온 주범은 철새로 몰아가고 있다.

필자는 해당분야 전문가가 아니므로 지금 확산되어 나가고 있는 조류독감문제를 철새를 주범으로 몰아가는 데 이의를 제기할 생각은 없다. 다만, 그 원인을 철새로만 몰아가는 것은 몇 가지 이해하기 힘든 점이 있어 그 문제를 짚어보고 그 대안을 찾아보고자 한다.

우선 겨울철 우리나라를 찾는 철새들은 우리가 알지 못하는 오랜 옛날부터 계속 우리나라를 찾으며 이곳을 그들의 삶의 터전으로 삼아 왔다. 그러나 축산농가의 피해가 알려지기 시작한 것은 비교적 최근의 일이다.

과거에는 없거나 미약했던 가축의 질환이 왜 근래에 와서 심해지는 것일까? 그것이 철새가 많이 와서일까? 꼭 그렇지만은 않을 것이다. 이것이 내가 갖는 첫 번째 의문이다.

또 조류독감이 가금류에 미치는 영향은 치명적이라고 알려져 있다. 따라서 종에 따라 다소 다르긴 해도 이 질병에 걸린 가금류는 대부분 죽는다고 할 수 있을 정도로 사망률이 높다. 그러나 이러한 조류독감의 주범으로 지목되고 있는 겨울 철새가 우리나라를 찾는 수는 적어도 수십만 마리가 되고 있는데, 그 중 조류독감으로 죽는 개체는 극히 일부다. 조류독감이 그렇게 치명적이라면 보통 사람들 생각에 어쩌면 더 열악한 조건에 살고 있는데도 왜 야생 조류들의 사망률은 그렇게 낮은 것일까?

생각이 이쯤에 미치면 조류독감으로 인한 가금류 피해의 원인을 철새로만 몰아가는 것은 어딘가 다소 문제가 있어 보인다. 우리는 식량문제를 해결하기 위해 농작물의 다수확 품종을 개발해왔고 그것은 분명 식량문제 해결에 크게 기여하여 맬더스의 인구론에서 언급한 내용을 일부 부정할 수 있는 수준으로까지 식량 증산을 가져오는 데 기여하였다. 가히 녹색혁명이라 부를 만하다.

〈그림 3-15〉 독감피해를 철새에 떠넘기는 것을 비판하는 포스터(인터넷 다운로드).

그러나 양지가 있으면 그 이면에 음지도 있는 법이어서 녹색혁명의 이면에는 농약의 과다사용으로 인한 생물다양성 소실, 비료의 과다 사용으로 인한 수질오염 등이 발생하여 어두운 그림자로 남아 있다.

오늘날 우리의 가금류들이 조류독감에 이처럼 속절없이 취약하게 된 것도 우리가 식량 증산에 적용하였던 방법과 마찬가지로 우리가 필요로 하는 것을 하나라도 더 얻기 위해 면역기능과 같이 그들이 살아가는 데 기본적으로 필요하여 갖춘 기능마저 약화한 결과 때문이다. 즉 우리 인간이 그들을 스스로 살아가지 못하고 인간의 보호 아래서만 살아갈 수 있도록 조작해낸 결과 때문이다.

그러나 그들에 대한 관리는 먹을 것을 제공하는 것 외에 별다른 신경을 쓰지 않을 정도로 아주 열악하다. 빼앗은 기능만큼 그들의 삶을 돕는 관리가 이루어지는 것이 인간의 도리이고, 그러한 관리가 이루어질 때 이러한 문제를 조금이라도 줄일 수 있을 것이다.

또 언제까지나 가축을 사이에 두고 야생의 생물들과 전쟁을 벌일 일이 아니라 이제는 우리가 우리의 욕심을 조금 버리며 양보를 할 때인 것 같다. 우리가 필요한 것을 얻는 데만 초점을 맞추지 말고 그들이 살아가는데 기본적으로 요구되는 면역기능도 갖춘 품종 개량, 경제적 효율성만 따지는 가축과 축사 관리 수준을 넘어 가축이 하나의 생물로 살아가는 데 기본적으로 요구되는 조건을 갖춘 수준으로 가축 관리 수준의 개선 등을 고려할 필요가 있다.

나아가 우리의 가금류보다 조류독감에 훨씬 더 큰 내성을 갖는 야생의 조류들을 가축 질병을 옮기는 적으로만 보지 말고 그들이 살아가는 모습, 즉 생태(生態; 생물이 살아가는 모습)를 제대로 관찰하고 연구할 필요가 있다. 그리하여 사람들이 붓순나무의 일종으로부터 독감 치료제를 개발하였듯이 기왕 우리와 떨어져 살 수 없을 정도로 가까워진 가축의 독감 치료제도 개발해내야 할 것이다.

앞으로 기후변화로 인해 야생생물과 연관되어 가축은 물론 인간의 질병도 늘어날 전망이다. 언제까지나 야생 생물에게 피해를 전가할 여유가 없다. 또 검증되지 않은 일에 너무 큰 비용과 에너지를 낭비하지 말고 차분히 미래를 준비할 필요가 있다.

## 17. 침수지역 주민이 입은 홍수 피해에 대한 재판 결과를 보고

하천은 물이 흐르는 장소와 그것이 흘러넘치는 범위, 즉 홍수터를 포괄하여 지칭한다. 즉, 하천의 공간적 범위는 수로와 범람원을 포괄한다. 지형에 의해 그 범위를 구분하면, 수로로부터 양방향으로 수평으로 이동하여 경사가 급해지는 부분까지, 즉 산과 산 사이가 하천의 공간적 범위가 된다. 지질학적으로 이 범위에는 충적토가 존재하여 주변과 구분이 되고, 생물학적으로는 강변 식생이 분포하여 주변 지역과 뚜렷하게 구분된다.

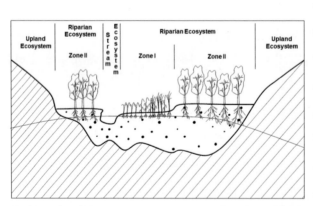

습한 지소를 선호하는 우리의 주식인 벼를 재배하기 위해 옛날부터 하천 변을 논으로 개발해 온 우리는 하천의 이러한 공간적 범위를 잊고 살아온 지 오래다.

〈그림 3-16〉 하천은 수로와 그 주변의 강변생태계를 포함하는 복합생태계, 즉 경관이다.

더구나 도시에서는 이러한 논의 대부분이 다시 주거지를 비롯한 우리의 생활공간으로 바뀌었다. 따라서 우리는 더욱더 이러한 사실을 모른 채 살고 있다.

필자가 농사일을 중단한 논을 다년간 살펴보니 그곳에서 하천 변에 사는 식물들이 되살아나는 모습을 관찰할 수 있었다. 또 6.25 전쟁 후 인간 출입을 통제하고 60여 년의 세월을 보낸 비무장지대를 비롯한 민통선 북방지역에 관해 연구한 결과에서는 과거의 논이 하천 변에 자라는 식물들로 뒤덮여 그곳이 본래 하천이었음을 입증하고 있다. 그 밖에 하천에 인접한 아파트단지나 주택의 뜰에서 돋아나는 버드나무를 비롯한 식물들 또한 그곳의 원모습을 알리기에 충분한 정보를 제공하고 있다.

1998년 당시의 홍수가 100년에 한 번 올 수 있는 드문 주기의 자연재해로서 그때 입은 주민의 피해를 국가가 보상할 의무가 없다는 내용이었다. 그 결과 국가가 이미 지급한 배상금액을 다시 국가에 돌려주어야 한다는 것이었다.

〈사진 3-19〉 중랑천의 서울 노원구 중계동 구간의 공사 현장 모습. 주변 아파트 단지와 유사한 위치에서 퍼내는 흙은 충적토로서 이 부분이 하천구역임을 보여주고 있다. 이러한 자료로부터 우리나라 하천의 폭이 크게 축소되어 있음을 확인할 수 있다.

법의 체계를 모르는 필자의 관점에서 법의 잣대로 그 판결의 옳고 그름을 논할 수는 없다. 그러나 환경의 체계에서 볼 때, 그 판결이 다소 이해하기 어려운 부분이 있어 이 글을 쓴다. 앞서 언급한 바와 같이 하천은 그 공간적 범위가 수로와 범람원 전체를 포괄한다. 이러한 기준에 근거할 때, 신문에 보도된 침수지역은 하천 내에 위치하고, 더구나 수로로부터 그렇게 멀지 않은 그곳에 있다.

따라서 이러한 곳은 100년에 한 번 오는 대홍수가 아니더라도 홍수의 피해를 볼 수밖에 없다. 더구나 그 당시부터 요즘까지 유행하는 자연형 하천 정비사업을 위해 하천에 가해진 인위적 간섭이 홍수 피해를 크게 하는 데 작용한 사실도 부정할 수 없다. 물론 수로 변에는 인공으로 제방을 구축하여 홍수 피해를 줄이기 위한 시설을 갖추고 있다.

그러나 한편으로 지구온난화를 비롯한 지구적 차원의 환경문제로 기상이변이 속출하고, 자연재해의 규모가 커지며 그 재발주기 또한 불규칙한 현실을 고려하면, 그 정도의 폭우를 100년에 한 번 올 수 있는 폭우로 규정하는 것도 애매하다. 이 모든 환경특성이 반영된 현명한 재판 결과를 기대해 본다.


## 18. 장마가 가르쳐 준 지혜

올해 장마는 시간을 오래 끌면서 길어진 시간만큼 우리에게 많은 것을 가르쳐 주고 있다. 댐이나 강 하류로 쓰레기를 모아 하천이 그 유역의 모든 것을 담아내는 공간이라는 것을 실감 나게 보여주었고, 세계적인 도시 서울에서도 가장 번화한 도심을 순식간에 침수시키며 자연 앞에서 우리가 얼마나 미약한 존재인가를 확인해 볼 기회를 제공하기도 하였다.

강어귀에 모인 엄청난 쓰레기는 아직도 우리가 이렇게 쓰레기를 함부로 버리는 수준이라는 것을 가르쳐 주는 것 같아 부끄러운 마음이 앞섰다. 그 쓰레기는 또 우리의 자연 관리 수준의 후진성도 인식시켜주어 해당 분야를 전공하는 사람으로서 반성의 시간도 갖게 해주었다. 국립공원처럼 잘 보존된 산에서 내려오는 물에는 쓰레기도 많지 않고 흙탕물의 색깔도 진하지 않다.

강변 식생을 잘 갖추고 있는 자연하천에서는 주변에서 많은 쓰레기가 밀려와도 그것이 강변 식생에 걸려 수로로 들어오는 쓰레기는 많지 않다. 그런 점에서 강 하류에 그렇게 많은 쓰레기가 밀려와 쌓였다는 것은 우리가 산도 하천도 제대로 관리하지 못하였다는 것을 보여주는 증거다.

그러면 우리는 왜 이처럼 자연 관리를 잘못하는 것일까? 이번 장마는 이것에 대해서도 답을 주고 있다. 강어귀에 모인 쓰레기는 산에서 내려온 것도 있고 들에서 내려온 것도 있으며 우리가 거주하는 주거 환경에서 내려온 것도 있다. 이렇게 다양한 곳에서 쓸려온 쓰레기가 함께 모여 있다는 것은 그들이 서로 연결되어 있다는 것을 의미한다. 실제로 생태학 교과서에서는 자연을 구성하는 모든 생태계는 개방계로서 서로 연결되어 있다는 사실을 명백히 언급하고 있다.

그러나 우리는 이처럼 서로 연결된 자연을 우리 나름대로 나누어 관리하고 있다. 그러다 보면 서로 이해관계가 엇갈릴 때도 있고, 문제가 발생하였을 때는 서로 책임을 떠넘기는 예도 있다. 그러다가 엉뚱하게 자연만 피해를 보고 만다. 이제라도 장마라는 자연의 한 현상이 전해주는 생태정보를 하찮게 보지 말고 받아들여 우리의 자연 관리도 통합관리라는 선진체계로 전환하기를 기대해 본다.

도심에서 발생한 침수 현상도 분석해 보자. 도심의 침수는 왜 일어났을까? 우선은 짧은 시간에 비가 많이 왔기 때문이다. 그러나 물이 낮은 지대로 빨리 모여들게 한 것도 침수의 원인이 된다. 그럼 물은 왜 낮은 지대로 빠르게 이동하였을까? 우리가 우리의 생활환경을 개선한다는 이유로 도로를 아스팔트로 포장하고, 또 다른 공간을 콘크리트로 뒤덮은 결과다. 토양은 아스팔트나 콘크리트로 포장된 것보다 거칠다. 그리고 토양에는 식물이 정착하기 마련이어서 거칠기가 더 증가하며 물흐름을 조절할 수 있다.

토양이 숨 쉬며 이런 역할을 할 수 있도록 배려하였다면 침수 현상은 훨씬 덜했을 것이다. 현대 생태학의 한 축인 경관생태학 교과서의 설명이다. 좀 더 신중하게 검토하여야 할 또 다른 침수원인도 있다. 그 원인을 찾기 위해 몇 년 전 심각한 홍수 피해를 보고 복구한 우면산 산사태 피해지역 복구현장을 돌아볼 필요가 있다.

지금 우면산 복구현장을 가보면 마치 스키슬로프를 보는 것 같다. 그러나 홍수 피해 전 드문드문 남아 있던 생태유적에 근거하면, 우면산 골짜기 입구에는 원래 버드나무 숲이 있었을 것이고, 그곳으로부터 위쪽으로 올라가면서 오리나무 숲, 갈참나무숲, 졸참나무 숲, 물박달나무 숲, 신갈나무 숲 등이 있었을 것으로 판단된다.

〈사진 3-20〉 강남역 침수현장 모습(인터넷 다운로드).

그리고 그 골짜기에는 물이 흘러가며 만들어 놓은 웅덩이도 있었고 사면에서 굴러온 돌들도 있었다. 앞서 언급한 숲은 원래 그곳에 사는 식물들이기에 깊이 뿌리를 내려 산사태를 막아줄 수 있다. 그리고 웅덩이와 돌들도 거칠기를 유지하며 나름 물흐름을 조절할 수 있다.

그러나 우리는 그러한 식물을 그 땅에 어울리지 않아 깊이 뿌리내리지 못하는 잣나무, 아까시나무, 은사시나무, 일본잎갈나무 등으로 바꾸어 홍수에 취약한 숲으로 전락시켰고, 골짜기의 돌들을 주워 모아 탑을 쌓으면서 물이 빨리 그리고 강하게 흐르도록 유도하였다.

이러한 일들이 그 당시의 피해를 키웠다는 생각을 지울 수 없다. 그런데 지금 그 골짜기는 더 많은 변화를 하였다. 그 골짜기에는 우면산을 지켜줄 어떤 숲도 없으며 물흐름을 조절해 줄 돌 또한 볼 수 없는 깨끗한 슬로프로 변해있다. 물흐름이 몇십 배는 더 빨라졌을 것이고, 그것은 도심의 침수 현상과 분리하여 생각할 수 없다. 이제부터라도 자연이 제공하는 정보를 활용하는 지혜를 발휘해보자.


## 19. 자연과 더불어 사는 지혜를 발휘하자

홍수 피해가 컸다. 비의 양이 엄청나게 많지 않았는데도 하천이 범람하고 침수되는 곳이 많았다. 우선 비의 전체 양보다는 시간당 내린 비의 양이 많았던 것이 크게 영향을 미쳤을 것이다. 그러나 그것만으로 이번 비 피해를 설명하기에는 많이 부족하다.

우선 우리 주변의 환경 실태부터 살펴보자. 산에는 수많은 등산로를 만들어내고 여러 가지 시설을 들여놓으면서 단단하게 다져놓고 그것만으로도 모자라 나무나 돌계단 등으로 포장까지 해 비가 올 때 지면의 물 흡수는 억제하고 흐름 속도는 높이고 있다. 빗물이 빠르게 흘러내릴 수밖에 없는 상황이다.

계곡은 산사태를 핑계 삼아 콘크리트 포장이 늘어나고 있다. 마치 봅슬레이 코스를 보는 것 같다. 그렇다 보니 빗물은 여기서도 머물 틈이 없이 가속도를 붙여 빠르게 산 아래로 쏟아져 내릴 수밖에 없다. 다른 곳에서 발생할 문제는 아랑곳하지 않고 여기서만 흘려보내면 된다는 논리다.

산에서 내려오면 곧바로 아스팔트와 콘크리트 포장이다. 빗물은 한시도 머물 여유 없이 급히 흘러 내려갈 수밖에 없는 상황이다. 이렇게 급히 밀려 내려온 물 때문에 하수구 구멍은 미어터질 지경이다. 여기에 각종 쓰레기까지 합류하니 그야말로 쓰레기와 물이 산과 바다를 이루어 놓은 모습이다. 물이 넘쳐날 수밖에 없는 상황이다.

여기를 빠져나가도 여건은 크게 달라지지 않는다. 하천의 폭은 토지를 가능한 한 많이 확보하려는 사람의 땅 욕심 때문에 크게 좁혀져 있다. 게다가 공사의 편의성만 좇다 보니 강턱은 본래의 웅덩이 형 단면을 벗어나 직각을 이룬 벽으로 세우며 다시 한번 통수 단면을 좁혀 놓고 있다.

이에 더해 사람들의 선심을 얻기 위한 놀이터를 비롯한 각종 레크리에이션 공간을 확보하기 위해 홍수터를 둔치라는 하천도 육지도 아닌 어정쩡한 공간으로 바꿔 놓았다. 이러한 변화의 영향으로 현재 하천에는 그곳에 본래 자라던 식물 대신 그들과 비교해 유연성이 크게 떨어지는 뻣뻣한 절대 육상식물과 외래식물이 다수 침입해 있다.

더구나 하천의 본래 모습에 대한 이해가 크게 부족한 사람들이 중심이 돼 '자연형 하천복원'이나 '생태하천복원'이라는 이름으로 절대 육상식물과 외래식물을 비용과 에너지까지 투자하며 일부러 도입해 갈 길 바쁜 물길을 또 가로막고 있다.

전국에 걸쳐 3만3000여 개가 현존하는 보가 하는 역할도 무시할 수 없다. 보는 물을 모아 필요할 때 공급하는 이로운 점도 있지만 물흐름을 조절해 둔치의 육지화와 그로 인한 육상식물 및 외래식물 침입을 유도해 홍수 소통에 지장을 주기도 한다. 그런 온갖 난관을 뚫고 빗물이 겨우 하류에 당도하면 이번에는 기후변화에 기인한 수온 상승으로 부피가 늘어나고, 여기에 빙하 녹은 물까지 더해져 밀려온 바닷물이 다시 한번 빗물이 흘러나갈 길을 가로막고 있다.

이러한 홍수 피해를 줄이기 위해 선진국은 오래전부터 철저히 생태적 원리에 바탕을 두고 하천을 비롯해 훼손된 생태계 제 모습 찾아주기 사업을 벌이고 있다. 전 세계에서 가장 앞서가는 하천복원 프로젝트로 알려진 'Room for the river'가 대표적이다. 기존 제방을 헐어내고 본래 하천의 공간을 확보해주는 작업이다.

하천의 단면은 우리의 복단면과 달리 원모습인 웅덩이 형 단면으로 하는 것은 물론이다. 도입하는 식물은 하천변 흙 속에 묻혀 있는 종자를 그 흙과 함께 뿌려주어 본래 그 자리에 있어야 할 식물이 자리 잡도록 유도하고 있다.

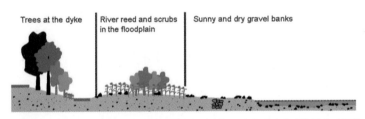

〈그림 3-17〉 수로 변(회색 돌 부분)에 위치했던 제방을 크게 후퇴시켜 하천 본래의 폭을 확보하는 선진화된 하천복원 방법 (room for the river project)을 보여주는 모식도.

나아가 사후 모니터링을 통해 그 정착과정을 점검하는 것은 물론 온전한 하천에서 확보한 대조생태정보에 토대를 두고 순응 관리를 하며 하천이 제 모습을 찾을 수 있도록 돕고 있다. 친수공간은 별도로 확보하지 않고 자연 그대로의 하천을 즐기고 느끼게 해 우리와는 정말 큰 차이를 보인다. 하천과 인간 사이에 조화로운 관계를 설정하기 위해 참 생태복원을 실천하고 있다. 죄 없는 장맛비만 원망하지 말고 자연과 더불어 사는 지혜를 발휘해 자연재해를 극복해보자.


## 20. 홍수 피해 저감 대책 댐 건설만이 능사 아니다

지금까지 기후변화 시나리오는 기온 상승과 그것의 영향에 초점을 맞추어 왔다. 그러나 최근 강우량과 강우 패턴의 변화에도 관심이 집중되고 있다. 이 부분에 관심을 가지고 새로 제기되는 기후변화 시나리오는 폭우 빈도가 늘어날 것을 예측하고, 이에 대한 대책을 요구하고 있다. 우리나라도 최근 과거와 비교하여 빈번하게 폭우를 경험하고 있다.

이제 우리도 이에 대해 준비하여야 할 때다. 그러나 뉴스 매체를 통하여 제기되는 대책은 댐 건설에 집중되고 있는 인상이다. 어떤 경우는 환경단체가 댐 건설을 방해하여 최근의 홍수 피해가 발생한 것으로 몰아가기까지 하는 인상이다. 그러면 그러한 댐들을 건설하였으면 과연 이러한 피해가 발생하지 않았을까? 장담하긴 쉽지 않지만 그럴 가능성은 희박하다고 본다.

댐 건설을 주장하기 전에 우리의 국토관리 실태를 다시 한번 검토해 볼 필요가 있다. 지구 문명이 하천 변에서 시작되었듯이 오늘날도 많은 사람은 하천 변에 모여 산다. 우리나라의 경우는 과거 식량자원을 얻기 위해 하천의 범람원을 논으로 만들었다.

그리고 오늘날은 그곳을 다시 도시로 개발하고 있다. 자연적으로 하천의 통수구간이 좁혀져 있다. 그 영향으로 홍수가 닥칠 것을 우려한 나머지 하천 변에는 대형 둑을 건설하였다.

그러나 이것은 과거의 환경을 기준으로 설계된 것이다. 이제는 하천으로부터 한발 물러나야 할 때가 아닌가 한다. 실제로 유럽에서는 하천의 제방을 뒤로 물리는 작업이 이미 시작되었다.

다음은 논의 실태를 한번 검토해 보자. 많은 사람은 논을 우리에게 주식인 쌀을 제공하는 공간으로 인식하고 있다. 그러나 오늘날 특히 도시 주변의 논을 보면 이러한 인식이 잘못되었음을 알 수 있다. 그 공간은 비닐하우스로 덮여 있고, 그곳에서 생산되는 농산물 또한 채소나 원예작물 등으로 바뀌어 있다.

순수한 논이었을 때 그곳은 얕지만 물을 가두는 저수지의 역할을 하며 홍수 조절에 힘을 보탰었다. 이에 더하여 수생식물, 곤충, 양서류, 파충류, 그리고 새들의 보금자리이기도 했었다. 그러나 비닐하우스로 덮인 논에서는 홍수 조절 효과도 생물서식지의 역할도 기대하기 힘들다. 토지 전용을 더욱 신중히 하고 나아가 대체지 마련과 같은 새로운 대안도 검토할 필요가 있다.

이제는 여기서 상류하천 쪽으로 자리를 옮겨 보자. 산 쪽으로 접근하면 하천은 상류하천으로 불린다. 하천의 하류에는 고운 입자의 흙이 많고, 중류하천은 저질이 모래이며, 상류하천에 가면 자갈과 큰 돌이 많이 보인다. 요즘 우리는 상류하천과 그보다 위쪽에 있는 계류에서 산을 떠받치고 있던 이 큰 돌들을 도시에서 자주 본다. 소위 자연석이라는 이름으로 그 돌들을 도시로 옮겨 온 탓이다. 그들이 도시에 와서 어떤 역할을 하는지는 잘 알 수 없지만, 그들을 잃은 곳에서는 주춧돌이 빠져나간 상태이니 산사태의 출발점이 되고 있다.

자리를 산 쪽으로 다가가 보자. 여러 가지 형태로 우리는 산의 모습을 바꾸어 왔지만 산은 하천에서부터 시작된다. 그다음에 경사가 완만한 산자락이 이어지고, 경사가 급해지면서 산 중턱, 능선, 그리고 산봉우리가 나타난다. 경사가 가파른 산이라도 산자락은 경사가 완만하다.

따라서 우리 조상들은 이러한 곳에 집터를 마련하였다. 집을 지으면서도 주변 자연의 모습을 지키고, 동시에 주거 환경을 지키기 위해 집 주변에는 지역 특성에 어울리는 식물들을 활용하여 생울타리를 만들어 왔었다.

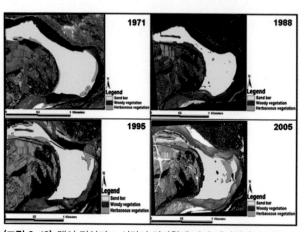

〈그림 3-18〉 댐이 건설되고 시간이 경과함에 따라 백사장에서 식물이 늘어나는 것을 보여주는 지도. 이렇게 식물들이 과도하게 정착하면 후에 홍수 피해를 키울 수 있다(피정훈 박사학위논문).

온전한 모습을 간직하고 있는 산에 가보면, 숲은 키가 작은 풀로 시작하여 작은 키 나무, 중간키 나무가 차례로 나타나고, 그다음에 비로소 큰 키 나무가 자리를 잡는다. 이때 작은 키 나무는 풀과 어울려 두 층을 이루고, 중간 키 나무는 작은 키 나무와 풀이 어울려 세 층, 그리고 큰 키 나무는 중간키 나무, 작은 키 나무, 그리고 풀과 어울려 4층을 이루어 완전한 숲을 마무리한다.

이러한 체계를 갖춘 숲은 완전한 숲이므로 재해에도 잘 견딘다. 그러나 오늘날 우리는 자연을 개발하여 우리의 생활공간을 마련할 때 이러한 자연의 체계를 거의 고려하지 않고 있다. 산을 잘라 도로를 만들고 집을 지으며 산의 비스듬한 경사를 급경사지로 바꾸어 놓는다.

절개사면이 맨살을 드러내놓고 있는데도 거의 아무런 조처를 하지 않고 있다. 겨우 취한 조치는 외래식물 씨를 진흙에 섞어 그 급한 사면에 뿜어 붙이고는 그것으로 책임을 완수하였다고 자만하고 있다.

그러나 이러한 장소 또한 산사태의 출발점이 된다. 어떤 부득이한 개발로 산의 경사를 바꾸었으면, 우선 그 사면을 완만하게 다듬어 줄 필요가 있다. 그다음에 맨살을 드러낸 사면에는 주변에 존재하는 온전한 숲에서 종자를 얻고 그것의 체계를 모방하여 이전의 숲을 다시 만들어 줄 필요가 있다. 그것이 공존하는 자연에 대한 도리이고, 우리의 재앙을 막는 수단이다.

지금 홍수 피해가 있다고 하여 곧바로 댐을 만들자고 주장하는 것은 너무 서두르는 듯한 인상이다. 댐 건설에 반대한 것은 환경단체와 지역 주민만이 아니다. 이 땅의 많은 전문가가 함께 오랫동안 고뇌하고 논의하여 결정한 사항이다. 그 뜻이 이렇게 쉽게 버려져서는 안 되겠다는 생각에서 이 글을 적는다.


## 21. 하천에서 홍수가 갖는 의미

홍수와 같이 나름대로 균형을 이루고 있는 어떤 생태적 계(생태계, 군집, 개체군 등)의 균형을 흔드는 현상을 교란(disturbance)이라고 한다. 이러한 교란은 자연에 늘 존재하는 것으로서 환경 일부이다. 특히 하천은 자연 교란과 인위적 교란이 모두 빈번하게 발생하는 변화무쌍한 생태적 공간이다.

그러한 교란 요인 중에서 홍수가 주된 역할을 한다. 흔히 교란은 이로운 요소보다는 해로운 요소로 인식하는 경향이 있다. 홍수 역시 그렇게 인식하는 경우가 많다. 그러나 앞서 언급한 바와 같이 홍수를 포함한 교란은 자연 일부이다. 그런 점에서 나름의 역할이 있을 것이다. 여기서는 그러한 홍수의 역할을 알아보기로 하자.

〈사진 3-21〉 수변에 성립된 명아자여뀌 군락. 홍수 후 정착하여 그 영역을 크게 확장하고 있다. 수변에 많은 식물이 도입됐지만 홍수 시 대부분 사라지고 큰고랭이가 일부 남아 있다.

〈사진 3-22〉 돌계단에 도입된 잔디군락 사이로 홍수로 떠내려온 종자가 발아하여 명아자여뀌가 정착해가고 있다.

〈사진 3-23〉 인공적으로 도입된 물억새군락 사이로 침입한 물쑥.

〈사진 3-24〉 홍수 때 떠내려온 모래가 보도 위에 쌓이자 그곳에 정착한 미국개기장군락과 명아자여뀌 군락.

〈사진 3-25〉 홍수의 영향으로 부들-줄 군락 위에 모래가 쌓이고, 그렇게 형성된 나지 위로 쇠별꽃이 침입하고 있다. 홍수가 다른 식물에 침입 통로 (invasion window)를 열어주는 예가 된다.

〈사진 3-26〉 홍수의 영향으로 교란된 줄 군락(왼쪽)과 달뿌리풀군락(오른쪽) 사이로 침입한 환삼덩굴.

〈사진 3-27〉 홍수의 영향을 거의 받지 않은 청계천 상류의 식생. 홍수의 영향이 없어 도입한 정수 식물이 그대로 남아 있고, 새로운 식물의 침입도 거의 이루어지지 않았다.

〈사진 3-28〉 수변에서 명아자여뀌 군락 다음에 성립된 참외군락. 그 성립은 인간이 먹고 버린 씨 앗에 기인한다. 그러나 일정한 범위로 성립한 분포범위로 보아 이곳에 직접 버려진 씨앗에 기인했 다기보다는 다른 곳에서 버려진 것들이 홍수에 씻겨 내려와 이곳이 물에 잠겼을 때 가라앉아 발아 된 것으로 판단된다.

〈사진 3-29〉 인위적으로 도입한 갯버들 군락 다음에 성립된 참외군락.

〈사진 3-30〉 홍수로 인해 교란된 부들 식재지에 침입하여 정착한 명아자여뀌 군락.

〈사진 3-31〉 물의 흐름이 만들어낸 모래섬에서 휴식을 취하고 있는 오리류.

〈사진 3-32〉 홍수로 인해 교란된 달뿌리풀 식재지에 정착한 쇠별꽃. 주변으로 참외와 질경이도 새로 침입하여 정착해 있다.

〈사진 3-33〉 홍수가 만들어낸 모래톱(좌)과 그곳에 새로 정착한 식물들(우, 주로 명아자여뀌가 새로 정착). 홍수 시 발생한 강한 물의 흐름이 토양을 침식시켜 부유시키고 그것이 가라앉으면서 모래톱이 커진다. 따라서 모래하천에서는 모래톱이 하류 방향으로 커진다. 모래톱의 오른쪽에 먼저 정착한 줄이 보이고, 중앙에서 왼쪽으로 명아자여뀌 군락이 정착해 있으며, 모래톱의 가장 아래쪽인 왼쪽에는 새로 만들어져 아직 식물이 정착하지 않은 나지가 보인다.

〈사진 3-34〉 돌 틈에 쌓인 모래 위에 정착한 물피.

〈사진 3-35〉 홍수 시 물이 흘러넘칠 때 돌 위에 쌓인 모래 위에 정착한 명아자여뀌와 물피.

〈사진 3-36〉 수변의 호안용 돌 틈에 정착한 물피.

〈사진 3-37〉 홍수의 영향으로 물억새군락에 침입하여 정착한 새콩.

〈사진 3-38〉 홍수 시 떠내려온 수많은 쓰레기 더미를 뚫고 돋아나온 참느릅나무. 복원된 청계천으로 새로운 식물이 찾아오고 있음을 보여준다.

〈사진 3-39〉 굽이치는 물줄기가 다양한 모래톱을 만들어내고 있다. 하천생태계에서 물의 흐름은 이처럼 다양한 환경을 만들어내고, 다양한 환경은 생물다양성의 바탕이 된다.

# 제4부
# 외래종의 생태

# 1. 외래종의 생태적 관리

생물 중에는 그들이 본래 살고 있던 곳이 아닌 지역에 우연히 정착하거나 의도적으로 도입되어 사는 것들이 있다. 이러한 생물들을 우리는 외래종(exotic species) 또는 외래 침입종(invasive alien species)이라고 부른다. 이들은 사람들이 왕래하거나 화물을 운반할 때 묻어 들어오는 경우가 많아, 국가 간 물물교류가 잦아진 근대 이후 크게 늘었다.

주로 다른 나라에서 들어왔기 때문에 일반적으로 이들을 외국의 생물로 인식하는 경향이 있지만, 자연의 경계와 정치적 경계는 다르므로 그것이 꼭 옳은 것은 아니다. 가령 국내의 어느 한 지역에 제한적으로 분포하는 생물이 다른 지역으로 옮겨지면, 그것은 옮겨진 지역에서 생태적으로 외래종과 같은 위치에 있게 된다.

이러한 외래종은 인위적 또는 자연적 교란으로 생태계가 손상된 장소에 자주 침입하는 경향이 있다. 침입한 외래종은 대부분 교란된 장소를 선호하는 종들이어서, 상대적으로 안정된 장소를 선호하는 자생종에 비해 유리한 위치에 있다. 결과적으로 자생종을 밀어내고 생물군집의 종 조성을 바꾸어, 생태계는 외래종이 침입하면 더 빨리 바뀌게 된다.

이렇게 바뀐 생태계는 외래종 중심으로 재편되어 생물의 다양성이 낮아져 그 안정성이 크게 떨어지게 된다. 늦가을 남산의 등산로 주변을 온통 하얗게 뒤덮은 서양 등골나물이나 공업단지 주변에서 오염물질이 숲을 파괴하고 만들어 놓은 틈을 잠식한 미국자리공 등의 군락지에선, 이들 종 외에 다른 종들을 거의 찾아볼 수가 없다.

자연에 대한 잦은 인간 간섭은 외래종을 유인하고, 이렇게 하여 침입한 외래종은 생태계를 단순하고 불안정한 상태로 만들어 자연을 위협한다. 따라서 세계 각국은 이러한 외래종의 침입을 경계하고, 이미 침입한 것에 대해서는 제거 대책을 마련하기 위한 연구를 적극적으로 추진하고 있다. 그 중 대표적인 것이 교란된 생태계를 원래 모습으로 되돌려 놓는 생태계 복원이다. 즉 원래 자연의 힘을 키워 외래종을 제거하는 예방의학 차원의 전략이다.

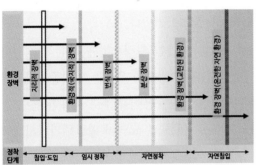

<그림 4-1> 외래종은 여러 단계의 장벽을 넘으며 자신이 본래 살던 범위를 벗어난 장소에 정착하여 살아간다. 이때 침입한 장소에서 여러 가지 문제를 일으켜 선진사회에서는 외래종 문제를 가장 심각한 환경문제 중의 하나로 보고 있다.

봄이 오면 복원된 청계천에서 생태교육 프로그램이 시행된다고 한다. 이미 청계천은 우리나라 국민 전체가 한 번쯤은 방문한 명소가 되었고, 외국에선 대도시 하천복원의 모델로 소개되고 있다. 그곳에서 학생들에게 생태교육을 하는 것은 매우 바람직하다. 그런데 프로그램 중에 외래종을 확인하고 뽑아내는 내용이 있었다. 외래종을 뜯어내면 그곳은 다시 외래종이 선호하는 장소가 되어 또 다른 외래종이 침입할 가능성이 크다. 그러니 그것을 뽑아내기보다는 이들 외래식물이 어떻게 이곳에 오게 되었을까?

어떻게 하면 자생종들이 외래 경쟁자를 물리치고 이곳에서 주인의 위치를 되찾을 수 있을까? 등을 생각해 보게 한다면, 생태교육 본래의 취지를 더욱 살릴 수 있을 것이다.

## 2. 외래종 끈벌레

신경계와 근육을 마비시키는 독성물질을 함유하여 환형동물, 갑각류, 연체동물 등을 대량 포식하여 생태계 교란 생물로 알려진 끈벌레가 최근 한강 하류에 대량 서식하고 있는 것으로 알려져 관심을 끌고 있다. 특히 그 생물은 원래 바다에 사는 것으로 알려졌는데 이번에 한강에 등장하여 어민들에게 막대한 피해를 주고 있어 더 주목받고 있다.

생물이 사는 지리적 범위는 기후를 비롯한 환경요인에 의해 결정된다. 자연이 결정한 이러한 분포범위를 넘어선 생물을 우리는 외래종이라고 부르고 우리나라와 일본에서는 귀화생물이라는 용어를 주로 사용한다.

이러한 외래종은 교통수단의 발달로 대륙 간 교역이 활발해지면서 그리고 최근에는 기후변화가 빠르게 진행되면서 전 세계적으로 빠르게 늘어나고 있다.

지구상에 사는 많은 생물은 인간사회에 도움이 되는 수많은 상품과 서비스를 제공한다. 그러나 외래생물은 인간사회가 의존하는 이러한 자연생태계를 크게 해치고 있다. 그것은 생태계의 특성을 변화시킬 뿐만 아니라 인간사회가 의존하는 상품과 서비스에도 악영향을 끼치며 생태적 피해뿐만 아니라 경제적으로도 막대한 피해를 주고 있다.

더구나 그러한 영향은 처음에는 작은 것으로 시작하여도 나중에는 심각한 문제로 발전하는 경우가 많아 주목된다. 미국의 경우 1970년대 그 곤충상의 극히 일부를 차지하였던 외래 곤충 1500종 중 16%에 해당하는 235종이 최근에는 해충으로 변하였고, 초지 잡초의 41%와 삼림 해충의 23%를 외래종이 차지하고 있다.

외래종이 빠르게 확산하는 것은 그들이 새로운 장소에 들어왔을 때 자생생물들이 그들의 생활사 전략을 몰라 그들이 천적을 피할 수 있기 때문이다. 또 그들은 천적을 피하여 비축한 에너지를 경쟁력에 보태 더 빨리 확산하는 것으로 알려져 있다.

더구나 외래종 침입의 영향은 한 종의 침입에 머물지 않아 더 큰 문제가된다. 미국의 캘리포니아에서는 1850년에 처음으로 호주산 유칼립투스를 도입했다. 이들은 광범위하게 심어졌지만 심어진 장소에서 멀리 퍼지지 않았고 해충피해도 입지 않았다.

그들의 자생지인 호주에서는 해충이 많았지만 캘리포니아의 초식동물들은 그들이 내는 방어물질인 화학물질 때문에 그들을 전혀 해치지 못했다. 도입 후 130년이 지나 처음으로 호주로부터 초식 해충이 우연히 유입되었다. 그 후에는 매년 한 종씩 초식해충이 유입되고 있다.

처음에는 줄기에 구멍을 내는 해충이 오더니 다음에는 잎에 해를 끼치는 해충이 오고 그다음에는 수액을 빨아먹는 해충이 오면서 이제는 새로운 초식 해충복합체가 정착해 있다. 이러한 예에서 보면, 어떤 환경에 하나의 새로운 생물 종의 침입 또는 도입은 하나의 작은 출발에 지나지 않지만 시간이 흐르면서 연쇄작용이 일어나 문제가 점점 복잡해진다는 것을 알 수 있다.

외래종이 우리 생활에 미치는 영향은 실로 다양하고 심각하다. 산불의 체제에 영향을 미쳐 생태계의 특성을 완전히 변화시킨 사례가 있다. 나무를 벌목한 장소에 볏과 식물이 다량 침입하여 산불주기를 단축하며 목본식물의 정착을 방해하여 삼림을 초지로 전환한 사례이다. 외래종이 넓은 뿌리 갈래를 확보하여 수분수지 균형을 깨뜨린 사례도 있다.

우리나라에도 많이 도입된 메타세쿼이아 식재지 주변에서 이런 징후가보인다. 질병을 확산시켜 심각한 문제를 유발한 사례도 있다. 그들에 내성을 가진 사람들이 전파한 질병 매개생물이 그 질병에 면역기능을 갖추지 못한 사람들에게 큰 피해를 준 멕시코의 사례가 한 예이다. 유럽으로부터 멕시코에 전파된 질병(천연두, 홍역 및 발진티푸스)으로 1518년에 2000만 명이던 인구가 50년 후 300만 명으로 감소하였고, 그다음 50년 후에는 160만 명으로 감소하였다.

현대의학의 발전으로 그러한 질병의 영향은 크게 줄었지만 기후변화를 비롯하여 환경 변화가 빠른 오늘의 시점에서 여전히 많은 관심이 필요한 분야이다.

침입 질병이 인간 외의 다른 동물에 미친 영향도 크다. 19세기 말 아프리카에 침입한 소의 질환은 가축뿐만 아니라 야생 우제류에게도 큰 피해를 줬다. 농작물에 미친 영향도 심각하다. 사실, 잡초, 해충 및 식물 병원균 대부분이 외래종이라고 볼 수 있다.

삼림파괴를 가져온 사례도 많다. 강원도와 경북 북부지방의 우량 소나무림을 초토화하고 있는 솔잎혹파리 피해가 대표적이다. 우리에게 익숙한 배스, 뉴트리아, 황소개구리 등은 수계생태계를 망가뜨리고 있다.

배의 평형 유지 수와 함께 운반된 바다생물이 해양생태계를 파괴한 사례도 널리 알려져 있다. 특히 최근에는 동일본 지진해일 시 떨어져 나온 콘크리트 잔해에 붙어있는 일본의 해양생물이 2년여 기간 동안 살아있는 상태로 태평양을 건너 미국 서부해안에 도달하여 앞으로 그것이 가져올 영향에 대해 전 세계의 이목을 집중시킨 바 있다. 괌에 침입한 갈색 나무 뱀은 그곳에 서식하는 조류 13종 중 10종, 도마뱀 12종

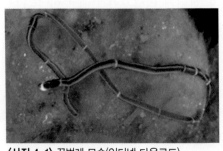

〈사진 4-1〉 끈벌레 모습(인터넷 다운로드).

중 6종 그리고 박쥐 3종 중 2종을 지역적으로 멸종시킨 예도 있다.

이러한 문제 때문에 선진국에서는 외래종에 관해 많은 연구를 해오고 있다. 특히 생물의 멸종을 가져오는 요인 중에서도 외래종 문제를 서식처 파괴와 서식처 파편화 다음으로 중요한 요인으로 인식하여 큰 비중을 두고 관리해 오고 있다.

그 결과 외래종의 정확한 목록과 분포도는 물론 그것이 미치는 영향, 연구를 통해 확보한 생태정보에 기초한 관리방법 등 깊이 있는 정보를 확보하여 체계적인 정보체계로 구축해 놓고 있다. 그러나 이러한 외래종에 대해 우리가 확보한 정보는 많지 않다. 겨우 목록을 작성한 수준이다. 구축한 분포지도도 정확하다고 말하기 어렵다. 생태정보는 거의 없다. 전문가도 크게 부족하다.

그러나 기후변화를 비롯하여 빠르게 변화하는 환경은 해충을 비롯하여 외래종의 대발생을 경고하고 있다. 이 기회에 우리도 외래종 문제에 대해 더욱 깊이 있는 관심을 가질 필요가 있다.


## 3. 어디 녹조와 큰빗이끼벌레만 문제일까

한때 녹조 문제가 환경문제의 중심에 자리하는가 싶더니 올해는 큰빗이끼벌레에 그 지위를 넘겨주는가 보다. 생태학자로서 사람들이 생태문제에 관심을 두는 것은 아주 반가운 일이지만 관심이 제한된 부분에만 머물러 있어 안타깝다.

우리나라는 국토의 대부분(약 65%)이 산지로 이루어진 탓에 경사가 급해 내린 빗물이 단기간(1~3일)에 바다로 흘러 들어가고 결국 이용 가능한 물이 빠르게 사라진다. 따라서 하천에서 평수량 및 갈수량의 크기는 대단히 작지만 홍수량은 매우 커서 하천의 유량 변동이 아주 심하다.

그러나 우리의 주식인 수생식물 벼를 키우기 위해서는 많은 물이 필요하다. 따라서 우리는 홍수기에 집중되는 빗물을 모아 갈수기 동안 사용하기 위해 보와 댐을 건설하며 하천의 흐름을 통제해 왔다. 그러다 보니 우리의 하천은 순수한 하천이라기보다는 반은 하천이고 반은 호수이다. 국가의 하천 수질 관리 기준이 그러한 내용을 담고 있다.

그러면 하천에서 녹조는 왜 그렇게 많이 발생하는 것일까? 녹조는 부유생물이기 때문에 당연히 흐르는 물이 이루는 하천 생태계에서는 그렇게 번성할 수 없다. 반은 하천이고 반은 호수인 우리 하천에서 호수 성향이 강해졌기 때문에 녹조 발생이 많은 것이다. 그것은 1960년대에 발행된 생태학 논문이나 교과서에서도 언급하고 있을 정도로 전혀 새로운 내용이 아니다.

그러면 큰빗이끼벌레는 왜 생긴 것일까? 이 생물은 생물, 무생물과 관계없이 물체에 부착하여 살거나 떠다니면서 생활하며 보통 군체를 이루어 살아간다. 따라서 이들 또한 물흐름이 빠른 하천에서는 크게 번성하기는 어렵다고 보아야 할 것이다.

〈사진 4-2〉 큰빗이끼벌레 모습(인터넷 다운로드).

그러나 우리의 하천에서 문제가 되는 것이 과연 녹조와 큰빗이끼벌레 발생뿐일까? 4대강을 비롯하여 우리나라 하천에는 그 밖에도 많은 생물이 살아간다. 문제가 있는 생물들도 많다. 특히 모든 생물의 먹이가 되고 서식기반으로도 기능하는 식생 분야가 그렇다.

우리 주변에는 줄이나 부들이 자라는 하천이 많다. 그러나 그들은 원래 하천과 같이 흐르는 물보다는 정체 수역에 자라는 식물들이다. 갈대가 심어진 하천도 많지만 갈대는 주로 하천의 하류에 자란다. 그러나 이 정도를 가지고 문제로 삼는 것은 사치에 가깝다.

4대강 사업은 물론 중앙정부나 지자체가 주관한 각종 복원사업은 하천을 살리겠다고 벌인 사업임에도 불구하고 소나무, 상수리나무, 느티나무, 벚나무, 단풍나무, 복자기나무, 물푸레나무 등이 온통 하천을 뒤덮고 있다. 이들은 모두 산에 자라는 나무들인데도 말이다.

하천변에 자라는 식물들은 산에 자라는 식물들과 여러 가지 차이가 있다. 우선 줄기조직에서 차이가 있다. 하천변에 자라는 식물은 연한 조직이 있어 잘 휜다. 따라서 홍수가 나도 잘 꺾이지 않고 휘어져 홍수를 흘려보내고 나서 다시 곧추설 수 있다.

뿌리도 차이가 있다. 흔히 뿌리들의 모임인 뿌리 갈래가 발달하여 홍수시에도 쓸려 내려가지 않고 버틸 수 있다. 또 물에 잠겨서도 살아남을 수 있다. 그러나 산에 자라는 나무들은 조직이 연하지 않아 잘 휘지 않고, 뿌리가 발달하지 않아 홍수 때 부러지거나 뿌리가 뽑혀 홍수 소통에 지장을 초래할 수 있다. 또 물에 잠기면 살아남지 못하기 때문에 하천 변에 심으면 뿌리를 깊이 내리지 못해 하천으로 유입되는 오염물질을 거르는 작용도 부족하다.

게다가 하천은 외래종 천국이다. 메타세쿼이아, 중국단풍, 가죽나무, 가시박, 단풍잎돼지풀, 미국쑥부쟁이, 개망초 등이 하천을 온통 점령하여 자생종들이 설 자리가 없다. 더욱 문제가 되는 것은 그들 중에는 비용을 투자하며 일부러 들여온 것들이 아주 많다는 데 있다.

이들 모두가 하천에서 문제가 되는 생물들이다. 녹조나 큰빗이끼벌레보다 하천에서 더 넓은 면적에 걸쳐 있고 더 큰 비중을 차지하고 있다. 그러나 왜 우리의 눈에는 이렇게 큰 것들은 보이지 않고 녹조와 큰빗이끼벌레만 보이는 것일까? 문제가 많은 우리의 하천을 되살리기 위해 보다 큰 시각과 긴 안목으로 하천을 바라볼 필요가 있다. 아울러 국가의 하천관리 수준도 높여야 할 시점이다.

## 4. 자연은 물론 인간 생태계를 위협하는 외래종 관리대책 시급하다

온 나라는 물론 세계 방방곡곡에까지 퍼져 나가며 떠들썩했던 사상 최장 연휴 기간에 또 하나 혼란스러운 뉴스가 전해졌다. 붉은불개미(붉은 열다미개미) 소식이다. 생물이 사는 지리적 범위는 기후를 비롯한 환경요인에 의해 결정된다. 자연이 결정한 이러한 분포범위를 넘어선 생물을 우리는 외래종이라고 부르고 있다. 이러한 외래종 문제는 사람들이 세계의 여러 곳으로 생물 종을 나르면서 그들의 자연적 분포 유형을 크게 변화시키면서 발생했다.

지구상에 살고 있는 많은 생물은 인간사회에 도움이 되는 수많은 상품과 서비스를 제공하지만 외래생물은 인간사회가 의존하는 이러한 자연생태계를 크게 해치고 있다. 그것은 생태계의 특성을 변화시킬 뿐만 아니라 인간사회가 의존하는 상품과 서비스에도 악영향을 끼치며 생태적 피해뿐만 아니라 경제적으로도 막대한 피해를 주고 있다.

더구나 그러한 영향은 처음에는 작은 것으로 시작하여도 나중에는 심각한 문제로 발전하는 경우가 많아 주목된다. 미국의 경우 1970년대 그 곤충상의 극히 일부를 차지하였던 외래 곤충 1500종 중 16%에 해당하는 235종이 최근에는 해충으로 변하였고, 초지 잡초의 41%와 삼림 해충의 23%를 외래종이 차지하고 있다.

외래종이 빠르게 확산하는 것은 그들이 새로운 장소에 들어왔을 때 자생생물들이 그들의 생활사 전략을 몰라 그들이 천적을 피할 수 있기 때문이다. 또 그들은 천적을 피하여 비축한 에너지를 경쟁력에 보태 더 빨리 확산하는 것으로 알려져 있다.

더욱이 외래종 침입의 영향은 한 종의 침입에 머물지 않아 더 큰 문제가된다. 미국의 캘리포니아에서는 1850년에 처음으로 호주산 유칼립투스를 도입했다. 이들은 광범위하게 심어졌지만 심어진 장소에서 멀리 퍼지지 않았고 해충피해도 입지 않았다.

그들의 자생지인 호주에서는 해충이 많았지만 캘리포니아의 초식동물들은 그들이 내는 방어물질인 화학물질 때문에 그들을 전혀 해치지 못했다. 도입 후 130년이 지나 처음으로 호주로부터 초식해충이 우연히 유입되었다.

그 후에는 매년 한 종씩 초식해충이 유입되고 있다. 처음에는 줄기에 구멍을 내는 해충이 오더니 다음에는 잎에 해를 끼치는 해충이 오고 그다음에는 수액을 빨아먹는 해충이 오면서 이제는 새로운 초식 해충복합체가 정착해 있다. 이러한 예에서 보면, 어떤 환경에 하나의 새로운 생물 종의 침입 또는 도입은 하나의 작은 출발에 지나지 않지만 시간이 흐르면서 연쇄작용이 일어나 문제가 점점 복잡해진다는 것을 알 수 있다.

외래종이 우리 생활에 미치는 영향은 실로 다양하고 심각하다. 산불의 체제에 영향을 미쳐 생태계의 특성을 완전히 변화시킨 사례가 있다. 나무를 벌목한 장소에 볏과 식물이 다량 침입하여 산불주기를 단축하며 목본식물의 정착을 방해하여 삼림을 초지로 전환한 사례이다. 외래종이 넓은 뿌리 갈래를 확보하여 수분수지 균형을 깨뜨린 사례도 있다.

우리나라에도 많이 도입된 메타세쿼이아가 이런 징후를 보인다. 질병을 확산시켜 심각한 문제를 유발한 사례도 있다. 그들에 내성을 가진 사람들이 전파한 질병 매개생물이 그 질병에 면역기능을 갖추지 못한 사람들에게 큰 피해를 준 멕시코의 사례가 한 예이다.

유럽으로부터 멕시코에 전파된 질병(천연두, 홍역 및 발진티푸스)으로 1518년에 2000만 명이던 인구가 50년 후 300만 명으로 감소하였고, 그다음 50년 후에는 160만 명으로 감소하였다. 현대의학의 발전으로 그러한 질병의 영향은 크게 줄었지만 기후변화를 비롯하여 환경 변화가 빠른 오늘의 시점에서 여전히 많은 관심이 필요한 분야이다.

침입 질병이 인간 외의 다른 동물에 미친 영향도 크다. 19세기 말 아프리카에 침입한 소의 질환은 가축뿐만 아니라 야생 우제류에도 큰 피해를 줬다. 농작물에 미친 영향도 심각하다. 사실, 잡초, 해충 및 식물 병원균 대부분이 외래종이라고 볼 수 있다.

〈사진 4-3〉 붉은불개미 모습(인터넷 다운로드).

삼림파괴를 가져온 사례도 많다. 강원도와 경북 북부지방의 우량 소나무림을 초토화하고 있는 솔잎혹파리 피해가 대표적이다. 우리에게 익숙한 배스, 뉴트리아, 황소개구리 등은 수계생태계를 망가뜨리고 있다. 배의 평형 유지 수와 함께 운반된 바다생물이 해양생태계를 파괴한 사례도 널리 알려져 있다.

특히 최근에는 동일본 지진해일 시 떨어져 나온 콘크리트 잔해에 붙어있는 일본의 해양생물이 2년여 기간 동안 살아있는 상태로 태평양을 건너 미국 서부해안에 도달하여 앞으로 그것이 가져올 영향에 대해 전 세계의 이목을 집중시킨 바 있다. 괌에 침입한 갈색 나무 뱀은 그곳에 서식하는 조류 13종 중 10종, 도마뱀 12종 중 6종 그리고 박쥐 3종 중 2종을 지역적으로 멸종시킨 예도 있다.

더구나 기후변화를 비롯하여 빠르게 변화하는 환경은 해충을 비롯하여 외래종의 대발생을 경고하고 있다. 전문가의 지식과 지혜가 담긴 체계적이고 선제적인 외래종 침입 예방 및 확산 억제 대책이 시급히 요구되고 있다.


## 5. 외래종 문제, 과학적 접근이 필요하다

외래종이 생태계에 미치는 영향에 관한 관심이 급증하고 있다. 살인 개미로 불리는 붉은불개미(붉은 열다미개미)와 뒤이어 발견된 좀벌레의 영향이 크다. 최근엔 섬진강에 외래종 조개의 출현으로 재첩 수확량의 감소가 예상되는 등 어민이 어려움을 겪고 있다.

외래종 문제가 근래에 발생한 것은 아니다. 그 역사는 길고 우리에게 미친 영향도 매우 크다. 하지만 그동안 우리는 문제가 발생할 때만 잠깐 관심을 보였을 뿐 외래종에 대해 더욱 깊이 연구하고, 그 결과에 근거해 우리의 환경을 건강하게 관리하는 것을 도외시해 왔다.

외래종은 원래 한국에 없던 생물이 인간 간섭의 영향으로 다른 지역에서 들어와 정착한 종(種)을 말하는데, 우리 생활에 미치는 영향은 실로 다양하고 심각하다. 동물과 식물을 가리지 않고 다른 생물에 영향을 미쳐 그 생존을 위협하고, 환경을 크게 바꿔 생태계 전체를 뒤흔든 사례도 있다.

한때 전 국토의 절반가량을 덮고 있던 소나무림이 현재 과거의 3분의 1 수준으로 감소한 것도 솔나방, 솔잎혹파리, 재선충 피해로 이어진 외래종의 영향이 크게 작용했다.

이러한 외래종은 건강한 환경에는 침입하는 경우가 드물고 주로 건강하지 못한 환경에 침입한다. 사람도 건강한 사람은 질병에 잘 걸리지 않지만 면역기능을 충분히 갖추지 못한 어린아이나 면역기능이 약화한 노인은 병에 걸리기 쉬운 것과 같다.

국내에 침입한 외래종을 국토 전체 · 지역 · 장소 수준으로 살펴보면, 사람들이 자주 왕래하는 도시 · 농경지 · 해안을 중심으로 분포하고 고도가 높고 경사가 급한 산지에는 거의 분포하지 않는다. 또한 외래종은 인공조림지나 사람들의 직접적 간섭이나 오염과 같은 간접적 교란으로 발생한 팥배나무 숲 같은 곳에 많이 분포한다.

숲의 종류가 많고 적음에도 차이를 보여 숲의 종류가 많은 곳에서는 외래종이 적은 경향이 있다. 숲의 종류가 많다는 것은 산이 제 모습을 갖춰 계곡 · 산자락 · 산중턱 · 능선 · 산봉우리 등을 고루 갖춰 해당하는 장소에 적합한 숲을 확보하고 있다는 의미이고, 그 종류가 적은 것은 개발로 인해 지형 일부를 상실해 그 지형에 성립할 수 있는 숲이 없기 때문이다.

그리고 외래종은 등산로 입구에 많이 분포한다. 등산로 폭과도 관계돼 폭이 넓으면 많이 분포하고 좁으면 적게 분포한다. 빛의 세기와도 밀접해 등산로 주변의 밝은 곳에는 많이 분포하고 숲 내부로 들어가며 빛의 세기가 약해지면 줄어든다. 하천변에서는 외래종의 분포가 강변 식생의 질과 밀접하게 관계된다. 강변 생태계가 제 모습을 갖춰 버드나무 숲이 성립된 곳은 외래종이 적지만 사람의 간섭으로 강변 식생이 빈약해진 곳에는 외래종이 번성함을 볼 수 있다.

이러한 결과를 종합해 볼 때 외래종의 정착과 확산에는 인위적 간섭에 기인한 교란이 중요하게 작용하고 있음을 알 수 있다. 따라서 외래종의 위협으로부터 안전한 생태계를 유지하기 위해서는 먼저 정확하고 정밀한 진단평가를 통해 훼손 정도를 파악해야 한다.

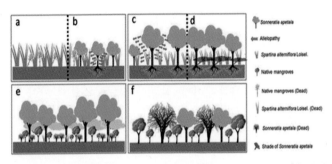

**〈그림 4-2〉** 갯벌에 침입해 문제를 일으키고 있는 갯줄풀(*Spartina alterniflora*)을 속성수(*Sonneratia apetala*)를 도입하여 제거하고 본래 그곳에 자라는 망그로브숲을 복원하고 있는 모습을 보여주는 모식도.

이러한 과정에서 외래종의 침입과 확산 정도를 진단하는 평가가 필수로 동반돼야 함은 물론 침입한 외래종이 어떤 생물학적 속성을 갖고 침입의 단계가 어디까지 진행됐는지도 파악해야 한다. 이후 외래종을 제거하기 위해 침입·확산의 정도와 단계, 그리고 대상 생물의 생물학적 속성에 따라 물리적·화학적·생물학적 방법을 적용하면 된다.

그러나 어떤 방법을 적용하든 결국에는 해당 지역의 자연 및 인문환경을 포괄하는 생태정보를 수집해 생태적으로 건전하고 환경 변화에 능동적으로 대처할 수 있는 생태계를 구축해야 한다.

그러나 무엇보다도 중요한 것은 사람과 같이 생태계도 건강하게 유지해 악성 외래종이 침입할 틈을 주지 않는 예방 차원의 대책이 갖춰져야 한다.

아울러 해당 분야의 전문지식이 크게 부족한 국내의 현실을 고려할 때 다양한 분야의 연구자, 정책 개발·실행자, 그리고 관심 있는 시민이 지식과 지혜를 공유할 수 있는 연구의 장이 마련돼야 하며 정보를 공유하는 데이터베이스(DB) 체계도 완비돼야 할 것이다.

## 6. 외래종 확산 방지 체계적 대책 시급하다

살인 개미로 불리는 붉은불개미가 최근 부산 등 주요 항만에서 잇따라 발견되면서 외래종 관리에 비상이 걸렸다. 지난 7일에는 인천항 컨테이너 야적장에서 알을 낳아 번식하는 여왕개미 한 마리가 처음 발견돼, 붉은불개미가 이미 토착화해 번식 중인 것 아니냐는 우려를 낳고 있다. 붉은불개미는 남미가 원산지로 강한 독을 지니고 있어 사람이나 가축에게 큰 피해를 줄 수 있다.

외래종은 원래 한국에 없던 생물이 다른 나라에서 들어와 정착한 종(種)을 말하는데, 우리의 자연 생태계를 크게 위협하고 있다. 연구용 등으로 들여오거나 수입 곡물이나 대형 선박에 묻어 반입된 뒤 국내 환경에 적응해 급속히 확산하는 경우가 많다.

선진국은 외래종 유입을 어떤 환경문제보다 심각하게 보고 대처한다. 외래종에 관한 체계적 연구 결과를 바탕으로 정책을 수립하고 외래종 확산이 가져올 문제에 철저히 대비하고 있다. 외래종이 침입하면 그 생물의 생활사 전반을 체계적으로 연구해 이입(移入), 임시 정착, 완전 정착, 침입 확산 등으로 정착과정을 구분하고, 단계별 맞춤 관리대책을 시행한다.

우리나라는 전문지식을 갖춘 인력도, 연구 성과도 부족하다. 국립생태원과 국립환경연구원 등이 전국에 퍼져 있는 2000종이 넘는 외래종 관리를 책임지고 있다. 외래종 확산 방지 책임을 진 정부를 감시하는 국회의 경우, 환경노동위원회에 노동 전문가들이 주로 포진해 있지만 환경 전문가는 찾기 힘들다.

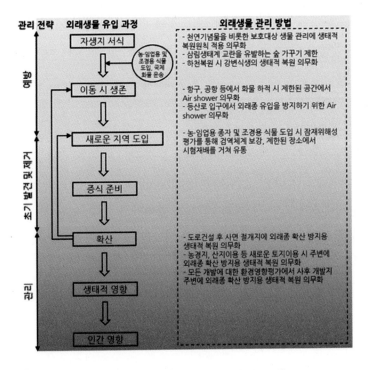

**〈그림 4-3〉** 외래종의 정착단계 별 관리 전략 및 방법을 보여주는 모식도.

　국내 생태계를 교란하는 외래종 확산 방지 대책을 세우기 위해 선진국 사례를 분석할 필요가 있다. 선진국들은 대부분 외래종 위해성 평가 시스템을 갖추고 있다. 이를 참고해 우리나라 실정에 맞는 위해성 평가 및 관리 시스템을 마련할 필요가 있다.

먼저 외래종의 생물학적 속성과 우리의 환경특성에 대한 상세한 기초 정보를 구축해야 한다. 외래종들이 가진 다양한 속성들과 우리의 환경특성을 비교·분석해 어떤 외래종이 어느 단계까지 우리나라에 침입할 수 있을지 등을 평가하는 것이다.

이를 바탕으로 외래종의 예방, 박멸, 조절, 복원 등 위해성 정도에 맞는 관리대책을 마련해 시행하면 된다. 외래종과 관련된 체계적 기초조사를 토대로 한 정책을 마련해 국민이 외래종의 공포에서 벗어나도록 해야 한다.

## 7. 외래종 관리대책 서둘러야 한다

'살인 개미'로도 알려진 붉은불개미(Solenopsis invicta)가 계속 국내로 유입되며 외래종에 대한 사람들의 관심을 높여가고 있다. 여왕개미까지 발견되는 것을 보니 이번에는 유입 정도가 아니라 정착하며 번식까지 진행할 모양이어서 충격을 주고 있다.

외래종 문제는 지난해 추석 연휴 기간 발견된 붉은불개미 덕에 각종 언론매체를 뜨겁게 달구었었다. 그러나 그 후 외래종에 관한 관심은 라면 끓이는 노란 냄비만큼이나 빠르게 식어버려 국민의 관심 밖으로 사라졌다가 이번에 다시 고개를 드는 추세다.

사실 환경부는 지난해 침입한 외래종 관리는 물론 침입 가능성이 있는 외래종을 예측하여 사전 예방적 대책까지 종합적으로 고려하여 대비하는 대형 연구프로젝트를 공모하여 심사까지 마쳤다. 그러나 무슨 이유에서인지 그 결과를 공개하지 않고, 9개월여가 지난 지금 공모과제를 잘게 쪼개 재공고 중이다.

그사이 이미 침입한 외래종은 확산을 거듭하여 우리나라 생태계를 짓밟고, 붉은불개미는 마치 우리나라를 새로운 삶의 목적지로 삼은 양 계속 침입을 시도하고 이제는 아예 정착하여 번식까지 진행할 모양이다.

선진국에서는 외래종 문제를 어떤 환경문제보다도 심각한 문제로 취급하여 체계적인 연구는 물론 연구 결과에 바탕을 둔 정책을 마련하여 그것이 가져올 문제에 철저히 대비하고 있다. 다른 나라의 사례를 분석하여 앞으로 다가올지도 모르는 문제에 대비하고, 침입이 일어났을 때는 침입생물의 생활사 전반을 체계적으로 연구하며 그것이 정착해가는 과정을 분석하여 그 단계를 이입, 임시 정착, 완전 정착 및 침입 확산의 단계로 구분하고 단계별 맞춤 관리대책을 준비해 놓고 있다.

그러면 우리나라는 어떠한가? 농업이나 어업 또는 다른 산업을 위해 무분별하게 외래종을 들여오는 것은 물론 그것을 관리하여야 할 환경부가 진행하는 사업에서도 버젓이 외래종이 도입되고 있는 것이 국내의 현실이다. 그렇다 보니 관리를 위한 대책은 그저 문서로만 존재할 뿐이다.

그나마 준비한 대책 또한 외국의 것을 베껴놓은 수준이어서 국내의 현실과는 거리가 멀다. 특히 베껴온 외국의 제도를 적용하기 위해서는 충분한 기초자료가 확보되어야 하지만 확보된 기초자료는 턱없이 부족하다. 그렇다 보니 주관적 판단에 의존하는데 주관적 판단을 바르게 내릴 수 있는 높은 수준의 전문지식을 갖춘 인력은 거의 확보하지 못하고 있다.

그러면 이러한 정부를 감시하여야 할 국회는 어떠한가? 여기 또한 한심한 수준이다. '환경노동위원회'라고 이름이 붙어 있지만 노동 전문가가 주로 포진해 있고 환경 전문가는 찾아보기 어렵다. 그렇다 보니 국정감사를 비롯해 수많은 회의가 열려도 바른 정책 감사가 이루어지지 보다는 호통만 치기 일쑤다.

전문가 영역도 크게 다르지 않다. 우선 연구실적이 양적으로 크게 부족하다. 따라서 질적 수준은 따지기조차 어렵다. 그도 그럴 것이 지금까지 그렇게 많은 환경 관련 연구·개발 과제가 있었지만 외래종과 관련해서는 변변한 연구프로젝트 하나가 없었다.

국립생태원과 국립환경연구원 연구원 몇몇 사람에게 연구비라고 할 수도 없는 수준의 지원금 내려주고 전국에 걸쳐 퍼져 있는 2000종이 넘는 외래종 관리의 책임을 맡겼다. 그러나 그들의 주 업무는 그것 외에도 여러 개가 있어 부수적으로 주어지는 업무에 할애할 시간과 에너지가 많지 않아 보였다.

이쯤에서 비판을 포함한 반성문은 접고 대안을 제시하고 싶다. 우선 선진국의 사례에 대한 분석을 요구하고 싶다. 선진국들은 대부분 외래종 위해성 평가도구를 갖추고 있다. 이들의 도구를 참고하여 우리 실정에 맞는 위해성 평가 및 관리 도구를 준비할 필요가 있다. 선결과제도 있다.

그 도구에는 생물 종이 가지고 있는 다양한 속성들과 환경특성을 사용하여 어떤 생물 종이 여러 침입단계를 통과할 가능성을 평가하고 있다. 평가가 이루어진 다음에는 그 결과에 토대를 두고 예방, 박멸, 조절, 복원 등으로 위해성 정도에 어울리는 관리대책을 마련하여 실행에 옮기고 있다.

따라서 이러한 도구를 갖추고 활용하기 위해서는 외래종의 생물학적 속성과 우리의 환경에 대해 분석한 상세한 기초 정보가 먼저 요구된다. 지금부터라도 체계적인 기초조사와 그것에 토대를 둔 정책이 마련되어 국민이 외래종의 공포에서 벗어날 수 있는 길이 마련되기를 간절히 소원해본다.

## 8. 외래종 확산 무엇이 문제인가

추석 연휴 기간에 혼란스러운 뉴스가 또 하나 전해졌다. 붉은불개미(붉은 열대다미개미) 소식이다. 생물이 사는 지리적 범위는 기후 등 환경요인에 의해 결정된다.

자연이 결정한 범위를 넘어선 생물을 외래종이라고 부른다. 외래종 문제는 사람들이 세계의 곳곳으로 생물 종을 옮겨 나른 결과, 자연적 분포범위가 흐트러지면서 발생한다.

이로운 많은 생물과 달리 외래종은 빠르게 확산하며 생태계를 크게 해친다. 이는 새로운 장소의 자생생물들이 외래종의 생활사 전략을 모르는 탓에 외래종이 천적을 피할 수 있기 때문이다. 천적을 피해 비축한 에너지를 경쟁력에 보태 더 빨리 퍼진다.

또 외래종 침입의 영향은 한 종의 침입에 머물지 않는다. 어떤 환경에 하나의 새로운 생물 종의 침입 또는 도입은 시간이 흐르면서 연쇄작용이 일어나 문제가 점점 복잡해진다.

외래종이 우리 생활에 미치는 영향은 실로 다양하고 심각하다. 나무를 벌목한 장소에 볏과 식물이 다량 침입했는데 그 결과 산불주기가 단축됐고, 결국 목본식물이 정착하지 못해 삼림이 초지로 변한 사례가 대표적이다.

외래종은 질병을 확산시켜 인구를 절멸시키기도 한다. 유럽에서 전파된 질병(천연두, 홍역, 발진티푸스)으로 1518년 2000만 명이던 멕시코 인구가 50년 후 300만 명으로 줄었고, 50년 더 뒤에는 160만 명으로 감소했다. 현대의학의 발전으로 이런 경우는 크게 줄었지만 환경 변화가 심각한 오늘날에도 여전히 관심이 필요한 분야이다.

침입 질병은 인간 외에 다른 동물에게도 위협적이다. 19세기 말 아프리카에 침입한 소의 질환은 가축뿐 아니라 야생 우제류(소, 양, 기린 등 발굽이 짝수인 동물군)에게도 큰 피해를 줬다. 농작물에 미친 영향도 심각하다. 강원도와 경북 북부지방의 우량 소나무림을 초토화한 솔잎혹파리 피해가 대표적이다.

우리에게 익숙한 배스, 뉴트리아, 황소개구리 등은 수계 생태계를 망가뜨리고 있다. 외래 바다생물이 해양 생태계를 파괴한 사례도 널리 알려져 있다. 전문가의 지식과 지혜가 담긴 체계적이고 선제적인 외래종 침입 예방 및 확산 억제 대책이 시급하다.

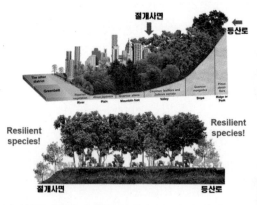

〈그림 4-4〉 외래종 확산방지 대책으로 개발지 주변 절개사면이나 등산로 변에 회복력이 뛰어난 식물을 도입하는 보호식재를 제안하는 모식도.

# 제5부
# 미세먼지

## 1. 생태복원으로 환경 균형 되찾고 미세먼지도 줄여보자

 미세먼지 문제는 근본적으로 그 발생량을 줄여야 해결할 수 있지만 그것
은 많은 시간과 노력이 필요하다. 더구나 우리나라 국민에게 엄청난 피해
를 주는 미세먼지의 절반 정도는 중국을 비롯해 외부로부터 유입되고 있다
는 사실을 고려하면 그 문제는 우리만의 노력으로 해결할 수 있는 문제도
아니다. 이러한 현실에서 그 해결책은 미세먼지의 흡수량을 늘리거나 거동
하지 못하게 하는 방법을 대안으로 삼을 수 있다.

 나무는 진화과정을 통해 빛과 가스흡수 효율을 최대화할 수 있도록 그
표면적을 늘려 왔다. 따라서 나무들은 자신이 서 있는 곳의 토양 면적보다
10배 이상 넓은 표면적을 보유하고 있다.

 따라서 미세먼지 등으로 오염된 공기를 정화하는 것은 물론 그것을 흡
착하여 거동하지 못하게 하는 능력도 지니고 있다. 따라서 그들을 모아 숲
을 이루어내면 미세먼지 흡수 및 흡착 기능을 향상시켜 미세먼지를 줄이는
데 크게 기여할 수 있다. 이러한 숲은 적게는 ha당 20kg에서 많게는 ha당
400kg에 상당하는 미세먼지를 흡수하는 것으로 알려져 있다.

 그뿐만 아니라 오염된 공기와 깨끗한 공기를 혼합해 추가적인 효과도 발
휘한다. 이때 작은 크기의 미세먼지는 식물에 의해 흡수되지만 이보다 큰
입자는 흡수보다는 흡착을 통해 막아주는 역할을 하므로 다양한 형태의 도
입방법을 고안할 필요가 있다. 도심에서는 지붕과 벽면 녹화, 생울타리, 도
시공원 형태로 도입하는 방법을 생각할 수 있다.

 이 경우 해당 지역의 온도를 낮춰 기온 역전층 형성을 막으며 분지형 도
시에 갇혀 있는 미세먼지를 확산시키는 효과도 기대할 수 있다. 이때 하천
복원, 연못 창조 등을 통해 물과 함께 도입하면 온도를 더 낮출 수 있으므

로 더 큰 효과도 가능하다.

여름을 제외하면 하루가 멀다고 미세먼지 경보 내지는 주의보가 발령되고 있기 때문이겠지만 요즘 해당 분야 전문가가 아닌 사람들 사이에서도 식물, 주로 나무를 심어 미세먼지 문제를 해결하자는 의견이 점점 늘어나고 있다. 물에 빠진 사람이 지푸라기라도 잡고 싶은 심정일 것이다.

인구가 증가하고 도시화 및 산업화가 진전됨에 따라 자연을 개발하여 새로운 도시, 산업시설, 교통시설 등을 만들 때 사람들의 의도와 관계없이 다양한 자연환경, 특히 녹지의 질이 낮아지거나 사라져 심각한 문제가 되고 있다. 우리가 경제적으로 더 풍요롭고 편리한 생활을 영위하기 위해서는 자연의 이용을 전적으로 중지하거나, 앞서 언급한 각종 편의시설을 만드는 것을 전적으로 중지할 수도 없다.

그리고 자연을 개발하여 이러한 시설을 건설할 때 철, 시멘트, 석유화학 제품, 그리고 각종 에너지를 사용하지 않을 수도 없다. 그러나 이러한 문명 활동의 결과는 자연환경과 인위 환경 사이의 기능적 불균형을 유발하며 여러 가지 환경문제를 발생시켜 왔다. 요즘 우리가 심각하게 겪고 있는 미세먼지 문제도 이러한 환경적 불균형의 산물이다.

이러한 문제를 가능한 한 적게 발생하게 하려고 생태학에서는 자연을 개발거나 인공시설을 건설할 때 자연환경을 이용하고, 철, 시멘트 등의 비생물 재료를 사용하는 것에 대응하여 인간 생명의 공생자로서 녹지를 적극적으로 도입하고, 그것이 점차 빈약해지고 있는 각 장소에서 자연의 다양성, 생물사회의 다양성을 회복, 재생시키기 위한 노력을 해왔다.

이러한 연구에서는 복원하고 창조할 자연환경의 유형을 결정하여야 한다. 삼림은 지구상의 모든 생태계 중에서 계층구조가 가장 다양한 군락을 지닌 생태계로써 동적 안정성을 유지하는 시스템이라고 할 수 있다. 다층구조를 가진 삼림은 잔디밭과 같은 단층 군락과 비교하여 그 표면적이 25에서 30배 크다. 따라서 그 기능 또한 그만큼 크다고 할 수 있다.

이런 점에서 숲은 균형을 잃은 오늘날의 인간 환경이 필요로 하는 가장 적합한 녹지 유형으로 판단할 수 있다. 더구나 우리나라의 국토는 삼림이 그 대부분을 차지하고 있다.

이러한 사실을 바르게 인식하고 있던 우리들의 선조는 산자락, 급경사지, 물가 등과 같이 자연의 취약한 부분에 숲을 보존해 왔고, 나아가 자연 재해를 피하는 수단으로 새로운 숲을 적극적으로 조성하기도 하였다. 숲을 조성할 때 그들은 해당 지역 및 장소의 환경특성과 어울리는 지역 또는 장소의 특성이 반영된 숲을 만들어 왔다.

이러한 전통적인 숲 만들기 방법과 생태학 이론의 조합으로 탄생한 현대의 지역 고유의 숲은 인간이 생태계 구성원의 하나라는 사실을 고려하면 그 생존의 기반이 되고 문화의 모체가 된다.

이렇게 조성된 숲은 단순히 공기정화 기능, 수질 정화기능, 방음 기능, 집진 기능 등의 개별적인 환경보전 기능뿐만 아니라, 하나의 전체 계로서 현재의 불충분한 과학.기술.의학에서 간과하고 있는 미지의 요인을 포함하여 거기에서 태어나 자라고 일하는 사람들에게 건전한 현재와 미래를 보장해준다. 개별적 환경 개선 효과는 일시적, 국지적으로는 물리적, 공학적 방법이 뛰어날지도 모른다.

그러나 개별적이고 부분적인 시설은 시간과 함께 그 기능이 약해진다. 또 그러한 공학적 기술을 적용할 때는 에너지가 소요되고 에너지를 사용할 때는 열역학 법칙에 따라 분산에너지, 즉 오염물질이 발생하기 마련이다.

그러나 숲은 언뜻 보기에 초라해 보이지만 가장 건전하게 오래가고 더구나 관리를 위한 비용이 필요 없으며 시간과 함께 더욱 나은 인간의 생존환경을 회복, 복원, 창조할 수 있다. 이런 점에서 이러한 숲은 현대적 의미로 각종 스트레스로부터 인간의 환경을 지켜주는 환경림이라고 부를 수 있다.

이러한 환경림이 다양한 기능을 발휘하기 위해서는 그 숲을 만들 때 종래의 소위 미화적이고 획일적인 조경방법만으로는 불충분하다. 또 부분적으로 경치를 다듬는 녹화만으로도 충분하지 않다. 동시에 획일적으로 단순하게 심거나 목재생산을 위해 침엽수 단층 군락을 조성하는 것만으로도 부족하다.

모든 환경문제에는 발생원이 있으면 그 흡수원이 있게 마련이기 때문이다. 미세먼지 또한 이러한 자연의 체계에서 예외일 수 없다. 국내의 미세먼지 발생량을 보면 이차적으로 발생하는 양이 대부분을 차지한다.

〈그림 5-1〉 지형으로 본 도시의 위치와 도시의 생태복원을 위해 도입되어야 할 숲.

미세먼지가 대기오염물질과 분진의 조합임을 고려할 때 이차오염물질이 많다는 것은 분진보다는 대기오염물질이 많다는 판단을 할 수 있다. 이러한 측면에서 식물의 흡수능력을 기대할 수 있다. 그들이 주는 혜택을 수용하고 그들을 보존하는 것으로 그 은혜를 보답하는 것이 생활의 지혜다.

이러한 숲을 조성하는 방법을 숲의 종류, 종 조성, 계층구조 및 공간배열로 구분하여 다음과 같이 제안한다. 지면이 제한된 관계로 제안하는 숲은 중부지방에 한정해 제안하고자 한다. 첫째, 지형을 중심으로 장소에 어울리는 숲의 형태를 〈그림 5-1〉에 제시하였다. 현재 우리나라의 도시 대부분은 평지에서 산지 저지대 사이에 조성되어 있다.

따라서 도시지역에 도입할 수 있는 식생은 하천변, 평지, 산지 저지대 그리고 계곡에 성립할 수 있는 식생으로 삼을 수 있다. 이러한 장소에 성립할 수 있는 식물군락은 각각 버드나무군락, 오리나무군락, 갈참나무군락, 졸참나무군락, 느티나무군락, 서어나무군락 등을 들 수 있다. 각 식물군락을 복원하기 위해 도입할 수 있는 식물들을 계층별로 구분하여 〈표 5-1〉에 제시하였다.

〈표 5-1〉 생태복원을 위해 도입될 식물군락의 계층별 식물목록

| 위치/<br>군락명 | 교목층 | 아교목층 | 관목층 | 초본층 |
|---|---|---|---|---|
| 하천변/<br>버드나무군락 | 버드나무<br>왕버들<br>능수버들 등 | 선버들 | 개키버들,<br>갯버들 등 | 갈대, 갈풀,<br>고마리,<br>물쑥, 물억새,<br>명아자여뀌 등 |
| 평지/<br>오리나무군락 | 오리나무,<br>버드나무,<br>왕버들 등 | 선버들, 신나무,<br>산뽕나무 등 | 개키버들,<br>쥐똥나무,<br>갯버들,<br>고추나무,<br>찔레꽃 등 | 물봉선, 고마리,<br>골풀, 진퍼리새,<br>쉽사리,<br>도깨비사초,<br>큰듬성이삭새 등 |
| 저지대/<br>갈참나무 | 갈참나무,<br>졸참나무,<br>서어나무,<br>느티나무,<br>오리나무<br>등 | 다릅나무, 신나무,<br>물박달나무 등 | 화살나무,<br>국수나무<br>산초나무,<br>병꽃나무<br>작살나무 등 | 은방울꽃, 쌀새,<br>애기나리,<br>골잎원추리<br>대사초,<br>졸방제비꽃<br>나도겨풀 등 |

| 저지대/<br>졸참나무 | 졸참나무,<br>갈참나무,<br>서어나무<br>등 | 쪽동백나무,<br>말채나무,<br>당단풍나무,<br>산벚나무,<br>참회나무,<br>고로쇠나무,<br>풍게나무,<br>물푸레나무,<br>소태나무, 산뽕나무,<br>다릅나무 등 | 작살나무,<br>국수나무,<br>화살나무,<br>노린재나무,<br>산수국 등 | 대사초, 애기나리<br>노루발, 산박하<br>선밀나물,<br>이삭여뀌<br>고비, 노루오줌<br>산꿩의다리,<br>산수국<br>노루귀 등 |
|---|---|---|---|---|
| 계곡/<br>느티나무 | 느티나무,<br>서어나무,<br>갈참나무<br>등 | 팽나무, 귀룽나무,<br>쪽동백나무,<br>함박꽃나무,<br>물푸레나무,<br>고로쇠나무,<br>다릅나무 등 | 쥐똥나무,<br>작살나무,<br>고추나무,<br>고광나무,<br>국수나무,<br>화살나무 등 | 파드득나물,<br>이질풀<br>할미밀망, 천남성,<br>고깔제비꽃,<br>나비나물<br>등골나물, 쌀새<br>노루귀 등 |
| 계곡/<br>서어나무 | 서어나무<br>느티나무<br>갈참나무<br>졸참나무<br>등 | 귀룽나무,<br>당단풍나무,<br>팽나무, 쪽동백나무,<br>비목나무, 참회나무,<br>생강나무, 까치<br>박달나무 등 | 쥐똥나무,<br>노린재나무<br>화살나무,<br>철쭉꽃<br>조록싸리,<br>진달래<br>개옻나무 등 | 단풍취,<br>지리대사초,<br>애기나리, 비비추<br>세잎양지꽃,<br>졸방제비꽃<br>그늘사초,<br>큰기름새<br>우산나물 등 |
| 석회암지대 및<br>바위산 | 소나무<br>떡갈나무,<br>측백나무<br>소사나무<br>등 | | 진달래,<br>노간주나무,<br>댕강나무,<br>회양목,<br>산앵도나무,<br>꼬리진달래<br>붉은병꽃나무<br>등 | 솔체꽃, 새,<br>꽃며느리밥풀,,<br>돌양지꽃,<br>노랑제비꽃<br>등 |

그 숲을 조성하는 방법은 온대지역에 성립하는 식생의 특징을 반영하여 교목층, 아교목층, 관목층 및 초본층의 4층 구조를 갖도록 한다. 그리고 이러한 숲은 도시지역의 특성상 넓은 면적을 확보하기는 힘들 것으로 판단된다.

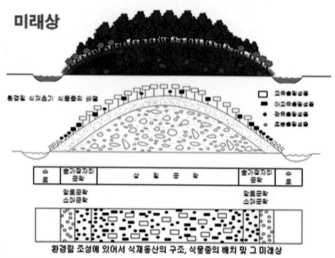

**미래상**

고목층식생층 ☐

아교목층식생층 ■

관목층식생층 ◆

초본층식생층 ◦

환경림 식재층기 식물종의 배열

| 수로 | 숲가장자리 군락 | 삼 림 군 락 | 숲가장자리 군락 | 수로 |

망토군락
소매군락

망토군락
소매군락

환경림 조성에 있어서 식재동산의 구조, 식물종의 배치 및 그 미래상

〈그림 5-2〉 도시의 공원이나 정원으로 조성될 숲의 모델. 숲의 중심에는 교목층, 아교목층, 관목층 및 초본층을 모두 갖춘 복층림으로 조성하고 그 가장자리에는 망토 군락과 소매 군락을 배치하여 안정성을 높인다.

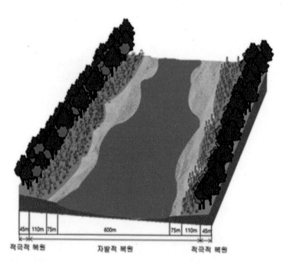

| 45m | 110m | 75m | 600m | 75m | 110m | 45m |
| 적극적 복원 | | | 자발적 복원 | | 적극적 복원 | |

〈그림 5-3〉 하천의 수변 식생 복원모델. 대부분 도시가 하천의 하류 지역에 자리 잡고 있음을 고려하여 하천의 하류 구간 식생을 모델로 삼았다.

이러한 상황에서 조성하는 숲의 안정성을 높이기 위해서는 그 가장자리에 망토 군락과 소매 군락을 배치하는 방법을 도입할 필요가 있다(그림 5-2).

하천변에 조성하는 수변 식생은 대부분 도시가 하천의 하류 지역에 자리 잡고 있음을 고려하여 하천의 하류 구간 식생을 모델로 삼았다. 수변 식생은 수역으로부터 밖으로 이동함에 따라 완만한 경사의 단면을 만들고 초본 식생대, 관목 식생대, 아교 목 식생대 및 교목 식생대를 배치하여 조성한다(그림 5-3).

이때 도입할 식물은 〈표 5-1〉의 버드나무군락의 종 조성을 참고할 수 있다.

**〈사진5-1〉** 건물 벽면 및 지붕 녹화 모습. 도입하는 식생은 석회암지대 및 바위산 식생을 모방한다.

한편, 건물의 지붕 및 벽면에 도입하는 식생은 그 기반이 시멘트인 점을 고려하여 석회암지대 또는 바위산의 식생을 도입하는 방안을 제시하였다(사진 5-1).

## 2. 미세먼지 대책 정보수집 체계부터 바로 세워야 한다

연휴 직전 경기도 광주의 한 초등학교 주변에서 발생하는 악취문제가 언론에서 깊이 있게 다루어진 적이 있다. 답사 결과, 그 악취는 접착제가 포함된 폐목재의 불법 소각으로부터 발생하는 것으로 밝혀졌다.

가까이에 우리의 미래세대가 매일같이 내일을 준비하며 뛰놀고 있는 초등학교가 자리 잡고 있는데 그 내용물에는 발암물질이 기준치의 수천 배나 된다고 한다. 이 나라 환경관리의 현주소를 보는 것 같아 안타깝기 그지없다. 그곳으로부터 뿜어져 나오는 오염물질은 해당 지역에 영향을 미치는 것은 물론 대기 중에 머물며 미세먼지의 원인 물질이 되어 더 먼 지역까지도 영향을 미치게 될 것이다. 그러나 이런 불법 소각이 이곳에서만 발생하는 것은 아니므로 문제는 더 심각하다.

필자는 생태학 전공자로서 연구자료 수집을 위해 전국 여러 곳을 늘 헤매고 있다. 지난해에는 포항 출장이 잦았다. 따라서 서울과 포항을 오고 가며 지역의 대기 상태를 눈과 코로 점검하는 기회를 자주 얻었다. 포항의 하늘은 갈색으로 보이는 경우가 많았다. 고속도로를 타고 포항을 벗어나면 한동안 흰색의 연기가 마을을 뒤덮고 있는 모습을 볼 수 있었다.

그 모습은 과거 나무를 땔감으로 이용하던 시절 시골집 굴뚝에서 모락모락 피어나던 정겨운 모습이기보다는 공장 굴뚝에서 내뿜는 매연과 유사한 모습으로 보여 안타까웠다. 한동안 이런 농경 폐기물 소각 냄새를 맡고 나면 그다음에는 축산농가로부터 발생하는 암모니아 가스 냄새가 차 안에까지 스며들 정도로 진동했다. 눈에 보이지는 않지만 불쾌한 느낌은 여전했다.

그러나 그러한 이동과정에서도 오르막길과 함께 대형 트럭을 만나게 되면 주변으로부터 오는 모든 냄새는 잠시 사라지고 오직 매캐한 디젤 연소 냄새가 차지하곤 했다. 그런 구간들을 지나 수도권에 접근하면 전체적인 모습은 여전히 농촌 경관이지만 여기저기 공장 굴뚝이 솟아 있고 그 굴뚝에서는 어김없이 뿌옇게 매연을 내뿜고 있었다.

그런 모습 사이에서도 가끔 암모니아 가스 냄새가 진하게 풍겨왔다. 이런 과정을 거치며 서울에 당도하면 하늘의 모습은 다시 출발지에서와 유사한 갈색으로 눈에 들어온다.

이번에는 당진을 출발지로 삼아 서쪽에서 동쪽으로 이동하며 대기 상태를 점검해 보기로 한다. 여기저기 솟아 있는 굴뚝이 한때 풍요로움의 상징으로 보였지만 오늘날 그 느낌은 크게 달라져 있다. 그 크고 높은 굴뚝을 가득 채워 내뿜고 있는 희뿌연 매연은 인근 지역의 화력발전소로부터 배출된 매연과 어우러지며 충청권 전체의 하늘을 희뿌옇게 흐려놓고 있다.

이 지역은 높은 산이 없어 여기서 배출된 대기오염물질은 어떤 제약도 없이 충청권 대부분 지역의 하늘을 덮은 채 편서풍을 타고 동쪽으로 이동해가고 있다.

대규모 오염원 발생지역을 벗어나 동쪽으로 이동하여도 태백산맥을 넘기까지는 여기에 농경 폐기물 소각 연기, 축산농가로부터 오는 암모니아 가스, 농촌 지역에 소규모로 자리 잡은 공장 굴뚝으로부터 배출되는 매연 등이 더해지니 공기 질이 별반 다르지 않아 보인다. 그러다가 태백산맥을 넘어서면 조금은 숨통이 트일 것 같은 맑은 하늘이 눈에 들어온다.

이처럼 우리 국토를 동서남북으로 가로질러 어디를 가도 과거 우리가 우리 국토를 대상으로 불렀던 금수강산이란 말이 생소하게 느껴질 정도로 요즘 우리의 하늘은 짙은 미세먼지를 드리우고 있다.

그러나 지역마다 그 성분은 다르게 느껴졌다. 우리가 미세먼지 문제를 진정으로 해결할 의향이 있다면 우리가 이동하며 느껴지는 것처럼 지역 특성이 반영된 대기오염물질 정보가 수집되어야 할 것이다. 하지만 우리가 접하는 정보는 단순히 PM 10과 PM 2.5 농도에 관한 정보일 뿐이고, 환경부 홈페이지에 제시하고 있는 정보 또한 마찬가지다.

똑같이 PM 10과 PM 2.5로 표현되어도 지역에 따라 그 성분이 다를 것이 분명한 데도 말이다. 더구나 성분이 다르면 저감 대책 또한 다르게 수립하여야 하므로 바른 저감 대책을 수립하기 위해서는 지역에 따라 다른 미세먼지 속성 정보가 필수적으로 수집되어야 한다.

실제로 선진국의 정보수집체계를 보면, 우리나라 환경부가 발표하고 있는 정보수집체계와 차이를 보인다. 우리나라 환경부는 미세먼지의 크기 구분도 없이 수도권과 전국으로 구분하여 미세먼지 발생원을 비교하고 있다. 다른 대기오염원에 대한 정보는 전혀 보이지 않고 있다.

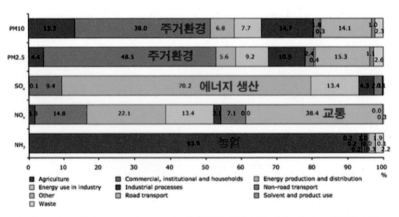

〈그림 5-4〉 유럽의 PM 2.5, PM 10 및 2차 생성물의 분야 별 배출 기여도. 배출원 수집 체계가 우리나라와 차이를 보이고 있다.

반면에 선진국의 경우는 PM 10, PM 2.5, SO₂, NO₂ 및 NH₃로 구분하여 각각의 발생원 별 비중을 비교하고 있다. 미세먼지가 다양한 인간 활동으로부터 발생한 입자상 물질과 가스상 물질의 조합임을 고려할 때 크기로 구분하는 물리적 성질뿐만 아니라 그것의 화학적 성질 또한 다를 것이므로 그 모든 것이 파악될 때 바른 대책을 수립할 수 있을 것이다. 지금처럼 두루뭉술한 정보수집으로는 두루뭉술한 대책밖에 수립할 수 없다. 우리 국민이 미세먼지와 더불어 살 수밖에 없는 운명인가 보다.

## 3. 실효성 있는 미세먼지 저감 대책 시급하다

미세먼지 때문에 악몽의 연말연시를 보내고 있다. 이 문제로 인해 우리의 자손세대는 우리 세대보다 수명이 단축될 것이라는 보고도 있다. 내 나라 문제만도 아니고 중국으로부터 유입된 양이 더 많았다니 안타깝기 그지없고, 애꿎게 당하면서도 항의 한마디 못하는 우리의 초라한 모습에 한스럽기 그지없다.

내가 초등학교에 다닐 때는 선생님들로부터 비가 오면 비를 맞지 말고 꼭 우산을 써야 한다는 지침을 전달받곤 했다. 중국(그 당시는 중공이라고 부름)이 핵실험을 하여 그곳으로부터 날아오는 방사능 낙진이 빗물에 섞여 내리기 때문에 위험하다는 설명이 곁들여졌다. 역사기록을 보면, 황사의 영향은 삼국시대에까지 거슬러 올라간다.

그런데도 우리는 지금까지 중국으로부터 어떤 사과나 유감의 말 한마디 듣지 못하고 여전히 눈치만 보고 있는 형국이다. 그뿐만이 아니다. 황사 문제를 함께 해결하겠다고 천문학적 비용을 투자해놓고도 도입한 식물의 정착과정을 모니터링하는 것조차 통제를 받아 제대로 진행하지 못하고 있다.

지금도 정부는 중국에서 오는 미세먼지 문제를 해결하기 위해 환경기술

실증화 사업 명목으로 투자를 하겠다는 계획을 발표하고 있다. 하지만 그것이 얼마나 실질적으로 사용되어 우리에게 날아오는 미세먼지 양을 줄여줄 수 있을지 강한 의문이 남는다.

그렇다고 손을 놓고 있을 수만은 없지 않은가. 우선 우리 주변에서 자구책을 찾아보자. 식물은 미세먼지의 작은 입자는 흡수하여 제거하고, 큰 입자는 흡착하여 자기 주변에 가두어 둔다. 식물의 개체 하나하나가 이렇게 흡수·흡착하는 양은 많지 않지만 그들이 모여 식생을 이루면 발휘하는 기능이 만만치 않다.

따라서 선진국들은 미세먼지를 줄이기 위한 대책으로 다양한 유형으로 식생을 활용하고 있다. 그런 방법들을 모방해보자. 우선 도심을 인공사막처럼 만들어 놓은 건물의 지붕과 벽면에 그 장소에 적합한 식물을 선발해 도입해보자.

그리고 주변에 널려 있는 자투리땅에도 그곳의 생태적 특성에 맞추어 지금까지의 것과는 차원이 다른 자연 정원이나 자연공원을 조성해보자. 우선은 그들이 자라면서 미세먼지를 제거하거나 가두어 둘 것이고, 추가적 기능으로 도시에 자주 형성되면서 미세먼지의 확산을 가로막는 기온 역전현상을 완화하며 미세먼지를 확산시키는 기회를 만들어 낼 것이다.

그다음에는 정말 마음을 열고 미세먼지 대책을 논의해볼 필요가 있다. 우선 보다 쉬운 국내 대책부터 마련해보자.

발전시설의 선진화가 우선이다. 전문가들은 그 가능성에 대해 긍정적인 답을 많이 한다. 값이 싼 에너지원은 처리비용을 늘려 전체적으로 보면 싸지도 않은 결과를 가져온다.

또 운영 여부에 따라 값싼 에너지원도 미세먼지 발생을 줄이는 방식으로 활용할 수 있다. 정부가 이런 전문가의 의견을 존중하고 수용해 주었으면 한다. 산업시설도 많이 좋아졌지만 아직은 더 진화된 시설과 운영이 필요하다.

자동차의 경우 일반 시민의 적극적 동참이 절대적으로 요구된다. 최상의 방법은 많이 걸어 미세먼지 발생을 줄여 환경의 건강과 함께 우리 인간의 건강도 증진하는 것이다. 그다음은 최대한 대중교통을 활용하는 것이다.

그런 다음에는 생업을 위해 어쩔 수 없이 사용할 수밖에 없는 분들을 제외하고 디젤자동차 사용을 자제하는 것이다. 생태학 전공자로서 전국의 오지를 무대 삼아 많은 현장 답사를 해본 경험에 의하면, 우리나라 대부분 지역은 도로가 잘 정비되어 디젤을 사용하는 SUV 차량을 굳이 사용하지 않고도 안전한 여행이 가능하다.

이런 국내 대책을 마련하면서 한편으로 국제 대책도 함께 준비할 필요가 있다. 정보수집이 우선이다. 전 세계의 미세먼지 오염실태와 그 영향, 중국을 비롯한 주변국으로부터 유입되는 미세먼지의 경로, 양, 질 등에 관한 정보를 수집하여 체계화하고 이를 기후변화 문제나 과거 오존 문제처럼 국제문제화하는 것이다.

이러한 계획을 실천에 옮기기 위해서는 필연적으로 연구비가 필요하다. 마침 정부는 미세대책을 실천에 옮기기 위해 예산을 준비했다고 한다. 환경기술 실증화 사업으로 중국에 투자하기로 한 비용을 여기에 투자하는 것이 현명해 보인다. 우리가 이 문제로 중국과 1대1 접촉을 할 때 그들이 우리의 의견을 수용해 줄 가능성은 거의 없다.

그러나 이러한 준비를 통해 이 문제가 국제적 문제로 거론되기 시작하면 그들도 지금처럼 막무가내는 아닐 것이다. 혼자 힘으로 부족하면 친구의 도움을 빌리는 것도 지혜로운 전략이다.

## 4. 미세먼지, 전방위 대책을 세워라

미세먼지 때문에 악몽의 연말연시를 보내고 있다. 이로 인해 우리 자손은 우리보다 수명이 단축될 것이라는 보고도 있다. 우리나라만의 문제가 아니라 중국으로부터 유입된 양이 훨씬 많다니 안타깝고, 항의 한마디 못하는 우리의 초라한 모습에 한탄스럽다.

필자가 초등학교 시절 선생님들은 "비 맞지 말고 꼭 우산을 써야 한다"고 했다. 중국의 핵실험 방사능 낙진이 비에 섞여 내리기 때문이라는 것이다. 황사의 영향은 삼국시대까지 거슬러 올라간다.

그런데도 우리는 중국으로부터 사과나 유감의 말 한마디 듣지 못하고 오히려 눈치를 보는 형국이다. 황사 문제를 함께 해결하자며 천문학적 비용을 투자해놓고도 식물의 정착과정을 모니터링하는 것조차 통제받는 실정이다. 지금도 정부는 중국발 미세먼지를 해결하기 위해 환경기술 실증화 사업을 명목으로 투자하겠다고 한다. 하지만 그것이 얼마나 우리에게 오는 미세먼지를 줄여줄지 의문이다.

국제 대책은 치밀해야 한다. 정보수집이 우선이다. 전 세계의 미세먼지 오염실태와 그 영향, 특히 중국을 비롯한 주변국으로부터 유입되는 경로 및 양과 질에 관한 정보를 수집해 체계화한 뒤 이를 기후변화나 과거의 오존 문제처럼 국제문제화하는 것이다.

마침 정부는 미세먼지 대책을 실천에 옮길 예산을 준비했다고 한다. 중국에 투자하기로 한 돈을 여기에 사용하는 편이 현명해 보인다. 우리가 중국과 1대1 접촉을 한들 그들이 우리 의견을 수용할 가능성은 거의 없다. 그러나 국제적 문제로 거론되면 지금처럼 막무가내는 아닐 것이다. 혼자 힘으로 부족하면 주변의 도움을 빌리는 것도 지혜로운 전략이다.

그리고 물론 우리 나름의 자구책도 찾아야 한다. 식물이 미세먼지 입자를 흡수·흡착하는 양이 전체로 치면 만만치 않다. 미세먼지 대책으로 다양한 식생을 활용하는 나라도 많다. 우선 도심 건물의 지붕과 벽에 적합한 식물을 도입해보자. 자투리땅에도 생태 특성에 맞추어 자연 정원이나 공원을 조성하자. 미세먼지를 제거하거나 가두고, 기온역전 현상의 완화도 기대할 수 있다.

  더욱 쉬운 대책은 발전시설의 선진화이다. 이 부분에서는 정부가 전문가들 의견을 존중하는 것이 중요하다. 자동차는 시민의 적극적인 동참이 요구된다. 적극적인 대중교통 활용과 디젤차 사용 자제 같은 것이다.


## 5. 미세먼지로 힘든 삶, 식물의 서비스 기능에 기대 보자

  연말연시를 우리는 미세먼지와 함께 보냈다. 지난 주말 전국 하늘을 뒤덮은 미세먼지는 두려웠다. 서울시는 초미세먼지 주의보를 발령했고, 수도권에는 사상 처음으로 미세먼지 비상저감조치가 발령되었다. 비상저감조치는 고농도 미세먼지 발생 때 정부나 공공기관이 운영하는 사업장·공사장 등의 작업 시간을 단축하고 공무원 차량 2부제를 시행하는 비상대책이다.

  작년 2월 도입된 후 처음 발령됐다. 따라서 서울·인천·경기 지역 공공기관 사업장 80곳과 공사장 514곳은 단축 운영하거나 미세먼지 저감 조치를 해야 했다. 다만 차량 2부제(수도권 행정·공공기관 임직원 52만7천 명 대상)는 평일에만 시행하는 것으로 시행하지 않았다.

  선진국의 경우는 미세먼지 농도가 점점 낮아지고 있는데, 우리는 날이 갈수록 심해져 안타깝기 그지없다. 겨우내 우리를 괴롭힌 미세먼지는 봄이 돼서도 걷힐 줄 모르고 우리의 시야를 어지럽히고 나아가 몸을 병들게 하고 있다. 지금 우리의 대기 환경이 매우 열악한 상황에 있기에 나무의 정화 기능에 다시 한번 기대해 보고 싶다.

미세먼지의 원인 물질은 주로 발전시설, 산업시설, 교통수단으로부터 오는 것으로 알려져 있다. 미세먼지가 우리에게 주는 악영향에서 벗어나기 위해서는 에너지원을 재생 가능한 에너지로 바꾸고, 에너지 이용효율을 높이며, 교통수단도 친환경수단으로 바꿀 필요가 있다.

그러나 지리적 위치와 자전하는 지구의 영향으로 우리나라의 미세먼지는 절반가량이 중국에서 날아온다. 이에 우리의 노력으로 이뤄내는 완화 차원의 대책에 더해 나무가 발휘하는 생태계 서비스 기능을 활용하는 적응 차원의 대책도 준비해야 할 것이다.

무엇보다 미세먼지 발생량이 많은 도시의 자투리땅에 가능한 한 나무를 많이 심어 도시림을 확충할 필요가 있다. 숲은 적게는 ha당 20kg에서 많게는 ha당 400kg에 상당하는 미세먼지를 흡수하는 것으로 알려져 있다. 그뿐만 아니라 오염된 공기와 깨끗한 공기를 혼합해 추가적인 효과도 발휘한다. 이때 작은 크기의 미세먼지는 식물에 의해 흡수되지만 이보다 큰 입자는 흡수보다는 흡착을 통해 막아주는 역할을 하므로 다양한 형태의 도입 방법을 고안할 필요가 있다. 도심에서는 지붕과 벽면 녹화, 생울타리, 도시공원 형태로 도입하는 방법을 생각할 수 있다.

이 경우 해당 지역의 온도를 낮춰 기온 역전층 형성을 막으며 스모그 발생을 억제하는 효과를 기대할 수 있다. 이때 하천복원, 연못 창조 등을 통해 물과 함께 도입하면 온도를 더 낮출 수 있으므로 더 큰 효과도 가능하다.

연구 결과에 따르면 미국의 경우 도시 숲이 2억t 이상의 미세먼지를 흡수하고 있음을 밝히고 있다. 영국, 캐나다, 호주 등은 지붕 녹화를 통해 상당한 양의 미세먼지를 흡수할 수 있음을 밝히고 효과 높은 식물 선정을 위한 노력을 계속해 오고 있다. 또 영국과 네덜란드는 미세먼지 차단용 생울타리를 이룰 식물의 바른 선정과 배치를 통해 그 영향을 줄이기 위한 대책을 준비하고, 중국도 유사한 내용으로 대책을 마련해 적용하고 있다.

나무는 우리가 사는 환경의 구성원을 먹여 살리는 '환경'이라는 가정의 가장과 같은 존재이다. 하늘을 향해 펼친 가지에 잎을 달아 태양에너지를 모으고, 거친 땅속을 헤집고 들어가 뿌리를 뻗어 물과 양분을 모아 인간을 비롯한 모든 생물의 식량을 마련하고, 마실 물을 공급하며, 호흡할 산소도 제공한다.

그래서 나무를 중심으로 이뤄지는 자연환경을 우리의 삶을 결정하는 환경으로 보고 전문가들은 이를 '생존환경'이라 부르고 있다. 모쪼록 우리 모두 한 그루의 나무라도 더 심어 식물이 주는 서비스 기능에 힘든 삶을 기대보자.

## 6. 국가기후환경회의 제안 미세먼지 대책, 강조한 특성과 거리 멀다

지난주 국가기후환경회의는 국민제안 정책임을 강조하며 미세먼지 해결대책을 내놓았다. 고농도 미세먼지 계절을 집중적으로 관리하기 위한 특별대책이라고 한다. 국가기후환경회의는 500명이 넘는 국민 정책 참여단의 의견을 수렴하고, 2602명을 대상으로 한 여론조사 결과를 기초자료로 삼았으며 100여 명에 달하는 전문가 의견을 수렴한 후 이를 종합한 결과를 대상으로 토론회를 거쳐 준비한 대책임을 밝히고 있다.

또 국가기후환경회의는 정책제안의 기본 원칙을 국민이 체험할 수 있는 체험성, 기존의 통념 수준을 뛰어넘는 과감성, 과거 대책과의 차별성, 과학적이고 합리적 근거에 기반한 합리성, 현장 적용이 가능한 실천성임을 강조하고 있다.

이러한 점을 강조하지 않더라도 전 UN사무총장이 책임을 맡고 중량급 인사들이 대거 참여하였으니 그야말로 세계적 수준의 정책이 입안될 것으로 기대했다. 우선 오랜 기간 많은 분이 당면한 환경문제 중 가장 심각한 문제 중의 하나인 미세먼지 문제를 해결하기 위해 각고의 노력을 지속해 온 점에 대하여 해당분야를 공부하는 사람 중 하나로서 깊은 감사와 존경을 표하고 싶다.

그러나 국가기후환경회의가 강조하고 초호화 수준의 국가기구에 건 큰 기대와 달리 제안된 대책은 매우 어설퍼 보인다. 우선 고농도 미세먼지 계절 집중관리 대책임을 강조하였는데, 왜 고농도 미세먼지 계절이 존재하는지에 대한 설명이 없다.

이 계절에 미세먼지 농도가 높은 배경이 이 계절에 우리가 경유차를 많이 타서인지, 산업활동이 더 활발해서인지 아니면 우리가 이 계절에 전기를 더 많이 사용해서인지 그 근거에 대한 설명이 어디에도 없다. 체감성은 아직 그 계절이 오지 않았으니 지켜볼 일이다.

그러나 기존 통념 수준을 뛰어넘는다는 과감성에 대해서는 동의하기 어렵다. 미세먼지 문제는 물론 환경문제는 오염물질의 발생량이 해당 지역이 수용할 수 있는 능력을 넘어설 때 발생한다.

따라서 우리는 이러한 문제를 해결하려고 접근할 때 일반적으로 그 발생원과 흡수원 사이의 기능적 관계를 검토한다. IPCC 같은 국제기구도 기후변화 문제를 해결하기 위한 대책으로 그동안 주로 감축을 위한 대책을 논의해왔지만, 최근에는 온실가스 배출원과 흡수원 사이의 균형유지로 관심을 옮겨가는 추세다.

국가기후환경회의가 정책제안의 기본 원칙으로 강조한 통념 수준을 넘어선 과감성, 과거 대책과의 차별성 그리고 과학적 합리성을 갖추려면 적어도 이런 수준의 검토는 있어야 했을 것으로 기대했지만 어디에도 강조한 단어들을 입증할 만한 수준의 대책은 보이지 않았다. 실천성에도 많은 의문이 남는다.

미세먼지는 지역에 따라 발생원이 차이를 보이고, 산업에 따라서도 발생하는 오염물질이 차이를 보이지만(그림 5-4) 제안된 정책의 어디에도 이런 점에 대한 검토가 없고 두루뭉술하다. 목표가 이렇게 불분명한데 그것이 문제를 해결할 수 있는 대책으로 기능하기는 어려워 보인다.

국가에서 발표한 미세먼지 발생량 정보가 전체 발생량에 대한 수도권 발생량이 차지하는 비중 등을 고려할 때 크게 신뢰가 가지 않지만, 그것을 믿어보면 2차 오염물질이 대부분을 차지한다. 2차 오염물질은 대부분 기체성 오염물질로서 식물에 의해 흡수가 가능한 물질이 많다.

따라서 선진국에서는 미세먼지 해결을 위한 대책으로 식물을 이용한 흡수를 중요한 대책 중 하나로 포함하고 있다. 미국의 경우는 어떤 지역에서 숲이 차지하는 면적이 지역민의 건강과 수명까지도 결정한다고 알려져 있다.

그만큼 인간과 환경의 건강을 지키는 데 숲의 중요성을 강조하고 있다. 유럽의 선진국들도 미세먼지 해결을 위한 대책으로 건물녹화는 물론 거리의 벤치까지도 식물을 입혀 흡수원을 확보하기 위한 노력을 하고 있다. 우리와 가까운 중국만 해도 미세먼지 문제를 해결하기 위해 조성하는 숲의 면적이 늘어나고 있다.

미세먼지 흡수에 따른 식물 피해를 우려하는 고마운 분들도 있다. 그러나 많은 식물, 특히 대기오염에 내성을 갖는 식물들은 문제가 되는 물질을 거르고 해독하는 능력을 갖추고 있으며, 많은 경우 우리가 오염물질로 분류한 물질을 식물의 삶에 유용한 물질로 바꾸는 능력도 갖추고 있으니 크게 우려할 필요는 없다.

다만, 지금까지와 달리 식물이 원하는 장소에 심어주기만 하면 된다. 도시 주변의 높은 산에 올라가 우리의 도시를 한번 들여다보자. 인공구조물이 차지하는 면적이 큰가 아니면 숲이 차지하는 면적이 더 넓은가? 아마도 대부분 도시에 숲보다 인공구조물이 차지하는 더 넓을 것이다.

게다가 인공구조물은 높이까지 높아지고 있으니 그것을 면적이 아니라 체적으로 비교하면 양자 사이의 차이는 훨씬 더 벌어질 것이다. 그렇다 보니 식물이 아무리 오염된 공기를 걸러내도 우리가 숨 쉬는 대기 중에 그들이 남아돌며 미세먼지 농도를 높여가고 있다.

특히 우리나라 도시는 대부분 분지에 성립해 있다. 따라서 그곳에서 발생한 미세먼지를 비롯한 오염물질을 수평적으로 확산시키는 데 어려움을 겪고 있다. 그런데 앞서 언급했듯이 도시의 고밀도 개발은 도시에 기온 역전층을 형성하여 수평적으로 갇힌 도시에 뚜껑까지 덮어씌우는 형국을 유발하며 발생한 오염물질의 확산을 저해하고 있다. 이러한 환경에서도 식물은 기후조절 기능을 발휘하여 그 뚜껑을 열어젖히며 오염물질 확산에 기여한다.

식물은 넓은 표면적을 활용해 입자 크기가 커 흡수를 못 한 미세먼지를 붙잡아두는 능력도 갖추고 있다(사진 5-2). 또 추운 겨울이 되어 잎을 떨어뜨리면 줄기에 난 피목이라는 틈을 통해서도 미세먼지를 걸러낼 수 있다.

그 큰 회색의 덩치에 녹색의 식물 잎을 입히는 것이 무엇보다도 빠르게 미세먼지 문제를 해결할 수 있는 대책이 될 수 있다.

이처럼 중요한 의미를 내포하여 대부분의 선진국에서 중요한 미세먼지 해결의 수단으로 채택하고 있는 흡수원 대책이 모자란 미세먼지 해결책은 이전의 대책과 다르지 않아 과감성과 차별성이 빠져 있고, 환경문제 해결을 위해 일반적으로 채택되는 대책 수준에도 미치지 못하며 과학적 합리성도 갖추지 못한 하책 수준에 머물 수밖에 없다.

세계보건기구에서 발표한 국가별 미세먼지 농도 수준(그림 5-5)을 주목해주기 바란다. 흡수원 대책까지 아우른 종합적 미세먼지 대책을 갖춘 북미 및 서유럽 선진국들과 우리나라의 미세먼지 농도 수준을 비교하면서.

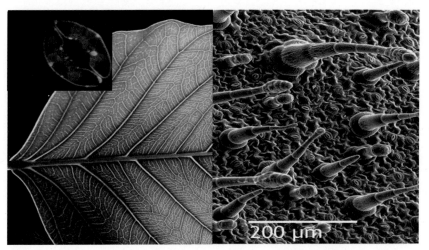

〈사진 5-2〉 식물은 잎의 기공(왼편)을 통해 입자 크기가 작은 대기오염물질은 흡수하여 제거하고, 그 크기가 큰 물질은 잎에 나 있는 털(오른편) 등을 이용해 붙잡아 활동하지 못하게 하며 대기를 정화한다(인터넷 다운로드).

세계 대기오염 지도

〈그림 5-5〉 세계보건기구가 발표한 세계 여러 지역의 미세먼지 농도를 보여주는 지도. 우리나라의 미세먼지 농도는 북미 및 유럽 선진국들과 비교해 크게 높고, 일본을 제외한 아시아, 남미 및 아프리카 국가들과 유사한 높은 농도를 유지하고 있다.

## 7. 식물을 바르게 활용해야 미세먼지 저감에 기여한다

　미세먼지 농도를 6개 등급으로 나누어 평가한 세계보건기구 발표자료에 의하면 우리나라는 4등급에 해당한다. 중국 북부를 제외하면 중국과 같은 등급이고, 동남아시아, 중남미 및 아프리카 국가들과도 같은 등급에 속한다. 일본은 2등급 수준이고, 미국과 서유럽국가들은 1등급에 해당한다. 우연의 일치인지는 몰라도 그 등급이 대략 국가의 수준과 유사해 보인다.

　우리의 대기오염 상태가 이러한 수준에 있기 때문인지 요즘 식물, 주로 나무를 심어 미세먼지 문제를 해결하자는 의견이 점점 늘어나고 있다. 물에 빠진 사람이 지푸라기라도 잡고 싶은 심정일 것이다. 같은 주장을 오래전부터 해 온 사람으로서 우선 이러한 주장을 해주는 것에 대해 감사하고 환영한다.

〈사진 5-3〉 나무의 구조. 나무는 효과적으로 빛을 받고 이산화탄소를 흡수하기 위해 진화를 통해 표면적을 넓혀 왔다(인터넷 다운로드).

그러나 그들이 제안하고 있는 식물의 종류와 식재 방법에는 동의하고 싶지 않다. 자연의 체계와 어울리지 않기 때문이다. 그리고 그렇게 식재하면 큰 비용과 에너지를 투자하고 되레 문제를 일으킬 수 있는 탓이다.

국내외에서 발표되고 있는 미세먼지 농도의 시·공간적 변화를 보면, 식물이 미세먼지 농도를 줄여준다는 사실은 이제 일반화되어 있다. 실제로 선진국의 경우는 이를 실행에 옮겨 도로변, 집주변, 건물 지붕이나 벽면 등에 장소의 특성에 어울리는 숲을 만들고 심지어 거리의 벤치에까지 식물을 잎혀 미세먼지를 제거하기 위한 노력을 하고 있다. 그러한 노력의 성과가 위에서 언급한 바와 같이 미세먼지 농도 1등급 국가를 이루어냈다.

나무를 비롯해 식물은 자신이 서 있는 토지면적보다 훨씬 더 넓은 표면적을 보유하여 미세먼지 흡수를 극대화할 수 있도록 진화되어 있다. 그런데도 개체보다는 무리 지을 때, 즉 숲을 이룰 때 훨씬 더 효율적으로 미세먼지를 흡수할 수 있다고 알려져 있다. 또 식물은 그들이 원래 살던 지역과 위치가 다른 곳에 심어지기보다는 원래 살던 지역과 위치가 유사한 곳에 심어지면 더 큰 흡수기능을 발휘하는 것으로 알려져 있다.

그러나 요즘 국내에서 발표되고 있는 미세먼지 저감을 위한 나무 심기 계획에서 그 종류와 식재 방법을 보면, 이미 이러한 정책을 실행에 옮겨 성과를 거두고 있는 선진국과 차이를 보인다. 우선 제안하는 식물 중에는 지역의 생태적 조건과 어울리지 않는 것들이 많다. 장소도 마찬가지다.

이 경우 식물들은 제대로 자랄 수 없어 미세먼지를 흡수하기가 어렵고, 오히려 휘발성 유기 탄소(VOC)와 같은 미세먼지 원인 물질을 만들어 낼 가능성까지 있다. 배치방법도 현재의 가로수처럼 고립된 형태의 식재를 주로 제안하는데, 그보다는 숲의 형태가 좋다. 그것이 자연에서의 모습이며 기능을 극대화할 수 있는 식재 방법이기 때문이다.

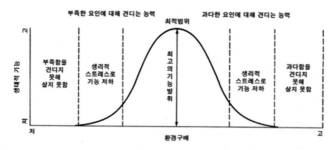

〈그림 5-6〉 환경구배에 따른 식생의 반응을 보여주는 모식도. 식생을 최적범위에 도입하여야 최대의 효과를 거둘 수 있다.

옳지 않은 말은 거짓말이 될 수 있다. 전공 분야가 아니면서 전문가 행세를 하는 것은 전문가 사칭이 될 수도 있다. 그런데 개인뿐만 아니라 지자체나 국가가 수행하는 정책 또한 바르지 않은 것도 있으니 이는 예산을 낭비하는 것이고, 다른 측면에서 보면 국민을 속이는 것과 다르지 않다. 국민이 주인이 되는 민주국가에서 절대로 있어서는 안 되는 일이 진행되고 있다.

## 8. 가로수보다 숲이 미세먼지 줄인다

미세먼지 농도를 6개 등급으로 나누어 평가한 세계보건기구(WHO) 발표 자료에 따르면 한국은 4등급에 해당한다. 1등급에 가까울수록 깨끗하다는 뜻이다. 중국(북부 제외)과 같은 수준이고, 동남아시아, 중남미 및 아프리카 국가들과도 같은 등급에 속한다.

반면 일본은 2등급 수준이고, 미국과 서유럽국가들은 1등급이다. 우연의 일치인지는 몰라도 그 등급이 대략 국가의 수준과 유사해 보인다.

대기오염 상태가 심각한 수준에 이르자 산림청, 서울시, 강동구 등을 중심으로 식물, 주로 나무를 심어 미세먼지 문제를 해결하자는 주장이 나오고 있다. 같은 이야기를 오래전부터 해 온 사람으로서 우선 이러한 의견 개진에 감사할 따름이다. 그러나 방법론에서는 신중히 처리할 필요가 있다.

나무를 비롯한 식물은 자신이 서 있는 토지면적보다 훨씬 더 넓은 표면적을 보유하여 미세먼지 흡수를 극대화할 수 있도록 진화되어 있다. 개체보다는 무리 지을 때, 즉 숲을 이룰 때 훨씬 더 효율적으로 미세먼지를 흡수할 수 있다. 또 식물은 원래 살던 지역과 위치가 다른

〈사진 5-4〉 나무는 고립되어 심기보다는 모여 심을 때 더 큰 기능을 발휘한다(인터넷 다운로드).

곳보다는 원래 살던 지역과 위치가 유사한 곳에 심어지면 더 큰 흡수기능을 발휘하는 것으로 알려져 있다.

하지만 정부와 지자체에서 발표하고 있는 미세먼지 저감을 위한 나무 심

기 계획은 앞서 언급한 올바른 식물 종류의 선택과 식재 방법과는 거리가 있다.

우선 제안하고 있는 잣나무 같은 식물은 지역의 생태적 조건과 어울리지 않아 미세먼지 감소 효과를 크게 기대하기 어렵다. 장소도 마찬가지다. 이 경우 식물들은 제대로 자랄 수 없어 미세먼지를 흡수하기가 어렵고, 오히려 휘발성 유기 탄소(VOC) 같은 미세먼지 원인 물질을 만들어 낼 가능성마저 있다. 배치방법도 현재의 가로수처럼 고립된 형태의 식재를 주로 제안하는데 그보다는 숲의 형태가 좋다. 그것이 자연에서의 모습이며 기능을 극대화할 수 있는 식재 방법이기 때문이다.

옳지 않은 말은 거짓말이 될 수 있다. 전공 분야가 아니면서 전문가 행세를 하는 것은 전문가 사칭이 될 수도 있다. 그런데 개인뿐만 아니라 지자체나 국가가 수행하는 정책 또한 바르지 않은 것도 있으니 이는 예산을 낭비하는 것이다. 다른 측면에서 보면 국민을 속이는 것과 다르지 않다.

## 9. 미세먼지 수동적 피해, 우리가 먼저 보상 기준 마련하자

담배 연기는 담배를 피우는 사람이 그 연기의 1/3을 마시고, 나머지 2/3는 대기로 방출되기 때문에 담배를 피우는 사람 주변에 있는 사람도 피우는 사람 못지않게 피해를 본다고 알려져 있다. 소위 수동적 흡연 피해다. 이러한 피해는 담배를 피우는 사람 곁에 가지 않으면 그 피해에서 벗어날 수 있다. 그러나 대기오염 특히 요즘 우리를 크게 괴롭히고 있는 미세먼지 같은 경우는 국경을 넘고 때로는 대륙을 넘어서까지 퍼지므로 수동적 피해를 벗어날 수 없다.

우리나라 국민에게 엄청난 피해를 주는 미세먼지의 절반 이상이 중국에서 온다는 각종 정보와 연구자료가 있지만 국력의 차이 때문인지 아니면 지도자의 의지가 부족해서인지 보상 요구는 물론 변변한 항의조차 제대로 하지 못하고 있는 것이 지금 우리가 처한 모습이다.

이에 필자는 우선 국내에서라도 먼저 보상의 체계를 수립하고 이를 실행함으로써 장래 우리가 해당 문제에 대한 국제적 공감대를 이루어서라도 국력을 키워 그 보상을 요구할 때 근거자료로 삼자는 제안을 하고자 한다.

국내에서 미세먼지의 수동적 피해를 가장 크게 받는 지역으로 충북 지역을 들 수 있다. 이 지역은 변변한 공업단지를 보유하고 있지도 않지만 매일 발표되고 있는 미세먼지 농도는 거의 늘 전국 최고 수준을 기록하고 있다.

발표되고 있는 자료에 근거하면 이 지역 미세먼지의 절반가량은 중국에서 오고, 나머지 국내 발생량 중에서도 자체발생량보다 훨씬 더 많은 양이 다른 지역으로부터 유입되고 있다. 지구의 자전으로부터 발생하는 편서풍의 영향으로 전형적인 수동적 피해를 보고 있다.

충남 서해안 지역에 집중적으로 배치된 화력발전소로부터 발생하는 양이 주도적 역할을 한다. 물론 충남 지역도 여기에서 발생하는 전기를 자체적으로 이용하는 양보다 더 많은 양을 다른 지역으로 보내고 있으니 역시 수동적 피해를 보고 있는 셈이다.

미세먼지 문제는 근본적으로 그 발생량을 줄여야 해결할 수 있지만 지금 우리가 처한 상황처럼 어쩔 수 없이 발생하는 경우의 해결책은 그것의 흡수량을 늘리거나 거동하지 못하게 하는 방법을 대안으로 삼을 수 있다. 나무는 진화과정을 통해 빛과 가스흡수 효율을 최대화할 수 있도록 그 표면적을 늘려 왔다.

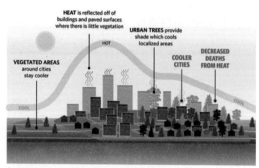

<그림 5-7> 도시의 건물과 포장면은 열을 발생시켜 기온을 상승시키는 반면에 숲은 응달을 만들고 증발산 과정을 통해 기온을 낮추고 있다(인터넷 다운로드).

따라서 나무들은 자신이 서 있는 곳의 토양 면적보다 10배 이상 넓은 표면적을 보유하고 있다. 미세먼지 등으로 오염된 공기를 정화하는 것은 물론 그것을 흡착하여 거동하지 못하게 하는 능력도 지니고 있다.

그러므로 그들을 모아 숲을 이루어내면 미세먼지 흡수 및 흡착 기능을 크게 향상시켜 미세먼지를 줄이는 데 크게 기여할 수 있다. 이러한 숲은 적게는 ha당 20kg에서 많게는 ha당 400kg에 상당하는 미세먼지를 흡수하는 것으로 알려져 있다.

그뿐만 아니라 오염된 공기와 깨끗한 공기를 혼합해 추가적인 효과도 발휘한다. 이때 작은 크기의 미세먼지는 식물에 의해 흡수되지만 이보다 큰 입자는 흡수보다는 흡착을 통해 막아주는 역할을 하므로 다양한 형태의 도입방법을 고안할 필요가 있다. 도심에서는 지붕과 벽면 녹화, 생울타리, 도시공원 형태로 도입하는 방법을 생각할 수 있다.

이 경우 해당 지역의 온도를 낮춰 기온 역전층 형성을 막으며 분지형 도시에 갇혀 있는 미세먼지를 확산시키는 효과도 기대할 수 있다. 이때 하천 복원, 연못 창조 등을 통해 물과 함께 도입하면 온도를 더 낮출 수 있으므로 더 큰 효과도 가능하다.

수동적 미세먼지 피해를 보고 있는 지역에 이러한 저감 대책을 마련하는 것을 지원하여 그 보상의 방법으로 활용해보자. 그리고 그것에 소용된 비용을 산출하여 향후 국제적 보상으로 요구할 기준을 마련해 보자.

## 10. 생태적 환경관리 통한 미세먼지 저감 전략

환경이란 다양한 생물들과 그들의 서식기반이 조화로운 관계를 통하여 조합된 실체를 말한다. 이들의 조합은 특이하여 조합된 구성원 간의 관계는 서로 분리될 수 없는 관계를 맺고 있다. 생물들 사이의 관계나 생물군집과 그들의 서식기반 사이의 관계 모두 서로 영향을 주고받는 불가분의 관계를 맺고 있다.

이러한 관계는 우리 속담의 "가는 말이 고와야 오는 말이 곱다"는 말처럼 좋은 영향을 주었을 때는 상대방으로부터 좋은 반응을 얻을 수 있지만 나쁜 영향을 주었을 때는 좋은 반응을 기대할 수 없다.

가령 우리가 숲을 잘 보존하고 가꾸면, 그 숲은 무성하게 자라 우리에게 그늘을 주고, 맑은 공기를 주며, 맑은 물도 간직하였다가 우리가 필요로 할 때 공급한다. 그러나 우리가 그것을 훼손하면, 그러한 효과를 기대할 수 없는 것은 물론이고, 산사태, 가뭄, 홍수 등을 유발하며 우리에게 피해를 주기도 한다.

생물들이 그들의 서식기반과 이러한 관계를 이루어 살아가는 모습은 평화롭고 질서정연하다. 그러나 이러한 조화로운 관계체계에서 의외의 변수로 등장한 것이 우리 인간이고, 그러한 인간의 역할은 급기야는 환경문제를 낳고 있다.

그러면 환경문제는 왜 발생하는 것일까? 많은 사람은 환경문제의 발생을 오염물질의 배출과 연관시킨다. 그러나 환경문제가 오늘날과 같이 심각하게 대두되지 않았던 옛날에도 오염물질은 배출되었다. 그 양이 늘어났고 그것을 흡수하여 제거하던 자연환경이 줄어서 문제가 되는 것이다.

환경을 지배하는 생태학(ecology)의 원리를 적용하면, 오염원(source)이

되는 인간환경과 그 고정원(sink)인 자연환경 사이의 기능적 불균형이 심화하여 문제가 발생한다는 해석을 내릴 수 있다.

그런 점에서 오염원을 줄이기 위한 노력뿐만 아니라 그 고정원을 늘리기 위한 노력 또한 중요한 환경문제 해결책이라고 볼 수 있다.

미세먼지의 원인 물질은 주로 발전시설, 산업시설, 교통수단으로부터 오는 것으로 알려져 있다. 미세먼지가 우리에게 주는 악영향에서 벗어나기 위해서는 에너지원을 재생 가능한 에너지로 바꾸고, 에너지이용 효율을 높이며, 교통수단도 친환경수단으로 바꿀 필요가 있다.

그러나 지리적 위치와 자전하는 지구의 영향으로 우리나라의 미세먼지는 절반가량이 중국에서 날아온다. 이에 우리의 노력으로 이뤄내는 완화 차원의 대책에 더해 나무가 발휘하는 생태계 서비스 기능을 활용하는 적응 차원의 대책도 준비해야 할 것이다.

무엇보다 미세먼지 발생량이 많은 도시의 자투리땅에 가능한 한 나무를 많이 심어 도시림을 확충할 필요가 있다. 숲은 적게는 ha당 20kg에서 많게는 ha당 400kg에 상당하는 미세먼지를 흡수하는 것으로 알려져 있다.

그뿐만 아니라 오염된 공기와 깨끗한 공기를 혼합해 추가적인 효과도 발휘한다. 이때 작은 크기의 미세먼지는 식물에 의해 흡수되지만 이보다 큰 입자는 흡수보다는 흡착을 통해 막아주는 역할을 하므로 다양한 형태의 도입방법을 고안할 필요가 있다. 도심에서는 지붕과 벽면 녹화, 생울타리, 도시공원 형태로 도입하는 방법을 생각할 수 있다.

이 경우 해당 지역의 온도를 낮춰 기온 역전층 형성을 막으며 스모그 발생을 억제하는 효과를 기대할 수 있다. 이때 하천복원, 연못 창조 등을 통해 물과 함께 도입하면 온도를 더 낮출 수 있으므로 더 큰 효과도 가능하다.

연구 결과에 따르면 미국의 경우 도시 숲이 2억t 이상의 미세먼지를 흡수하고 있음을 밝히고 있다. 영국, 캐나다, 호주 등은 지붕 녹화를 통해 상당한 양의 미세먼지를 흡수할 수 있음을 밝히고 효과 높은 식물 선정을 위한 노력을 계속해 오고 있다. 또 영국과 네덜란드는 미세먼지 차단용 생울타리를 이룰 식물의 바른 선정과 배치를 통해 그 영향을 줄이기 위한 대책을 준비하고, 중국도 유사한 내용으로 대책을 마련해 적용하고 있다.

IPCC의 기후변화 대응전략도 초기에는 온실가스 배출량 감축에 초점을 맞추었지만, 이제는 배출원과 고정원 사이의 균형을 맞추는 쪽으로 옮겨갈 준비를 하고 있다. 환경문제에 접근하는 국제적 추세는 이처럼 생태적 원리를 반영한 균형 회복 쪽으로 자리를 잡아가고 있다.

그런 점에서 충분한 고려도 없이 중국 핑계와 발생원에만 초점을 맞추고 있는 우리의 환경정책과 큰 차이를 보인다.

나무는 우리가 사는 환경의 구성원을 먹여 살리는 '환경'이라는 가정의 가장과 같은 존재이다. 하늘을 향해 펼친 가지에 잎을 달아 태양에너지를 모으고, 거친 땅속을 헤집고 들어가 뿌리를 뻗어 물과 양분을 모아 인간을 비롯한 모든 생물의 식량을 마련하고, 마실 물을 공급하며, 호흡할 산소도 제공한다.

그래서 나무를 중심으로 이뤄지는 자연환경을 우리의 삶을 결정하는 환경으로 보고 전문가들은 이를 '생존환경'이라 부르고 있다. 모쪼록 우리 모두 한 그루의 나무라도 더 심어 식물이 주는 서비스 기능에 힘든 삶을 기대보자.

## 11. 선진 환경 행정을 기대하며

미 항공우주국 발표에 의하면 우리나라는 중국과 함께 세계에서 가장 대기오염이 심한 지역 중 하나로 나타났다. 그 자료는 미세먼지의 주요 원인 물질인 질소산화물을 근거로 삼은 것이어서 걱정이 앞선다.

미세먼지는 폐는 물론 혈관을 타고 뇌까지 도달하여 암을 비롯한 여러 가지 병을 유발하며 인간의 건강을 크게 위협하는 물질이기 때문이다. 그 동안 우리 국민은 미세먼지가 주로 중국에서 오는 것으로 알고 있었다.

그러나 이 발표를 보면 우리나라는 자체 오염으로도 심각한 수준이다. 여기에 중국으로부터 날라 오는 오염물질까지 더해지면 우리나라가 세계 최악의 오염지역이 될 수도 있겠다는 생각이 든다.

게다가 오염물질 배출량이 많은 석탄화력발전소까지 더 짓겠다니 그러면 우리의 오염수준은 어떻게 될 것인가 상상만 해도 끔찍하다.

이런 최악의 시나리오가 사실일까에 대해 의심이 가다가도 몇 가지 환경 지표를 점검해 보면 사실로 받아들이지 않을 수 없는 것이 현실이다. 우선 기후변화의 주요 원인 물질로 주목받는 이산화탄소 배출량의 경우 우리나라는 배출하는 이산화탄소 중 10%만 우리가 확보한 숲이 흡수하고 나머지는 대기 중에 남겨둔다.

이러한 이산화탄소는 물론 다른 오염물질까지 흡수를 기대하며 조성된 공원은 자연 외에 잡다한 인위시설을 과도하게 도입하여 이산화탄소 흡수원이기보다는 발생원으로 기능하는 것으로 평가되었다.

또 인간의 과도한 이용으로 인해 파괴된 자연을 회복하여 차원이 다른 환경문제 해결의 수단으로 시도되는 생태적 복원사업 역시 그 효과가 수준 이하인 것으로 평가되었다. 선진국에서 환경문제 해결의 수단으로 주목받고 있는 자연이 제공하는 생태계 서비스를 스스로 거부하고 있다.

더구나 생태적 복원에서 도입해서는 안 되는 외래종을 도입한 경우가 대부분이었다. 그런데도 이러한 사업을 추진한 정부가 다른 한편에서는 외래종을 제거하여야 한다는 주장을 펴며 그곳에도 예산을 투자하고 있다. 병주고 약 주며 예산을 낭비하고 있다.

〈사진 5-5〉 환경부 지원 하에 진행 중인 "황지천 생태하천 복원사업". 복원사업은 온전한 자연의 체계를 모방하여 훼손된 자연을 되살리는 사업이다. 그럼에도불구하고 자연환경을 유지하는데 가장 큰 위협요인으로 고려되는 외래식물이 다수 도입되어 있다. 훼손된 자연을 치유하는 사업이라는 이름이 붙었는데 오히려 자연을 훼손하는 사업을 진행되고 있다. 생태복원 전문가를 통한 철저한 심의와 수정이 요구된다.

〈사진 5-5〉 환경부 지원 하에 진행 중인 "황지천 생태하천 복원사업". 복원사업은 온전한 자연의 체계를 모방하여 훼손된 자연을 되살리는 사업이다. 그럼에도불구하고 자연환경을 유지하는데 가장 큰 위협요인으로 고려되는 외래식물이 다수 도입되어 있다. 훼손된 자연을 치유하는 사업이라는 이름이 붙었는데 오히려 자연을 훼손하는 사업을 진행되고 있다. 생태복원 전문가를 통한 철저한 심의와 수정이 요구된다.

그러나 선진 외국에서는 많은 희망적인 소식이 들려온다. 숲이 부족한 도시 지역에 숲을 새로 도입하여 미세먼지 농도 저감을 비롯해 환경 질을 크게 개선하였다는 소식, 고비용 수 처리 시설대신 적은 비용으로 유역의 생태계를 복원하여 수질 개선은 물론 생태계 서비스 기능을 크게 향상시켜 주민 만족도를 크게 높였다는 소식 등이 그것이다.

　반면에 우리나라의 복원사업에 대해 국제사회는 아주 혹독한 평가하고 있다. 즉 세계 대부분의 나라에서 시행되는 생태적 복원은 훼손된 자연을 치유하여 새 생명과 활기를 불어넣는 사업이지만 한국에서 시행되는 복원사업은 우선 기존의 자연을 파괴하고 그곳에 인위적 유사자연을 창조하여 전문용어에 혼선을 빚고 있다는 것이다.

　해당분야 전문가의 한 사람으로서 부끄럽기 그지없다. 이제 환경 분야에도 원칙과 전문성이 반영된 선진 행정이 펼쳐지기를 간절히 소망해 본다.

# 제6부
# 국립생태원

## 1. 국립생태원의 필요성과 비전

### 1) 생태학은 어떤 학문이고, 왜 중요한가?

생태학은 인간을 포함하여 모든 생물이 주변 환경과 조화를 이루어 살아가는 모습을 탐구하는 학문이다. 생물은 자신이 태어난 장소에서 함께 사는 다른 생물들과 장소를 공유하고, 그것을 지키며 조화로운 삶을 이어간다.

이런 생물들이 살아가는 모습 속에 인간이 살아가는 모습이 담겨 있고, 앞으로 살아갈 전략이 담겨 있다고 하여 생태학도들은 인간의 발길이 닿을 수 있는 모든 곳에서 자연의 체계를 밝히고, 기능을 탐구하며, 그곳에서 일어나는 변화를 추적하고 있다. 이렇게 하여 수집한 자료를 분석하여 생태학도들은 인류의 미래를 예측하고, 그 전망이 어두울 때는 지혜로운 삶의 전략을 제시한다.

이런 사실을 인지한 미래학자 앨빈 토플러는 미래를 생태학의 시대로 언급한 바 있다. 실제로 21세기에 접어들면서 기후변화와 생물다양성 감소 문제를 비롯해 지구적 차원의 환경문제가 늘어나면서

〈사진 6-1〉 미래학자 앨빈 토플러는 미래를 생태학의 시대가 될 것으로 예견하고 있다.

지구생태계에 대한 위협이 증가하고 있다.

나아가 최근 일본 나고야에서 개최되었던 생물다양성 협약 제10차 당사국 총회의 진행 상황을 보면 생태자원의 경제적 가치 또한 크게 주목받고 있다. 이런 점에서 생태연구의 필요성은 점차 높아지고 있다고 볼 수 있다.

## 2) 국립생태원은 어떤 기관인가?

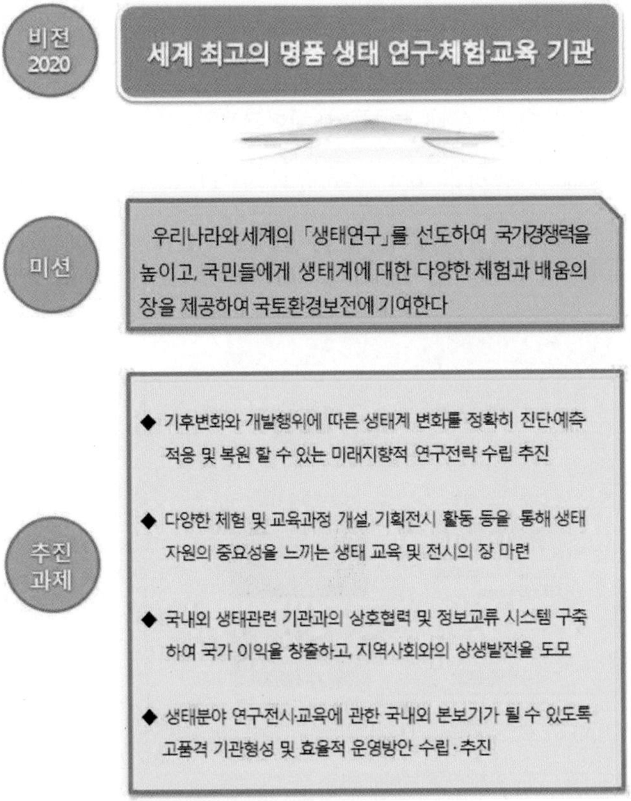

<그림 6-1> 국립생태원의 비전. 미션 및 주요 추진과제.

국립생태원은 기후변화에 따른 생태계 변화 연구 및 생물다양성 보전 연구를 추진함은 물론이고, 다양한 생태계 모델 전시를 통한 대국민 생태교육 기능을 수행하며, 미래산업인 생태산업을 통해 지역발전을 도모하

는 국가 통합 생태연구기관을 목표로 총사업비 약 3400억 원을 투입하여 충남 서천에 건설된 국가 연구기관이다.

국립생태원에는 하나의 작은 지구로 표현될 정도로 국내외의 다양한 생태계가 조성되어 있다. 국내의 생태계로는 한반도 남부의 난온대 상록활엽수림으로 시작하여 온대 낙엽활엽수림을 거쳐 북부 개마고원 일대의 한대 침엽수림에 이르기까지 기후대별 삼림생태계가 조성되어 있다.

람사르 지정 습지, 하천 배후습지, 묵논, 웅덩이 등을 모델로 삼은 습지도 조성되었다. 이러한 국립생태원의 체험학습공간을 통해 국토환경의 온전한 모습을 학습하고, 한 자리에서 국내의 주요 생태계를 두루 살펴볼 수 있게 되는 것이다.

나아가 열대, 사막, 지중해, 온대 및 극지 체험관으로 이루어진 세계의 주요 기후대별 생태계를 조성하여 방문자들에게 지구의 주요 생태계를 한꺼번에 체험할 기회를 제공한다.

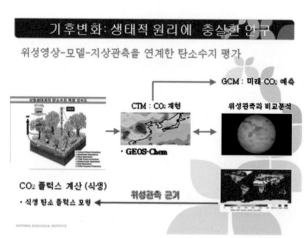

〈그림 6-2〉 국립생태원의 주요 연구과제: 기후변화에 따른 생태계 반응.

이와 함께 도입된 5000여 종의 해외 동·식물에 대한 체계적인 관리와 연구를 진행할 계획이다. 이는 미래 성장동력 산업으로 부상하고 있는 생물자원산업의 토대를 제공함으로써 국가와 지역경제 활성화에도 크게 기여할 것으로 기대된다.

특히 국립생태원은 건립과정과 운영 역시 생태계에 미치는 영향을 최소화하는 방안을 고려하고 있다. 우선 국립생태원 건축물은 건축면적이 유사한 기존 건축물보다 에너지 사용량을 70% 이상 획기적으로 절감할 계획이다. 이를 위해 삼중 유리, 자연채광과 같은 친환경 건축기술과 태양광, 태양열, 지열 등의 신재생에너지기술을 적극적으로 도입한다.

또 야외 공간 역시 미관 중심의 기존 조경방식에서 탈피해 살아있는 숲의 형태로 조성하고 있다. 이런 노력에도 불구하고 연간 870t의 온실가스 발생이 예측되는데 이마저도 기존 숲과 새로 조성되는 숲 등을 통해 흡수시켜 온실가스 발생량이 '제로(0)'가 되도록 만들 계획이다.

인간은 지금 자신의 생존마저 위협받고 있는 기후변화와 같은 환경위기에 직면해 있다. 이러한 위기는 인간의 반 생태적 행위에서 비롯된 것이다. 국립생태원은 설립배경과 목적, 그리고 시설 건립과정과 운영계획 모두 생태적이다. 환경위기 극복의 지혜를 제공할 국립생태원에 거는 기대가 크다.

## 3) 국립생태원 건립을 추진한 배경은?

애초 서천지역은 갯벌을 메우고 국가 장항산업단지를 조성하는 계획이 수립되어 있었다. 그러나 갯벌의 생태적 중요성이 날로 주목받아 갯벌을 보전하면서도 지역발전을 도모하는 새로운 대안 제시가 필요하다는 공감대가 형성되어 서천지역과 관계부처가 2007년 6월 장항산업단지 건설 대신 국립생태원, 국립해양생물자원관 및 내륙산업 단지를 대안 사업으로 추진

생태복지를 실천하기 위한 복원생태 연구

"녹색성장의 바탕, 국립생태원이 다진다"

복원의 의미

천이    복원

복원의 효과

복원의 과정

진단    실행

모니터링

복원을 위한 정보 제공

국립생태원의 멸종위기종 복원

국립생태원 : 종 복원의 이론적 토대 구축

기초연구    유전 생리 병리 연구 (멸종위기종실험실 생체보관실 병리실험실)
증식기술연구 (조직배양실 온실/한실 동물 사육장)
서식지복원연구 (복원생태연구실 경관생태연구실)

실험연구 I    야생 적응 기초 연구 (나저어류, 방목장)

Adaptive management

피드백

멸종위기종복원센터(영양)
실험연구 II    대량 사육 증식 및 야생화 훈련

국립공원관리공단
실험연구    현장 복원 및 복원후 모니터링

〈그림 6-3〉 국립생태원의 주요 연구과제: 훼손된 생태계 복원.

키로 합의하여 국립생태원 건립이 시작되었다.

다른 한편으로는, 지구온난화 등 기후변화의 가속화 및 개발 수요 증가로 인한 생물서식지의 훼손으로 생물다양성을 유지하기 위한 여건이 갈수록 악화하고, 국가경쟁력의 핵심 요소인 생물자원의 중요성이 날로 증가하고 있는 현 여건에 대응할 수 있는 기관이 필요했다.

즉 기후변화에 대비하기 위한 체계적이고 장기적인 생태연구 및 생물다양성 보전을 위한 연구를 수행하면서, 생태계 보전 및 생물다양성의 중요성을 직접 체험하면서 느끼고 배울 수 있는 생태교육을 수행하는 종합적인 연구, 전시, 교육 기능을 수행할 수 있는 기관이 필요하였다.

## 4) 국립생태원의 비전과 임무

국립생태원이 국가 통합 생태연구기관으로 역할을 하고, 이를 통해 우리나라의 생태 연구가 한 단계 도약하기 위해 국립생태원 개원 시 다음과 같은 핵심 기능을 수행할 수 있도록 준비 중이다.

(1) 기후변화에 대응하기 위해 기후변화에 따른 생태계 변화의 진단, 예측 및 적응 연구를 수행하여 생태계 교란 및 재난 발생 시 범국가적 대응전략을 마련한다.

(2) 육상, 습지, 연안 등 생태자원의 보존을 위한 연구를 수행하고 국가적으로 중요한 생태자원을 보존하는 데 기여한다.

(3) 생태적 복원의 원칙을 확립하고, 그것에 기초한 복원프로그램을 운영하며 복원된 생태계가 발휘하는 생태계 서비스 기능을 활용하여 국토의 생태적 건강성을 회복하여 국가의 중추 기관 임무를 수행한다.

(4) 생태자원의 전략적 이용을 위하여 생물산업 육성·지원, 생태복원 기술 개발, 생태자원의 현명한 이용 연구를 수행한다.

(5) 생태산업의 육성 및 국제경쟁력을 향상하기 위한 산업계, 학계 및 연구기관의 통합기획 조정 및 상호 협조 체계를 구축하는 임무를 수행한다.


## 2. 미래 생태학 시대를 열어가는 국립생태원

생태학은 인간을 포함하여 모든 생물이 주변 환경과 조화를 이루어 살아가는 모습을 탐구하는 학문이다. 생물은 자신이 태어난 장소에서 함께 사는 다른 생물들과 장소를 공유하고, 그것을 지키며 조화로운 삶을 이어간다. 이런 생물들이 살아가는 모습 속에 인간이 살아가야 하는 방향을 찾을 수 있다.

그래서 생태학도들은 인간의 발길이 닿을 수 있는 모든 곳에서 자연을 탐구하고 그곳에서 일어나는 변화를 추적한다. 이렇게 하여 수집한 자료를 분석하여 인류의 미래를 예측하고, 그 전망이 어두울 때는 지혜로운 삶의 전략을 제시한다. 일찍이 이런 사실을 인지한 미래학자 앨빈 토플러는 미래를 생태학의 시대로 언급한 바 있다.

이처럼 중요한 의미가 있는 생태연구를 체계적이고 종합적으로 수행할 국립생태원이 충남 서천에 건립되었다. 2007년부터 국고 3400억 원이 투입되는 초대형 프로젝트이다. 애초 서천지역은 갯벌을 메우고 장항국가산업단지를 조성하는 계획이 수립되어 있었다.

그러나 갯벌의 생태적 중요성이 날로 주목받으면서 서천 갯벌을 보전해야 한다는 목소리가 커지게 되었다. 이에 따라 2007년 6월 서천군과 환경부를 비롯한 관계부처는 장항국가산업단지 조성을 포기하고 대안 사업을 추진하기로 합의하였다. 이러한 대안 사업 중 하나가 바로 국립생태원 건립이다. 세계 5대 갯벌로 평가받고 있는 서해안 서천지역 갯벌을 살린 것이 바로 국립생태원이다.

국립생태원에는 하나의 작은 지구로 표현될 정도로 국내외의 다양한 생태계가 조성됐다. 국내의 생태계로는 한반도 남부의 난온대 상록활엽수림으로 시작하여 온대 낙엽활엽수림을 거쳐 북부 개마고원 일대의 한대 침엽수림에 이르기까지 기후대별 삼림생태계가 조성됐다.

이에 더하여 람사르 지정 습지, 하천 배후습지, 묵논, 웅덩이 등을 모델로 삼은 습지가 조성됐다. 그리고 습지와 육상생태계를 연결하는 추이대도 실제 모습에 근거를 두고 재현됐다. 국립생태원을 통해 국토환경의 온전한 모습을 학습하고, 한 자리에서 국내의 주요 생태계를 두루 살펴볼 수 있게

됐다. 나아가 열대, 사막, 지중해, 온대 및 극지 체험관으로 이루어진 세계의 주요 기후대별 생태계를 조성하여 방문자들에게 지구의 주요 생태계를 한꺼번에 체험할 기회를 제공한다.

이와 함께 도입된 5000여 종의 해외 동식물에 대한 체계적인 관리와 연구를 진행했다. 이는 미래 성장동력 산업으로 부상하고 있는 생물자원산업의 토대를 제공함으로써 국가와 지역경제 활성화에도 크게 기여할 전망이다.

한편, 국립생태원은 건립과정과 운영 역시 생태계에 미치는 영향을 최소화하는 방안을 고려하고 있다. 우선 국립생태원의 건축물은 건축면적이 유사한 기존 건축물보다 에너지 사용량을 70% 이상 획기적으로 절감했다.

이를 위해 삼중 유리, 자연채광과 같은 친환경 건축기술과 태양광, 태양열, 지열 등의 신재생에너지기술을 적극적으로 도입했다. 또한 야외공간 역시 미관 중심의 기존 조경방식에서 탈피하여 살아있는 숲의 형태로 조성했다.

〈그림 6-4〉 지역 특산물의 가치를 높이는 바이오산업 토대 구축.

이러한 노력에도 불구하고 연간 870t의 온실가스 발생이 예측되는데, 이마저도 기존 숲과 새로 조성되는 숲 등을 통해 흡수시켜 온실가스 발생량이 없도록 상쇄시켰다.

인간은 지금 자신

의 생존마저 위협받고 있는 기후변화와 같은 환경위기에 직면해 있다. 이러한 위기는 인간의 반 생태적 행위에서 비롯된 것이다. 국립생태원은 설립배경과 목적, 그리고 시설 건립과정과 운영계획 모두 생태적이다. 환경위기 극복의 지혜를 국립생태원이 말하고 있다.

〈사진 6-2〉 에코리움 전경.

〈사진 6-3〉 열대관.

〈사진 6-4〉 사막관.

〈사진 6-5〉 지중해관.

〈사진 6-6〉 온대관.

〈사진 6-7〉 에코리움 재배온실.

〈사진 6-8〉 재배온실 가형-카나리야자.

〈사진 6-9〉 재배온실 나형-열대식물.

〈사진 6-10〉 재배온실 다형(좌: 다육식물, 우: 선인장).

〈사진 6-11〉 재배온실 라형(좌: 지중해 식물, 우: 온대 식물).

## 3. 녹색성장 이념을 실현하는 국립생태원 (Ⅰ)

생태학은 인간을 포함하여 모든 생물이 주변 환경과 조화를 이루어 살아가는 모습을 탐구하는 학문이다. 생물은 자신이 태어난 장소에서 함께 사는 다른 생물들과 장소를 공유하고, 그것을 지키며 조화로운 삶을 이어간다.

이런 생물들이 살아가는 모습 속에 인간이 살아가는 모습이 담겨 있고, 앞으로 살아갈 전략이 담겨 있다고 하여 생태학도들은 인간의 발길이 닿을 수 있는 모든 곳에서 자연의 체계를 밝히고, 기능을 탐구하며, 그곳에서 일어나는 변화를 추적하고 있다.

이렇게 하여 수집한 자료를 분석하여 생태학도들은 인류의 미래를 예측하고, 그 전망이 어두울 때는 지혜로운 삶의 전략을 제시한다. 이런 사실을 인지한 미래학자 앨빈 토플러는 미래를 생태학의 시대로 언급한 바 있다.

이처럼 중요한 의미가 있는 생태연구를 체계적이고 종합적으로 수행할 국립생태원이 충남 서천에 건설되어 현재 준공을 눈앞에 두고 있다. 애초 서천지역은 갯벌을 메우고 장항국가산업단지를 조성하는 계획이 수립되어 있었다.

그러나 갯벌의 생태적 중요성이 날로 주목받아 갯벌을 보전하면서도 지역발전을 도모하는 새로운 대안 제시가 필요하다는 공감대가 형성되어 서천지역과 관계부처가 2007년 6월 장항산업단지 건설 대신 국립생태원, 국립해양생물자원관 및 내륙산업 단지를 대안 사업으로 추진키로 합의하며 그 건립이 시작되었다.

국립생태원은 하나의 작은 지구로 표현될 정도로 국내외의 다양한 생태계가 조성됐다. 국내의 생태계로는 한반도 남부의 난온대 상록활엽수림으

로 시작하여 온대 낙엽활엽수림을 거쳐 북부 개마고원 일대와 남부의 아고
산대에 성립하는 한대 침엽수림에 이르기까지 기후대별 삼림생태계가 조
성됐다.

이에 더하여 람사르 지정 습지, 하천 배후습지, 묵논, 웅덩이 등을 모델
로 삼은 습지가 조성되고 습지와 육상생태계를 연결하는 추이대 등을 실제
모습에 근거를 두고 재현하여 국토의 온전한 모습을 학습하고, 한 자리에
서 국내의 주요 생태계를 두루 살펴볼 기회도 제공한다.

나아가 열대, 사막, 지중해, 온대 및 극지 체험관으로 이루어진 세계의
주요 기후대별 생태계를 조성하여 방문자들에게 지구의 주요 생태계를 한
꺼번에 체험할 기회를 제공한다. 한편, 이와 함께 도입된 5000여 종의 해
외 동·식물은 향후 체계적인 관리와 연구를 통해 미래산업으로 주목받는
생물산업의 토대를 제공하여 대안 사업으로서 지역의 요구에도 부응한다.

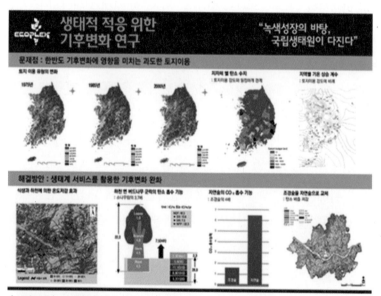

〈그림 6-5〉 국립생태원의 주요 연구과제: 기후변화에 따른 생태계 반응 진단, 예측 그리
고 생태적 복원을 통한 적응.

국립생태원에 건설되는 모든 건축물은 에너지 절약형 건축 시스템을 도입하고 신재생 에너지를 적극적으로 활용함으로써 에너지 자급률을 높여 온실가스 배출을 최대한 줄였다. 또 야외 공간은 미관 다듬기 중심의 기존 조경방식을 탈피해 탄소 흡수기능을 최대한 발휘하는 숲의 형태로 조성했다. 연못이나 소하천 주변은 산지 숲보다 훨씬 더 큰 이산화탄소 흡수기능을 발휘하는 버드나무숲을 배치해 흡수기능을 높였다.

평가 프로그램을 적용해 분석해 본 결과, 각종 시설 운영으로 발생하는 이산화탄소량은 연간 약 870t에 이르는 것으로 평가되었다. 한편, 기존 숲과 새로 조성되는 숲의 이산화탄소 흡수기능은 745t으로 추산돼 대부분의 배출량을 상쇄시키는 것으로 나왔다.

비록 국립생태원이 탄소 배출제로(zero)의 실현은 어렵지만, 국내 전체 이산화탄소 발생량 대비 흡수량 비율(탄소수지)이 12% 남짓인 점을 고려한다면 이는 매우 획기적인 것으로서 우리나라를 비롯하여 선진세계가 추구하는 녹색성장의 원리를 충실히 반영한 대표적 사례로 볼 수 있다.


## 4. 녹색성장 이념을 실현하는 국립생태원 (Ⅱ)

국립생태원은 기후변화를 비롯한 환경 변화에 자연생태계가 발휘하는 기능을 활용하여 적응하는 방법을 탐구하는 데 우선적 목표를 두고 있다. 나아가 미래산업으로서 세인의 관심을 집중시키고 있는 생명 산업의 기본적 소재이지만, 인간의 과욕과 무관심으로 사라져 가는 멸종위기종 복원과 생물다양성을 보전하기 위해 그 서식처를 복원하는 목표도 가지고 있다.

그뿐만 아니라 건강한 국토환경을 유지하기 위해 사람이 사는 곳은 물론 사람이 살지 않는 곳까지 포함하여 국토 전체를 대상으로 환경을 감시하고 이상 여부를 진단하는 것은 국립생태원의 고유 업무이자 기본적 책무가 된다.

한편, 국립생태원은 이러한 기능을 수행하여 수집되는 정보를 체계화한 후 교육의 도구로 활용하여 지구환경 시대에 능동적으로 대처하고 환경보전에 자발적으로 참여할 수 있는 앞서가는 '녹색 시민'을 양성하는 목표도 가지고 있다. 특히 이러한 생태교육은 체험중심으로 진행하여 환경을 읽고 해석하여 그것을 지배하는 원리를 깨달아 환경의 흐름을 함께할 수 있는 생태 시민을 양성하는 데 주안점을 두게 된다.

국립생태원이 수행할 이러한 연구와 교육의 목표는 지금까지 우리나라에서 시행해 온 환경정책이나 관리의 방식을 크게 진전시킨 것으로서 주목할 필요가 있다.

이 글에서는 녹색성장 이념 실천사례를 소개하고자 한다. 지금 우리 정부는 저탄소 녹색성장의 기치 아래 모든 국가정책을 펴나가고 있다. 기후변화 문제가 우리의 현실로 다가온 시점에서 기후변화의 주범인 이산화탄소 배출을 최소화하고자 하는 과제는 지구촌 모든 나라의 현안이 되고 있다.

〈그림 6–6〉 국립생태원 건축물에 적용된 친환경 건축 정용 요소.

이러한 문제를 해결하기 위해 우리 정부는 신 재생에너지 개발, 공정효율 향상, 에너지사용 절약 등 공학적 측면에 역점을 두고 있다. 그러나 자연이 발휘하는 역할은 매우 크고, 그러한 생태계 서비스 기능을 활용하면 온실가스 배출량을 크게 줄일 수 있다.

그런데도 지금까지 우리는 이 분야에 대한 투자를 소홀하지 않았나 하는 느낌을 지울 수 없다. 해당 분야의 선진국들은 이미 이러한 분야에 대한 적극적인 투자로 많은 성과를 거두고 있음을 직시할 필요가 있다.

국립생태원은 설계 및 시공의 모든 과정에서 탄소수지 측면을 고려하고 있다. 지열, 태양열, 태양광 등 신재생 에너지 사용은 물론 에너지 사용을 절약하기 위한 다양한 기법 적용과 함께 생태적 원리에 기초한 야외 공간 조성으로 녹색성장의 원리와 표본을 보여주는 대표적 사례가 될 것이다.

국립생태원 조성에 적용된 신재생 에너지는 지열, 태양열, 태양광 및 바이오매스(목재칩)가 주축이 되고 있다. 여기에서 얻어지는 에너지는 앞으로 생태체험관 온실 등 국립생태원 운영에 드는 총 에너지양의 50% 정도를 대체하게 된다.

아울러 국립생태원의 각 건축물은 고밀도 단열재, 창틀 난방, 삼중 유리, 폐열회수장치, Earth duct 등이 적용되었다. 이러한 요소기술이 적용되어 국립생태원에 건립되는 모든 건축물은 에너지 절약 1등급 기준을 충족시키고 있고, 일부 건물은 기존 건축물과 비교하여 90% 이상의 에너지 절약을 실현하는 패시브 하우스 기준도 충족시키고 있다.

국립생태원의 야외 공간은 미관 다듬기 중심의 기존 조경을 과감히 탈피하고 이산화탄소 흡수기능을 최대로 발휘할 수 있는 숲의 형태로 조성되고 있다. 기존의 조경방법을 적용한 녹지의 이산화탄소 흡수능력은 연간 헥타르당 5t 이하에 불과하지만, 우리나라의 전통 마을 주변의 숲은 그것의 4배 정도에 이르는 흡수기능을 발휘할 수 있다.

국립생태원에 도입되는 모든 숲은 이러한 전통 마을의 생태적 정보를 근간으로 조성되고 있다. 국립생태원 내의 연못이나 소하천 주변에는 산지 숲보다 훨씬 더 큰 이산화탄소 흡수기능을 발휘하는 버드나무숲을 배치하여 흡수기능을 높였다.

LOCO$_2$ 평가 프로그램을 적용하여 지금까지 분석된 결과에 따르면 국립생태원의 각종 시설운영으로부터 발생하는 이산화탄소량은 연간 약 870t에 이르는 것으로 평가되었다. 반면에 기존 숲과 새로 조성되는 숲의 이산화탄소 흡수기능은 약 745t으로 추산되어 대부분의 배출량을 상쇄하는 것으로 평가되었다.

비록 국립생태원이 이산화탄소 배출제로 실현하지는 못하지만, 우리나라 전체의 이산화탄소 발생량 대비 흡수량 비율, 즉 탄소수지가 이 12% 남짓한 점을 고려한다면 이는 매우 획기적인 것으로서 녹색성장의 원리를 충실히 반영한 대표적 사례로 볼 수 있다.

**〈표 6–1〉 국립생태원의 시설별 이산화탄소 발생 예상량**

| 시설명 | 에너지 사용량<br>(KWh · yr–1) | 이산화탄소 발생량<br>(TCO$_2$ · yr–1) |
|---|---|---|
| 연구시설 | | |
| 생태연구동 | 420,000 | 177 |
| 방문자 숙소 | 82,458 | 35 |
| 멸종위기종 연구동, 생태교육 동,<br>방문자 센터 및 부대 건물 | 767,000 | 323 |
| 소 계 | 1,269,458 | 535 |
| 체험시설 | | |
| 생태체험관 (전시 온실,<br>전시체험관 및 재배온실) | 1,435,011 | 335 |
| 소 계 | 1,435,011 | 335 |
| 계 | 2,704,469 | 870 |

국립생태원은 앞으로도 현재의 결과에 만족하지 않고 이산화탄소 발생 제로를 달성하는 국내 최초의 기관이 되도록 노력해 나가고자 한다.

〈표 6-2〉 국립생태원 야외 공간의 기존 또는 새로 조성된 식생의 이산화탄소 흡수량

| 숲의 종류 | 면적 ($m^2$) | 이산화탄소 흡수량 ($TCO_2 \cdot yr-1$) |
|---|---|---|
| 기존 식생 | | |
| 곰솔 | 183,323.0 | 201.7 |
| 밤나무 | 131,066.0 | 240.3 |
| 상수리나무 | 7,230.0 | 13.3 |
| 리기다소나무 | 14,277.0 | 15.7 |
| 소 계 | 335,896.0 | 471.0 |
| 인공조성 | | |
| 생태 식재 (산림) | 48,257.0 | 88.5 |
| 생태 식재 (수변) | 25,946.0 | 94.2 |
| 일반식재 | 155,349.0 | 91.1 |
| 소계 | 229,552.0 | 273.8 |
| 계 | 565,448.0 | 744.8 |

〈표 6-3〉 국립생태원 용지 전체의 이산화탄소 수지

| 이산화탄소 발생량 ($TCO_2 \cdot yr-1$) | 이산화탄소 흡수량 ($TCO_2 \cdot yr-1$) | 이산화탄소 수지 ($TCO_2 \cdot yr-1$) |
|---|---|---|
| 870 | 744.8 | +125.2 |

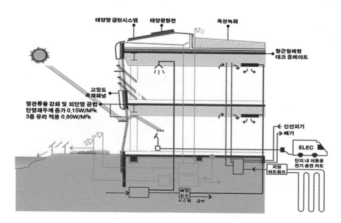

〈그림 6-7〉 국립생태원 건축물에 적용된 에너지 절약 요소 기술.

## 5. 국립생태원 건립 후기

국립생태원은 크게 연구공간과 전시·체험·교육의 공간으로 구분된다. 생태원 본관, 복원생태관, 생태교육관, 방문자 숙소로 이루어진 연구공간은 포란형의 안정된 입지에 위치하여 안락한 느낌을 준다. 건물들은 모두 3층 이하로 소박해 보이지만 자연을 닮은 모습으로 생태원이라는 이름에 걸맞게 꾸몄다.

주변에는 일상적인 조경 대신 실제 자연을 본뜬 숲을 조성하여 자연성을 더했다. 복원생태관 주변에 조성된 느티나무군락과 동백나무군락, 생태교육과 주변의 졸참나무군락과 상수리나무군락, 본관 주변의 갈참나무군락과 소나무군락이 이러한 숲에 해당한다.

특히 방문자 숙소는 나무로 바닥과 벽을 갖추고 여기에 황토벽을 더해

소위 친환경 자연치유를 실현할 수 있도록 준비하였다. 가로수는 우리에게 친숙한 자생 수종인 상수리나무로 조성하여 미래의 가로수 조성 방향을 제시하였다.

이 연구공간에는 조류복원의 시험장이 될 생태연못(나저어못)을 갖추고 포유류 복원의 시험장과 각종 연구용 식물을 재배할 수 있는 포장을 마련하여 생태연구 본연의 현장 실습 중심의 연구를 수행할 수 있는 인프라를 갖추었다.

그중 나저어못은 앞으로 실험용으로 도입할 저어새, 황새, 두루미 등의 조류 서식에 적합한 수심을 갖추고, 수생식물로 노랑어리연꽃, 줄, 부들 등을 도입하고 호안에는 개키버들과 버드나무를 완충 식생으로 도입하여 생태적 다양성과 안정성을 높였다. 특히 이러한 식생의 도입은 국립생태원건립추진기획단 식구들과 공주대학교 및 서울여자대학교 학생들의 봉사활동으로 이루어낸 것으로서 의미가 크다.

국제기준을 충족시키는 잔디축구장, 야구장, 족구장 그리고 농구와 테니스 코트도 갖추었다. 이러한 시설은 얼핏 보기에 생뚱맞을지 모르지만 현장조사를 일상으로 삼는 생태연구자들에게 건강한 육체는 명석한 두뇌만큼 중요하기에 이는 복지시설이라기보다는 연구 인프라의 하나라고 보아도 무방할 듯하다.

연구단지를 빠져나와 전시·체험 공간에 들어서면 우선 한반도 숲이 우리를 맞이한다. 이 숲은 한반도의 남쪽에 성립하는 난온대 상록 활엽수림으로 시작해 난온대 낙엽활엽수림, 온대 낙엽활엽수림, 냉온대 낙엽활엽수림을 거쳐서 한대 침엽수림으로 마무리된다. 이 지역과 생태적으로 어울리지 않는 숲, 특히 난온대 상록활엽수림과 한대 침엽수림을 이곳에 조성하기 위해 많은 고민을 했다.

그러나 향후 탄생할 국립생태원의 주요 연구업무가 기후변화에 따른 생태변화를 진단하고 예측하며 적응할 수 있는 수단을 마련하는 것으로서 교육 차원에서 조성하는 것도 괜찮겠다는 의견이 모여 추진하게 되었다. 따라서 이들 숲은 조성에 그치지 않고 향후 지속적인 모니터링을 통해 순응 관리할 계획이고, 그 결과를 검토하여 유지가 어려울 때는 과감한 교체가 이루어져야 할 것으로 보인다.

이 한반도 숲은 국립공원과 같이 보존이 잘 된 지역을 선정하여 방형구를 설치하고 그 안에 출현하는 모든 식물의 공간 분포를 조사하여 조성을 위한 설계도로 삼았다. 이러한 방법은 생태적 복원의 기본이 되는 방법이다. 생태적 복원의 인프라가 갖추어지지 않은 우리나라의 현실에서 이한 방식의 정통복원을 실현하는 것은 참으로 어려운 작업이었다.

전국의 개발예정지를 수소문하여 식물 굴취허가를 신청하고, 허가가 나면 현지 조사를 통해 필요한 식물을 표지한 다음 이식팀이 중장비와 함께 현장을 다시 찾아 그들을 캐낸 후 장거리를 운반하여 현장정보에 기초한 설계대로 심는 엄청난 작업을 통해 이 숲이 이루어졌다.

우리 환경부가 빨리 생태복원법을 제정하여 우리 사회가 생태적 복원 인프라를 갖추도록 유도하여 앞으로는 이처럼 번거롭고 특히 반 생태적인 방법이 적용되지 않고도 복원이 이루어질 수 있는 틀을 마련하여야겠다.

한반도 숲의 끝부분에는 고산생태원을 조성하여 생태적 다양성을 높였다. 고산생태원은 백두산, 설악산, 지리산과 한라산의 정상부 생태계를 모델로 삼았다. 따라서 이 고산생태원 역시 생태적 체계로는 이곳에 어울리지 않는 공간이다.

따라서 이곳 역시 교육 차원에서 도입한 공간으로 이해해주면 된다. 또 생태적 체계에서 고산대는 수목한계선 이상이고, 백두산을 포함하여 우리나라의 산에는 수목한계선이 없으므로 이 장소의 정확한 표현은 아고산대 생태원이라고 하여야 할 것이다. 그 이름 또한 일반인의 이해를 쉽게 하려고 변경하였다.

그러나 고산의 생태적 조건을 갖추기 위한 노력은 최대한 기울였다. 풍혈시스템이 하나의 예다. 이 시스템은 지하에서 끌어 올린 찬 공기를 돌 틈으로 흘려 식물의 뿌리 근처의 온도를 낮추는 방식으로 고산과 유사한 온도조건을 갖추기 위해 도입하였다.

고산의 건조한 토양조건은 화산암 거석과 거친 굵은 모래를 도입하여 갖추었다. 사실 식물의 저온에 대한 내성과 건조에 대한 내성은 유사한 기작으로 유지된다. 저온에 대한 내성은 추운 겨울 동안 동사를 방지하기 위해 체내 수분을 최소한으로 유지하여 이루어지는 것으로서 결국 건조에 대한 내성과 맥을 같이 한다.

〈사진 6-12〉 국립생태원(박스 안)과 그 주변의 모습.

한편, 건조한 장소에 생육하여 획득된 식물의 작은 크기는 더운 여름을 견디는 데 유리하고, 색이 엷은 거친 마사토는 태양광선을 많이 반사해 더운 여름 동안 토양온도를 낮추는 데 기여할 것이다.

국립생태원 유역(watershed)의 최북단에는 120여 년 전에 조성된 용화실못이 위치한다. 애초 농업용으로 조성되었던 이 못을 국립생태원에 어울리는 못으로 전환하기 위해서는 다양한 생태적 복원 기법이 적용되어야 했다. 우선 그동안 쌓인 퇴적토를 걷어 내어 새들이 살기에 적합한 수심을 확보하였다.

그다음에는 직사각형 모양을 장타원형으로 전환하여 가장자리 효과를 줄이고, 호안 사면의 경사를 낮춰 자연성을 높였다. 이에 더하여 완만한 경사의 중도를 조성 · 유도함과 동시에 횟대를 설치하여 경관 요소 다양성을 높였고, 북단의 습지에는 내호를 조성하여 지표면의 거칠기를 증가시키고 사행 유로를 유도하여 외부에서 유입되는 물의 정화율을 높였다.

그리고 호안 사면에는 국립생태원 건립추진기획단 식구들과 여러 자원봉사자의 참여로 완충 식생을 도입하여 이 못의 생태적 복원을 마무리하였다. 이러한 노력의 결과는 자연의 보답으로 이어져 이곳은 천연기념물 원앙의 번식장소로 계속 활용되고 있고, 매년 여러 마리의 큰고니가 찾는 장소가 되었다.

용화실못 밑에는 다랑논을 형상화한 후 묵논과 웅덩이, 람사르 등록 습지 및 하천의 배후습지를 모델로 삼아 각각 3개씩 총 9개의 습지 모델을 조성하였다. 각 습지는 수심에 따라 부유 · 부엽식물, 침수식물, 정수식물 및 습생대식물을 도입하고, 논두렁 격의 습지 간 경계사면에는 완충 식생을 도입하여 습지 식생의 공간적 체계를 완벽하게 갖추었다.

그 밑에는 물 깊이를 달리한 다랑논에 앞에서 언급한 생활형 별 수생식물을 배치하여 수생식물원으로 꾸몄다. 앞의 9개 습지와 수생식물원을 묶어 습지생태원으로 이름 지었다.

습지생태원 아래로 펼쳐져 있던 논에는 그 중심에 폭이 다른 물길을 내고 나머지 부분은 자연의 과정에 맡기는 수동적인 복원(Passive restoration)을 추구하여 온전하고 건강한 하류하천의 재생을 유도하고 있다.

이 하천 경관(하천은 수로, 범람원 및 제방 생태계가 합쳐진 공간으로서 복합생태계, 즉 경관)의 동쪽에는 에코리움(Ecorium) 진입로가 나 있고 서쪽에는 한반도 숲길이 나 있어 양옆에는 어쩔 수 없이 제방이 생겼다.

이 인공제방이 주는 생태적 이질성을 줄이기 위해 제방 사면은 가능한 한 완만하게 다듬었고, 그 사면의 하단은 개키버들로 그리고 상단은 버드나무로 완충 식생대를 조성하였다. 이 과정에서 길이 약 1km에 이르는 완충 식생대 조성은 공주대학교와 서울여자대학교 학생들의 자원봉사활동으로 이루어냈다.

이 하천 경관 남단에는 방문자 센터가 위치한다. 방문자 센터에는 국립생태원 여러 곳을 조망할 수 있는 전망대가 갖추어져 있고, 국립생태원 건립과정을 담은 사진이 전시되어 있으며, 국립생태원 건립에서부터 앞으로 수행할 연구와 교육 내용을 담은 영상을 관람할 수 있는 영상관이 갖추어져 있다. 이에 더하여 국립생태원 각 지소가 갖는 생태적 의미가 설명되어 있고, 국립생태원 건립에 적용된 친환경공법과 운용에 쓰일 신재생 에너지가 소개되어 있다.

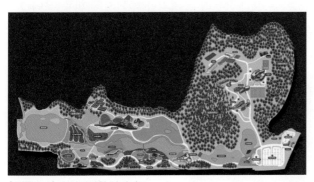

〈그림 6-8〉 국립생태원 안내지도.

방문자 센터 아래에는 사슴생태원이 자리 잡고 있다. 사슴생태원에는 고라니와 노루가 우선 도입될 예정이고, 추후 대륙사슴과 사향노루를 도입하여 국내 서식 사슴류 4종을 모두 갖춰 사슴생태원으로서 제 역할을 하고자 한다. 이들의 서식에 필요한 요소를 갖추기 위해 물웅덩이를 조성하고 지소의 생태적 조건에 어울리는 그늘목과 초지도 조성하였다.

방문자 센터에서 에코리움(Ecorium) 정문으로 가는 길의 양옆에는 지소의 생태적 특성에 어울리는 느티나무와 팽나무를 도입하여 가로수로 삼았다. 이 길은 향후 그들이 자라 수관 폭이 넓어지면 숲 터널을 이루도록 조성하였다. 이 길의 중간중간에는 길 폭을 넓히고 지소의 생태적 특성에 어울리는 버드나무 그늘목과 벤치를 도입하여 쉼터로 조성하였다.

이 길 동쪽에는 우리나라에서 거의 사라진 귀중한 생태적 공간을 창출하였다. 길에 가까운 저지대는 띠형과 원형의 웅덩이를 만들어 우선 지형적 다양성을 확보한 후 초본 우점식생을 도입하였다. 그리고 그곳으로부터 멀어짐에 따라 개키버들군락, 버드나무군락, 갈참나무군락과 졸참나무군락을 배치하여 평지 습지에서 구릉지에 이르는 경관 요소를 온전하게 갖추었다.

우리나라는 산지가 국토의 65%를 차지하여 이용 가능한 토지가 많지 않다. 게다가 인구밀도가 높고 쌀을 주식으로 삼아 저지대의 평지와 경사가 완만한 산자락 대부분은 오래전부터 농경지나 주거지를 비롯한 인간의 생활공간이 차지해 왔다.

〈사진 6-13〉 국립생태원의 연구 공간.

따라서 국토 대부분 지역에서 평지 습지와 저지대 구릉지가 온전한 자연 상태로 이어진 공간을 찾기가 극히 어렵다. 이러한 현실에서 국립생태원에서 이러한 공간을 재현한 것은 의미 있는 성과로 평가될 수 있다.

다음은 국립생태원의 대표적 전시시설인 에코리움(Ecorium)을 소개한다. 국립생태원에는 하나의 작은 지구로 표현될 정도로 전 세계의 주요 기후대별 생태계가 모두 조성되어 있다. 즉 에코리움은 열대, 사막, 지중해, 온대 및 극지 체험관으로 이루어진 세계의 주요 기후대별 생태계를 조성하여 방문자들에게 지구의 주요 생태계를 한꺼번에 체험할 기회를 제공하고 있다.

특히 국립생태원의 생태체험관은 세계 최초로 현지 식생 정보에 바탕을 둔 생태적 설계에 기초하여 식생을 조성하였다. 세계의 온실에서 식물을 전시하는 형태는 시대에 따라 변해 왔다. 초기에는 각 나라가 외국을 방문하며 구해 온 식물들을 주로 분류군 별로 배열하는 경향이었다. 시간이 흐르면서 이들은 다양성을 추구하기 위해 숲의 형태로 전시하는 방향으로 변화를 시도하였지만, 숲의 온전한 체계를 따르기보다는 높이가 다른 식물을 함께 배열하는 수준이었다.

그러나 1990년대 후반부터는 이러한 변화가 더 진전되어 온전한 숲 생태계를 갖추는 것이 바람직하다는 의견이 대두되기 시작하여 미국의 뉴욕 식물원과 스위스 취리히 동물원의 마소알라(Masoala)관이 선구적으로 이러한 시도를 하였다.

〈사진 6-14〉 120년 전에 조성된 용화실못. 생태적으로 정비하여 천연기념물 원앙이 번식을 하고, 매년 여러 마리의 멸종위기종 큰고니가 찾는 장소로 탈바꿈시켰다.

하지만 그들의 시도는 부분적인 것으로서 국립생태원의 경우처럼 세계의 주요 기후대 별 식생 모두를 조성한 것은 아니다. 그리고 설계도도 국립생태원의 경우처럼 현지 식생에 대한 Plot based data를 바탕으로 한 것은 아니어서 아직 국립생태원의 수준만큼 체계적인 생태적 설계에는 미치지 못한 것으로 판단된다.

더구나 국립생태원의 경우 식생이 정착한 후에는 동물도 함께 방사할 계획이어서 생태체험관이라는 이름에 걸맞고, 명실상부한 세계 최고 수준의 기후대 별 생태체험관을 이루고자 한다.

열대관은 그 중심에 인도네시아 칼리만탄지역의 열대우림에서 얻은 식생정보를 바탕으로 조성한 열대림을 배치하였고, 그 주변에는 아시아지역 열대림에 출현하는 주요 종을 배치하여 이 지역 열대림의 생태적 특성과 생물다양성을 동시에 경험할 수 있는 체계를 취하였다.

아프리카열대림은 면적이 좁아 안정된 체계를 갖추지는 못하였지만 마다가스카르섬의 마조알라 국립공원에서 얻은 식생 정보에 바탕을 둔 열대림을 조성하였다. 역시 아프리카지역 열대림에 출현하는 주요 종을 배치하여 해당 지역 열대림의 생태적 특성과 생물다양성을 동시에 경험할 수 있는 체계를 갖추었다.

남미 지역 열대림은 열대관 전체 면적(3000㎡)의 10% 정도로 면적의 제한이 있어 생태적 설계보다는 생물다양성 전시에 초점을 맞추어 주요 종을 모아 배치하는 형태를 취하였다. 열대관의 동물들은 관람로를 중심으로 인공암석으로 그들의 서식환경을 조성하여 전시하였다.

현재 도입된 동물들은 어류와 파충류가 중심이다. 열대관 입구에 도입된 대형 어류 피라루크, 살아있는 산호초와 함께 전시되어 아름다움을 더한 형형색색의 어류, 귀족적인 자태를 풍기는 아로와나, 우리가 경험한 것보다 크기가 훨씬 큰 뱀과 도마뱀 그리고 나일악어 등이 특히 관람객들의 관심을 끌고 있다. 향후 식생이 정착한 후에는 조류, 파충류 그리고 포유류를 자연 방사하여 현실감을 높일 계획이다.

사막관은 세계 여러 지역의 사막을 모델로 삼아 조성하였다. 북미의 소노라사막과 모하비사막, 호주의 기브슨 사막, 아프리카의 마다가스카르사막과 나미브사막, 그리고 남미의 아타카마사막을 모델로 삼았다. 사막관에 전시된 식물들은 대부분 CITES 등록 종으로서 멸종위기에 처해 국제적인 거래를 엄격하게 규제되고 있는 종들이다.

따라서 향후 철저한 관리가 요청되고 있다. 사막관 식생을 대표하는 선인장들은 불과 몇 g 정도의 작은 것에서부터 그 무게가 1t이 넘는 대형에 이르기까지 다양한 크기와 모양의 것들이 조화롭게 배치되어 있다. 이들은 스티로폼으로 싸인 채 배에 실려 오느라 긴 시간을 어둠 속에서 보냈다.

갑작스럽게 빛에 노출될 경우 스트레스를 받을 수 있으므로 사막관에 처음 도입되었을 때는 부상병처럼 스티로폼으로 싸인 채 심어졌다. 그 후 매일 조금씩 스티로폼을 떼어냈고, 때로는 차광막으로 빛을 가려주는 보살핌도 받으며 오늘에 이르렀다. 사막관의 동물들은 파충류 중심으로 전시되어 있다.

지중해관의 식생은 남아프리카의 핀보스황금두더지(Fynbos), 터키의 마키(Maquis), 유럽 지중해 식생, 스페인 카나리제도의 지중해기후 식생, 호주의 지중해기후 식생 그리고 북미의 숲지대(Chaparral)를 모델로 삼아 조성하였다.

지중해기후는 온대 기후의 한 유형으로 볼 수 있다. 우리나라의 기후보다는 다소 건조한 편이고, 우기가 겨울인 점에서 차이를 보인다. 동화책에 등장한 바오바브나무와 향기가 좋은 식물이 많아 사람들의 관심을 끌고 있는데, 함께 도입한 식충식물원 또한 특이한 경우이어서 관람객들의 관심이 크다. 지중해관의 동물도 파충류 중심으로 전시되어 있다.

난온대관은 제주도 곶자왈 지역의 식생을 모델로 삼아 조성하였다. 따라서 비교적 익숙한 식물들이 자리를 잡고 있다. 큰키나무로 구실잣밤나무,

종가시나무, 동백나무, 녹나무, 비쭈기나무, 소귀나무, 아왜나무, 참식나무, 굴거리 등이 도입되어 있다. 중간키나무로 사스레피나무, 조록나무 등이, 작은키나무로는 자금우, 백량금, 참꽃나무 등 그리고 하층 식생으로는 가는쇠고사리, 곰비늘고사리, 콩짜개덩굴, 금새우난 등이 어울려 숲을 이루고 있다.

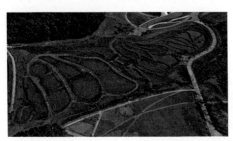

〈사진 6-15〉 람사르 등록습지, 하천 배후습지 및 자연으로 회귀중인 묵논을 모델로 삼아 조성된 습지 생태원.

아직은 밀도가 낮아 숲이 다소 엉성하여 곶자왈 식생의 느낌을 주지 못하지만 향후 이들 식물이 자라 우거지면 공중습도가 높아지면 이끼류나 콩짜개덩굴 들이 늘어나며 현지와 가까운 느낌을 주게 될 것이다. 난온대관의 동물은 국내 서식 양서류와 파충류 그리고 한강의 물고기를 상류, 중류, 하류로 구분하여 전시하였다.

준공 후 얼마 지나지 않았지만 많은 사람이 국립생태원을 찾고 있다. 많은 분이 호평하고 있지만 어떤 방문자는 솔직히 실망스럽다. 열대림의 느낌이 들지 않는다. 지중해 식생이나 난온대 식생이 엉성해 보인다 등으로 비판을 하곤 하는데, 이들 숲은 불과 4개월 전에 조성된 것으로서 아직 걸음마 단계에 접어들지도 못한 초기 단계라는 것을 기억하며 감상하여야 이러한 실망 아닌 실망을 하지 않을 것이다.

에코리움에서 마지막으로 소개할 장소는 극지관이다. 극지관을 우리나라와 연계시키기 위해 극지관은 우리나라 북부의 개마고원으로 시작한다. 개마고원 다음에는 타이가지역이 등장하여 울창한 침엽수림과 식생의 발달과정이 다소 덜 진행된 곳에 성립하는 자작나무림으로 이루어진 그곳의 숲과 토양을 비롯한 생태적 특성이 영상과 자료를 통해 설명된다.

그다음에는 툰드라 지역을 해당 지역을 담은 배경 그림, 영상, 그들의 생활 모습 모형, 주요 동물인 순록박제 등으로 설명하고 있다. 북극의 모습은 해당 지역의 모습을 담은 배경 그림, 해당 지역의 기반암과 지형을 본뜬 인공암석, 조류박제, 눈 덮인 대지와 그곳에 서식하는 북극여우, 북극토끼 그리고 레밍 쥐를 하나로 묶은 생태전시로 풀었고, 여기에 실제 그곳에 생육하는 식물을 더해 현실감을 극대화하였다.

이에 더해 녹아내리는 빙하의 실제 모습을 영상으로 상영하고 기후변화로 인한 서식처 소실로 위기에 처하게 된 북극곰 박제를 전시하여 인간이 유발한 영향이 이 먼 곳에까지 미치며 지구환경을 위기에 처하게 한 현실을 고발하고 있다.

그다음에는 쇄빙선 아라온호를 타고 남극으로 향하는 과정이 있다. 아라온호를 형상화한 방에 들어서면 남극으로 향하는 아라온호에서 촬영한 영상이 상영되어 실제 아라온호를 탄 것과 같은 느낌을 주게 된다. 상영이 끝나면 옆에 마련된 실험실로 안내되는데 이곳은 남극 세종기지의 실험실을 모방하여 꾸며졌다.

현지에서 채집한 생물들을 관찰할 수 있는 현미경이 마련되어 있고 현지에서 채집한 조류(algae) 표본도 전시되어 있어 현실감을 더해주고 있다. 이곳을 떠날 때는 펭귄 마을 출입 절차의 하나로 출입증을 발부하는 장치가 마련되어 있어 사진 촬영과 함께 출입증을 인쇄하여 받을 수 있다. 출입증을 배부받고 나가면 그 앞에 남극의 모습이 펼쳐져 있다.

해당 지역의 모습을 담은 배경 그림, 해당 지역의 기반암과 지형을 본뜬 인공암석, 조류박제, 그리고 실제 남극에 생육하는 식물을 더해 현실감을 높였다. 그다음에는 펭귄 마을이 조성되어 있다. 펭귄 마을에는 남극 세종 기지 인근에 서식하고 있는 젠투펭귄 6마리와 친스트랩 펭귄 5마리가 도입 되어 방문객들의 귀여움을 독차지하고 있다. 펭귄 마을은 해당 지역의 모 습을 담은 배경 그림, 해당 지역을 모방한 인공 얼음과 바다, 펭귄 산란처 등을 도입하여 현실감을 높였다.

이처럼 극지관은 살아있는 생물들로 채워진 에코리움의 다른 관들과 달 리 주로 전시로 문제를 해결하였다. 이는 극지관을 실제로 유지하기 위해 서는 너무 많은 에너지가 필요하여 유지비용이 많이 필요하고, 그러면 생 태원의 취지와도 어울리지 않아 시도한 고육책임을 기억해주었으면 한다. 그러나 실물 박제와 식물 표본을 도입하였고, 여기에 동물들의 울음소리를 더해 현실감을 최대한 높였다.

에코리움 지하에는 전시동물을 보충할 수 있는 동물사육시설이 마련되어 있다. 그리고 에코리움 뒤에는 국립생태원의 전시식물을 보충하거나 연구 용으로 사용하기 위해 도입된 5000여 종의 해외 식물을 재배할 수 있는 온 실 29개 동이 마련되어 있다.

추후 국립생태원이 개원되면 이러한 생물 소재는 미래 성장동력 산업으 로 부상하고 있는 생물자원산업의 토대를 제공함으로써 국가와 지역경제 활성화에도 크게 기여할 것으로 기대된다.

에코리움 전시관에는 도입된 이러한 시설에 대한 이해를 돕기 위해 생태 계 개념과 그 구성원에 대한 설명이 되어 있고, 기후대별 바이옴에 대한 소 개도 되어 있다. 나아가 미래에 우리가 환경문제 해결의 수단으로 삼을 생 태계 서비스 기능이 소개되어 있고, 지구환경의 위기에 대한 설명 및 그러 한 위기를 해결하여 이루어낸 생태 도시에 대한 소개도 갖추어져 있다.

에코리움의 난온대관 옆 야외 공간에는 설악산 계곡을 모방하여 계곡생태계를 조성하고 그 하단에는 수달서식처를 마련하였다. 그리고 그 옆에는 산지 절벽과 폭포형 하천의 물웅덩이를 조합하여 맹금류 서식처를 조성하였다.

국립생태원은 건립과정과 운영 역시 생태계에 미치는 영향을 최소화하는 방안을 고려하였다. 우선 건축물은 고기능 단열재, 삼중 유리, 자연채광과 같은 친환경 건축기술과 태양광, 태양열, 지열 등의 신재생에너지기술을 적극적으로 도입하여 건축면적이 유사한 기존 건축물보다 에너지 사용량을 70% 이상 획기적으로 절감하고 있다.

이러한 노력에도 불구하고 연간 900~1000t의 온실가스 발생이 예측되는데, 이마저도 기존 숲과 새로 조성되는 숲 등을 통해 흡수시켜 온실가스 발생량이 없도록 상쇄시킬 계획이다. 현재 국립생태원의 기존 숲과 야외 공간에 조성된 숲이 흡수할 수 있는 이산화탄소량은 약 750t으로 평가되어 조만간 이러한 목표를 이룰 것으로 평가되고 있다.

〈사진 6-17〉 에코리움(Ecorium) 전경.

이상 지금까지 준비해 온 국립생태원 현장을 소개하다 보니 지난 2년 반 동안 제가 국립생태원과 함께 살아온 모습이 주마등처럼 제 머리를 스쳐 지나간다. 우선 부임 초기가 생각난다. 나는 100편이 넘는 논문을 발표했음에도 불구하고 비전문가라는 평을 들어야 했다.

그것도 같은 분야 전문가가 퍼뜨린 소문이었기에 더욱 슬펐다. 10년 넘게 발원지에서부터 하구에 이르기까지 우리나라의 주요 하천을 누비며 수집한 생태정보를 바탕으로 한국의 하천을 제대로 복원하기 위해서는 강변 식생복원이 가장 절실하게 필요하다는 의견을 제시한 것을 두고 4대강 사업 찬동자라는 누명을 씌우기도 하였다. 수많은 자문회의와 개별접촉을 통해 전문가 의견을 반영하였음에도 불구하고 독선적으로 사업을 추진하였다는 이유로 자칫 이 사업을 마무리하지 못할 위기에 처하기도 하였다.

에코리움에 도입할 식생 정보를 수집하기 위해 외국의 여러 곳을 뛰어다녔던 기억도 생생하다. 음식이 맞지 않아 거의 굶은 연구원을 재촉하여 거머리가 득실거리는 인도네시아 치보다스식물원 주변의 열대림을 비를 맞으며 돌아다니던 일, 그 더운 날 열대림을 조금이라도 더 보고 가겠다고 게데팔랑고 국립공원을 올랐던 것이 내가 이곳에 와 처음 간 해외 출장이었다.

〈사진 6-18〉 설악산 계곡을 모델로 삼아 조성된 계곡생태계의 모습.

애리조나 사막의 개관을 살펴본다고 욕심을 부리다 너무 늦어 호텔로 돌아오는 데 어려움을 겪었던 일, 소노라사막의 그 뜨거운 현장에 줄자를 치고 사막식물의 공간 분포를 조사하던 모습, 파나마 열대림을 두 바퀴나 돌아 함께 간 국립생태원 추진기획단 식구들을 걱정하게 했던 일 등이 모두 엊그제 있었던 것처럼 기억이 생생하다.

이 출장에서 너무도 **빡빡한** 일정으로 함께 간 식구들을 어렵게 했던 것은 지금이라도 사과하고 싶다. 함께한 사람들과 떨어져 설 연휴를 반납하고 혼자 캘리포니아 지역의 숲 지대(Chaparral)와 모하비 사막의 식생 정보를 수집하기 위해 돌아다녔던 것도 잊지 못할 추억이다. 숲지대(Chaparral)의 공간 분포를 직접 조사하겠다고 하니 그것은 '산 위에서 파도타기' 하는 것과 같다는 표현을 써가며 1930년과 1934년에 조사된 기존 자료를 제공해주던 미국 친구가 고맙고, 그 오래전에 이러한 정보를 수집해두었던 그들의 앞선 생각이 놀랍기도 하였다.

모하비 사막을 찾았을 때는 교과서에서 읽었던 Larrea stand를 보며 학창시절을 떠 올리기도 하였다. 해발 1500m 이상에서 만나는 Joshua tree 보존지역을 방문하였을 때는 시간에 쫓기면서도 여기까지 와서 자료를 수집하지 못할 수는 없다는 각오로 억척스럽게 정보를 수집하였다. 그러나 출장 신청을 미리 하지 못해 출장비를 받지 못했던 것은 아쉬움으로 남는다.

〈사진 6-16〉 방문자센터.

지중해 식생 정보를 얻기 위해 카나리제도를 방문하였던 기억도 많이 생각난다. 특히 이 출장은 시간이 많이 부족하여 도착 당일부터 돌아오는 날까지 뛰어다닐 정도로 일정이 빽빽하여 함께 간 식구들을 괴롭혀 그들에게 미안한 생각이 많이 든다. 도착 당일 호텔에 짐 풀고 10분 만에 나오라고 재촉하고, 현지 사람들은 지반이 불안정하고 위험하여 들어가지 않는다는 화산암 돌서렁 지역에서도 식생 조사를 강요하였던 것을 이 지면을 빌어 사과드린다.

"우리 환경부 식구들 모두의 도움으로 제가 20여 년 전에 꿈꿨던 국립생태원 건립을 무사히 마치고 돌아갑니다.

개원이라는 큰 작업을 마무리 짓지 못한 채 돌아가야 하기에 마음이 무겁습니다만 제가 이곳을 떠나더라도 국립생태원의 성공적인 개원과 정착이 이루어질 때까지는 언제나 현직에 있다는 생각으로 국립생태원을 위해 그리고 환경부를 위해 일하고자 합니다.

앞으로 더욱 열심히 그리고 전문가로서 공직자로서 본연의 자세를 유지하여 일시나마 몸담았던 환경부에 누가 되지 않는 삶을 살도록 노력하겠습니다.

감사합니다.

늘 건강하시고 행복이 함께 하는 삶 이루시길 기원합니다."

MEMO

## 우리 환경 바르게 알고 지키자

초판 인쇄 / 2020년 2월 10일
초판 발행 / 2020년 2월 15일
지은이 / 이창석
펴낸곳 / 도서출판 말벗
펴낸이 / 박관홍
등록번호 / 제 2011-16호
주소 / 서울 영등포구 문래로4길 4 (204호)
전화 / 02)774-5600
팩스 / 02)720-7500
메일 / mal-but@naver.com
www.malbut.co.kr

ISBN: 979-11-88286-14-0(03530)

이 도서의 국립중앙도서관 출판예정도서목록(CIP)은 서지정보유통지
원시스템 홈페이지(http://seoji.nl.go.kr)와 국가자료종합목록 구축
시스템(http://kolis-net.nl.go.kr)에서 이용하실 수 있습니다.
(CIP제어번호 : CIP2019052176)